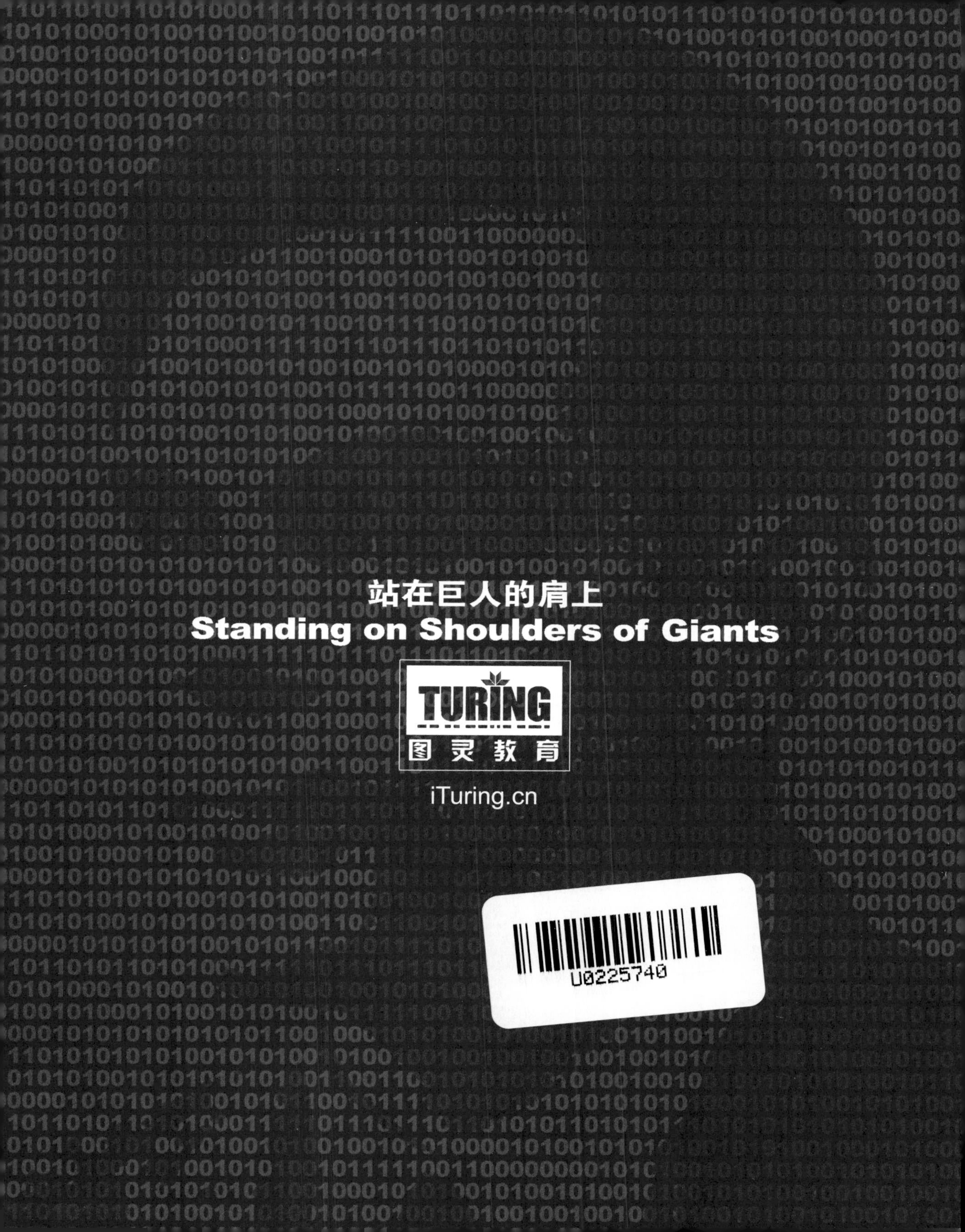
站在巨人的肩上
Standing on Shoulders of Giants
TURING
图灵教育
iTuring.cn
U0225740

站在巨人的肩上
Standing on Shoulders of Giants
TURING
图灵教育
iTuring.cn

Apprentissage machine,
de la théorie à la pratique

[法] Massih-Reza Amini —— 著
许鹏 —— 译

机器学习
理论、实践与提高

人民邮电出版社
北京

图书在版编目(CIP)数据

机器学习：理论、实践与提高 /（法）马西-雷萨・阿米尼（Massih-Reza Amini）著；许鹏译. -- 北京：人民邮电出版社，2018.4

（图灵程序设计丛书）

ISBN 978-7-115-47965-5

I. ①机… II. ①马… ②许… III. ①机器学习 IV. ①TP181

中国版本图书馆 CIP 数据核字（2018）第 036662 号

内容提要

本书是机器学习理论与算法的参考书目，从监督学习、半监督学习的基础理论开始，本书采用简单、流行的C语言，逐步介绍了常见、先进的理论概念、算法与实践案例，呈现了相应的经典算法和编程要点，满足读者希望了解机器学习运作模式的根本需求。

◆ 著　〔法〕Massih-Reza Amini
◆ 译　许　鹏
责任编辑　戴　童
责任印制　周昇亮
◆ 人民邮电出版社出版发行　北京市丰台区成寿寺路 11 号
邮编 100164　电子邮件 315@ptpress.com.cn
网址 http://www.ptpress.com.cn
大厂聚鑫印刷有限责任公司印刷
◆ 开本：800×1000 1/16
印张：14.75
字数：349 千字　2018 年 4 月第 1 版
印数：1-3 500 册　2018 年 4 月河北第 1 次印刷
著作权合同登记号　图字：01-2017-2564 号

定价：59.00 元

读者服务热线：(010)51095186 转 600　印装质量热线：(010) 81055316

反盗版热线：(010)81055315

广告经营许可证：京东工商广登字 20170147 号

版 权 声 明

序

在过去这些年里，无论是在科学界、企业界还是个人领域，数字化数据及其使用已呈爆炸式增长。在一些领域中，如天文学和搜索引擎，数据是海量的，因此需要特定的工具和框架，这就构成了“大数据”问题。

数据量虽然不一定大（如家庭照片或者视频），但仍然对算法提出了挑战。近年来的巨大变化不在于数据的大小，而在于它们已经变得无处不在，每天都在使用。

在过去 20 年里，统计学习（机器学习）在计算机科学和统计学的交叉领域中取得了巨大的发展，并构成了现代数据处理算法的方法论核心。虽然对机器学习的研究依然在飞速发展中，但是方法论和算法的基石已经显露出来。

这本书对最重要的监督学习的概念、工具及其推广做了介绍，其一大特点是呈现了优雅、简单而强大的理论结果，在实践中得到检验的有效算法，以及可以重用的程序代码。

Francis Bach

2014 年 10 月

算法列表

符号

$\mathcal{X} \subseteq \mathbb{R}^d$	输入空间
$\mathcal{Y}$	输出空间
$(\mathbf{x}, y) \in \mathcal{X} \times \mathcal{Y}$	观测和它的预期输出 y 的表示向量
$S = (\mathbf{x}_i, y_i)_{i=1}^m$	由 m 个有标注样本组成的训练集
$X_{\mathcal{U}} = (\mathbf{x}_1, \ldots, \mathbf{x}_u)$	大小为 u 的无标注样本的集合
$\mathcal{D}$	用于生成样本的概率分布
K	在聚类或多类分类问题中聚类或分类别的个数
$\mathbf{y} \in \{0,1\}^K$	类别的指标向量
$\mathbf{e} : \mathcal{Y} \times \mathcal{Y} \to \mathbb{R}^+$	即时损失函数
$\mathfrak{L}(h)$	函数 h 的泛化误差
$\hat{\mathfrak{L}}(h, S)$	函数 h 在训练集 S 上的经验误差
ρ	间隔
$\hat{\mathfrak{L}}_\rho(h, S)$	函数 h 在训练集 S 上的带间隔经验误差
$\boldsymbol{w}$	学习模型的权重向量
$\hat{\mathcal{L}}$	界定经验误差的凸损失函数
$\nabla \hat{\mathcal{L}}(\boldsymbol{w})$	函数 $\hat{\mathcal{L}}$ 在点 $\boldsymbol{w}$ 处的梯度向量
$\mathcal{F}, \mathcal{G}, \mathcal{H}$	函数类
$\bar{H}(.) : \mathbb{R} \to \mathbb{R}$	转移函数
$conv(\mathcal{F})$	$\mathcal{F}$ 的凸包
$\hat{\mathfrak{R}}_S(\mathcal{F})$	函数类 $\mathcal{F}$ 在集合 S 上的经验 Rademacher 复杂度
$\mathfrak{R}(\mathcal{F})$	函数类 $\mathcal{F}$ 的 Rademacher 复杂度
$\sigma \in \{-1, 1\}$	Rademacher 随机变量
$\mathbb{H}$	Hilbert 空间
$\Phi : \mathcal{X} \to \mathbb{H}$	投影函数
$\kappa : \mathcal{X} \times \mathcal{X} \to \mathbb{R}$	核函数
$\mathbf{p}$	下降方向

η	学习步长
$\mathbb{1}_\pi$	隶属函数，π 为真时取 1 否则取 0
$\mathbf{Id}$	单位矩阵
$\mathbf{H}$	黑塞矩阵
$\mathfrak{h}_\rho$	常数为 $\frac{1}{\rho}$ 的利普希茨函数
∇	梯度算子
$^\top$	转置
$\langle .,. \rangle$	标量积
$\mathbb{E}_{X\sim\mathcal{D}}[.]$	随机变量 X 服从分布 $\mathcal{D}$ 的期望算子
$B_Q : \mathcal{X} \rightarrow \{-1,+1\}$	函数类的概率分布为 Q 的贝叶斯分类器
$G_Q : \mathcal{X} \rightarrow \{-1,+1\}$	函数类的概率分布为 Q 的吉布斯分类器
$R_u(.)$	转导风险

前言

机器学习是人工智能的核心领域之一。它关心的是量化模型的研究和开发，使得计算机能够在不对其显式编程的情况下完成某项任务。在这种情形下，学习指的是识别某种复杂的模式和做出智能化的决策。在考虑了所有已有的输入数据后，完成这项任务的困难在于，所有可能决策的集合在一般情况下是非常复杂且难以枚举的。为了绕开这个困难，机器学习的算法在设计时就定下原则：基于问题给出的有限数据来获得待处理问题的知识。

研究概念

为说明这个原则，让我们先看将在本书讨论的监督学习框架。根据这个框架，一个基于输入数据的决策将由一个预测函数的输出来给出，这个预测函数是从一系列有标注数据（或训练数据库）推断出的。这些数据的每个样本是一个数据对，由一个给定向量空间中代表观测值的向量和与该样本对应的响应变量（也称为预期输出或实际输出）组成。在估计或学习阶段之后，算法返回的函数需要能够预测新观测值的响应值。这种情形的潜在假设是，一般情况下，样本对预测问题具有代表性。在实践中，我们用误差函数来度量模型对给定样本的预测和预期输出之间的差值。于是对于给定的训练集，机器学习算法会在预先定义的函数集合里面选择一个对训练集样本而言平均误差最小的函数。一般而言，这个误差对算法在新样本上的表现并没有代表性。因此，应当设置第二个有标注的数据集或者说测试集。我们的算法在估计阶段不能访问这个数据集，而在其上计算所得的平均误差将代表算法的泛化误差。我们期待的是一个能够找出具有良好泛化表现的函数的学习算法，而不是一个只能完美复制训练集样本的响应数据的算法。图 I 展示了这个原理。经验风险最小化法学习能力的理论保证主要是由 Vapnik (1999) 开创的。这些理论保证依赖于训练集的大小，以及我们所要进行搜索的预测函数所在函数类的复杂度。

一直以来，监督学习框架的两个主要任务是分类和回归。这两个任务是类似的，区别在于样本的预期输出空间不同。在分类问题中，输出空间是离散的；而在回归问题中，这个空间则是连续的。

20 世纪 90 年代末，在新技术尤其是和互联网发展相关的新技术的冲击下，新的机器学习框架开始显现。其中一个框架便是对部分标注数据的学习，或称半监督学习。由于需要尝试整合有标注的数据库，获得有标注数据通常又代价昂贵，而无标注数据则数量丰富且包含我们寻求解决的问题的信息，这些都推动了半监督学习的发展。借此，许多同时使用少量有标注数据和大量无标注数据来学习预测函数的工作得以开展。

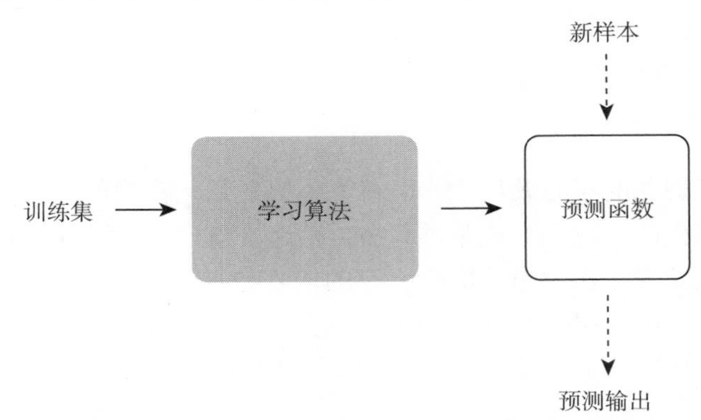

图 I　监督学习问题的两个阶段。在学习阶段（实箭头表示），一个最小化训练集上的经验误差的函数从事先指定的一类函数中被习得。在测试阶段（虚箭头表示），新样本的预测输出由预测函数给出

自 2000 年以来，另一个在机器学习社区广受关注并引发大量研究的框架则是排序模型。这个框架最开始应用在信息检索问题上，后来扩展到更一般的其他问题。

多年以来，在这些框架下发展出来的机器学习算法已被成功应用于大量多样的问题中，包括语音和手写识别、机器视觉、蛋白质结构预测、推荐系统、文本分类和搜索引擎等。

本书架构

这本书介绍了监督学习理论的科学基础、在这个框架下发展起来的最流行的算法，以及前面提到的另外两种学习框架，难度水平面向的是研究生及工程类学生。我们希望阐述本领域发展起来的各种算法理论。此外，本书并不局限于论述基础理论，还呈现了书中提到的各种经典算法程序，这些程序均使用简单而流行的 C 语言[①]写成，读者可借此理解有时被称为“黑匣子”的模型是怎样运作的。本书由 6 章 2 个附录组成。

- 在第 1 章，我们介绍 Vapnik (1999) 的统计学习理论的基本概念。我们会阐述经验风险最小化原理的一致性概念，通过它，大部分监督学习算法得以发展起来。对一致性的研究引出了机器学习的第二个基本原理，即结构风险最小化原理，它打开了发展机器学习新模型的视野。特别地，我们还会在这一章介绍泛化误差界的概念，并描述其

① http://www.tiobe.com/tiobe-index/

相关假设和获得它的必要工具。

- 在第 2 章，我们介绍来自最优化领域的凸风险函数最小化的基本算法，这里的凸风险函数是经验风险的上界。这些算法被用于寻找大量机器学习模型的参数值。尤其是，我们会介绍验证无约束凸问题的优化算法收敛到最小化子的必要条件，并描述一些简单而有效的传统优化算法。
- 第 3 章介绍经典的二类分类问题的模型，它们是发展更复杂的学习算法的先驱。我们讨论的大部分模型都是早于 Vapnik (1999) 的理论框架发展出来的。特别地，我们会构建每个模型发展出的机器学习问题与由 Vapnik (1999) 提出的经验风险最小化原理之间的联系。此外，我们还会详细地阐述源于结构风险最小化从而使得间隔最大化的分隔器。
- 在第 4 章，我们分析多类分类问题，并阐述不同框架。此外，我们会讨论一些多类分类算法，并对两类非集结模型和基于二类分类算法的混合模型进行区分。
- 在第 5 章，我们介绍半监督学习框架。我们从介绍无监督学习框架中发展出的 EM 和 CEM 算法开始，详细讨论一些特殊情况，直至无监督模型中著名的 K-均值算法。然后，我们讨论半监督学习的基本假设，以及在这个框架下发展出的生成、判别、图像三种方法。
- 在第 6 章，我们讨论排序学习函数（learning to rank）。我们着重于两种特殊的排序情况，即备择排序和样例排序。之后阐述一些使用经典排序学习函数的算法，最后展示一些排序问题归结为成对观测值的二类分类问题。这种归结开启了使用互相关的样本来学习分类器的途径，我们会使用 Janson (2004) 的结果来进行分析。
- 在附录 A，我们回顾了本书中使用到的概率论的基本工具。
- 在附录 B，我们详细列出了程序的数据结构，将程序与对应章节联系起来，给出了本书展示的 15 种算法的程序代码。

目录

第1章 机器学习理论简述

在这一章，我们根据 Vapnik (1999) 的框架来阐述机器学习的理论，它将作为第 3 章描述的机器学习算法的基础。尤其是，我们引入了一致性的概念，它是预测函数学习能力的理论保证。这套理论的定义和基本假设，以及经验风险最小化原理，将在 1.1 节描述。1.2 节研讨的一致性原理则把我们引至第二个原理 —— 结构风险最小化原理，这个原理说明（机器）学习是一种在小的经验误差和强的函数类之间的妥协。此外，我们还会介绍两个度量此学习能力的工具，它们不仅可以用来建立泛化能力的边界，而且已成为近年来发展新学习算法的基础。

机器学习模型从一个有限的样本集中构建一个预测函数，这个样本集称为训练集或学习集(Fukunaga, 1972; Duda et al., 2001; Schölkopf et Smola, 2002; Boucheron et al., 2005)。按监督学习框架，每个样本都是一个由观测值的代表向量及其关联响应（亦称为预期输出）组成的数据对。学习的目标是导出一个函数，该函数能够预测新观测值的关联响应，同时其预测的误差尽可能最小。我们接下来会看到，这个关联响应通常是一个实值，或者一个类别标注。这里潜在假设了数据是平稳的，也就是说，我们基于训练集数据来习得预测函数，而这些数据在我们想要解决的问题中具有一定的代表性。我们会在接下来的章节里再次回到这个假设上来。

在实践中，机器学习模型从给定的函数类中，选择一个在训练集上的预测值的平均误差（或经验误差）最小的函数。误差函数则量化了由训练集上的观测值习得的预测函数给出的预测值和真实关联响应之间的差异。这个过程的目标不是要让机器学习模型导出一个仅对训练集的观测数据能够完美给出预期输出的函数（有时称为过拟合，overfitting），而是导出一个拥有良好泛化表现的函数。

在逻辑上，这种推理方式，或者说这种从有限观测值来推断一般规则的过程，称为归纳

(Genesereth et Nilsson, 1987, 第 7 章)[①]。在机器学习领域，归纳的框架已经可以遵从经验风险最小化原理来实现，其统计性质也在 Vapnik (1999) 发展的理论中得到了研究。这套理论的突出成果是给出了习得函数的泛化误差的上界，并且这个上界是经验误差和该函数所在函数类的复杂度的函数。这个复杂度反映了该函数类解决预测问题的能力，函数类越是能够给训练集的观测指派预期输出，其能力就越大。换句话说，函数类的能力值越大，经验误差就越小，但是也越不能保证达到预期学习目标，即达到一个小的泛化误差。于是，这里的泛化误差上界展示了存在于经验误差和函数类能力之间的一个妥协，也给出了一个最小化泛化误差上界（并获得一个该误差更好的估计）的方法，即在最小化经验误差的同时，控制函数类的能力。这个原理称为结构风险最小化原理，而结构风险最小化原理与经验风险最小化原理就是大量机器学习算法的起点。此外，二者也能解释在 Vapnik (1999) 理论建立之前设计的算法的运作机制。本章接下来就在二类分类问题的框架中介绍这些概念，二类分类问题框架也是这套理论的最初框架。

1.1　经验误差最小化

在这一节，我们将阐述经验风险最小化原理。首先，我们介绍一些要使用到的符号术语。

1.1.1　假设与定义

我们假设观测数据由固定的 d 维输入空间中的向量表示，$\mathcal{X} \subseteq \mathbb{R}^d$。观测数据的预期输出则是输出集 $\mathcal{Y} \subset \mathbb{R}$ 的一部分。直至 2000 年伊始，监督学习问题主要分为两大类：分类与回归。对分类问题，输出集 $\mathcal{Y}$ 是离散的，并且预测函数 $f : \mathcal{X} \rightarrow \mathcal{Y}$ 称为分类器。当 $\mathcal{Y}$ 连续时，f 则为回归函数。在第 6 章，我们将展示学习排序，它是最近在机器学习和信息检索社区中发展起来的。一个数据对 $(\mathbf{x}, y) \in \mathcal{X} \times \mathcal{Y}$ 对应一个有标注样本，而 $S = (\mathbf{x}_i, y_i)_{i=1}^m \in (\mathcal{X} \times \mathcal{Y})^m$ 则对应一个样本训练集。在本章特别考虑的二类分类问题中，我们将输出空间标记为 $\mathcal{Y} = \{-1, +1\}$，而样本 $(\mathbf{x}, +1)$ 和 $(\mathbf{x}, -1)$ 则称为正样本和负样本。例如电子邮件分类问题，我们需要将其分成两类：垃圾邮件和非垃圾邮件。我们将用一个给定向量空间的向量来代表这些邮件，并用 $+1$ 和 -1 分别代表两类邮件（比如 $+1$ 代表非垃圾邮件）。

机器学习理论的根本假设是，所有的样本都是从一个固定但未知的概率分布（记为 $\mathcal{D}$）以独立同分布（i.i.d.）的方式生成的。同分布的假设确保了观测数据是平稳的，独立性的假设则明确了每一个单独的样本都携带了解决预测问题的最大信息。根据这个假设，训练集 S 中的所有样本 $(\mathbf{x}_i, y_i)$ 都是服从 $\mathcal{D}$ 并且独立同分布的。换句话说，每一个训练集都是一个由服从 $\mathcal{D}$ 的独立同分布样本组成的样本集。

① 与之相反的推理方式称为演绎，指的是从一般公理出发，得出具体情形下的结论（始终为真），如法则的推论。

因而，这个假设刻画了关于预测问题的学习集和测试集的代表性（representativity）概念。也就是说，训练集中的样本对与未来的观测值及其对应的预期输出，都被假定为来自同一信息源。

另一个机器学习的基础概念则是损失，又称风险或误差[①]。对给定的预测函数$f(\mathbf{x})$，一个样本 $\mathbf{x}$ 的对应预期输出 y 和预测函数给出的输出值之间的差异由下面定义的即时损失函数来度量：

$$\mathbf{e} : \mathcal{Y} \times \mathcal{Y} \rightarrow \mathbb{R}^+$$

一般而言，这个函数是输出集 $\mathcal{Y}$ 上的一个距离度量。它度量了对给定观测值，预测函数给出的预测值和真值之间的差距。在回归问题中，常用的损失函数是预测值和真值之差的 ℓ_1 和 ℓ_2 范数。在二类分类问题中，通常考虑的损失函数则是 0/1 函数。对于一个观测值数据对 $(\mathbf{x}, y)$ 和预测函数 f，0/1 函数的定义为：

$$\mathbf{e}(f(\mathbf{x}), y) = \mathbb{1}_{f(\mathbf{x}) \neq y}$$

其中 $\mathbb{1}_\pi$ 在谓项 π 为真时取值为 1，否则为 0。在实践中，以及在二类分类问题中，习得的函数 $h : \mathcal{X} \rightarrow \mathbb{R}$ 通常是一个实值函数，相关联的分类器 $f : \mathcal{X} \rightarrow \{-1, +1\}$ 则定义为输出 h 的符号函数。这种情形下，即时误差函数等同于 0/1 函数，针对函数 h，其定义为：

$$\begin{aligned} \mathbf{e}_0 : \mathbb{R} \times \mathcal{Y} &\rightarrow \mathbb{R}^+ \\ (h(\mathbf{x}), y) &\mapsto \mathbb{1}_{y \times h(\mathbf{x}) \leqslant 0} \end{aligned}$$

从即时损失函数以及独立同分布生成的样本出发，我们可以定义习得函数 $f \in \mathcal{F}$ 的泛化误差：

$$\mathfrak{L}(f) = \mathbb{E}_{(\mathbf{x},y)\sim\mathcal{D}} \mathbf{e}(f(\mathbf{x}), y) = \int_{\mathcal{X}\times\mathcal{Y}} \mathbf{e}(f(\mathbf{x}), y) \mathrm{d}\mathcal{D}(\mathbf{x}, y) \tag{1.1}$$

其中 $\mathbb{E}_{(\mathbf{x},y)\sim\mathcal{D}} X(\mathbf{x}, y)$ 是随机变量 X 在 $(\mathbf{x}, y)$ 服从概率分布 $\mathcal{D}$ 时的期望值。由于 $\mathcal{D}$ 是未知的，故这个泛化误差无法精确估计。为了度量函数 f 的表现，我们常常使用一个含有 m 个样本的样本集 S，然后计算 f 在其上的经验误差，定义为：

$$\hat{\mathfrak{L}}(f, S) = \frac{1}{m} \sum_{i=1}^{m} \mathbf{e}(f(\mathbf{x}_i), y_i) \tag{1.2}$$

因而，为了解决分类问题，我们首先设置一个训练集 S，然后选择一类函数 $\mathcal{F}$，从中找寻能在 S 上最小化经验误差的分类器 f_S（因为这个经验误差是我们无法直接测量的 f_S 的泛化误差的一个无偏估计）。

① 与汉语和英语中这三个术语的使用习惯不同，原作者在书中等同地使用损失、风险、误差这三个词，但通过定语来限定其指向单个样本还是整个样本集，如即时误差指单个样本的误差。—— 译者注

1.1.2　原理陈述

这个被称作经验风险最小化原理（ERM）的学习方法，是最早一批机器学习模型的源头。

人们提出的根本性问题是：根据经验风险最小化原理的框架，我们能否仅从一个有限样本的训练集出发，生成一个具有良好泛化表现的预测函数？答案显然是否定的。为了证实这一点，我们来看下面这个二类分类问题。

示例　过拟合 (Bousquet et al., 2003)

假设数据的维数为 $d=1$。记观测值空间为 $\mathcal{X}$，区间 $[a,b]\subset\mathbb{R}$ 并且 $a<b$，输出空间为 $\{-1,+1\}$。设生成样本对 $(\mathbf{x},y)$ 的分布 $\mathcal{D}$ 为 $[a,b]\times\{-1\}$ 上的均匀分布。换言之，样本是在区间 $[a,b]$ 上随机选取的，对每个观测值，预期输出均为 -1。

现在考虑一个经验风险最小化的学习算法。它从函数类 $\mathcal{F}=\{f:[a,b]\rightarrow\{-1,+1\}\}$ 中按如下方式选择一个函数，即当知晓了学习样本 $S=\{(\mathbf{x}_1,y_1),\ldots,(\mathbf{x}_m,y_m)\}$ 后，算法生成的预测函数 f_S 为：

$$f_S(\mathbf{x})=\begin{cases}-1, & 若\ \mathbf{x}\in\{\mathbf{x}_1,\ldots,\mathbf{x}_m\},\\ +1, & 否则\end{cases}$$

在这种情形下，学习算法生成的分类器的经验风险等于 0，并且对任意给定样本都是如此。然而，这个分类器在除了一个有限训练集数据（测度为 0）以外的整个区间 $[a,b]$ 上的预测值都是错误的，故它的泛化误差始终为 1。

1.2　经验风险最小化原理的一致性

前述问题的一个底层问题是：*在什么情况下，应用经验风险最小化原理能够得到学习的一般法则？*这个问题的答案存在于一个称为“一致性”的统计概念。这个概念指出，学习算法必须满足两个条件，即(a)算法应该返回一个函数，它的经验误差在训练集的大小趋近于无穷时能够反映泛化误差；(b)在渐近情形下，算法应该在考虑的函数类中找到一个能够最小化泛化误差的函数。形式表述如下：

(a) $\forall\epsilon>0,\ \lim\limits_{m\rightarrow\infty}\mathbb{P}(|\hat{\mathfrak{L}}(f_S,S)-\mathfrak{L}(f_S)|>\epsilon)=0$，即 $\hat{\mathfrak{L}}(f_S,S)\xrightarrow{\mathbb{P}}\mathfrak{L}(f_S)$；

(b) $\hat{\mathfrak{L}}(f_S,S)\xrightarrow{\mathbb{P}}\inf_{g\in\mathcal{F}}\mathfrak{L}(g)$。

这两个条件意味着，由机器学习算法在训练集 S 上习得的预测函数 f_S 的经验误差 $\hat{\mathfrak{L}}(f_S,S)$ 依概率收敛到泛化误差 $\mathfrak{L}(f_S)$ 和 $\inf_{g\in\mathcal{F}}\mathfrak{L}(g)$（图 1.1）。

一致性表达了泛化的概念，一个分析一致性条件(a)的自然方法是使用下面的不等式：

$$|\mathfrak{L}(f_S)-\hat{\mathfrak{L}}(f_S,S)|\leqslant\sup_{g\in\mathcal{F}}|\mathfrak{L}(g)-\hat{\mathfrak{L}}(g,S)|\tag{1.3}$$

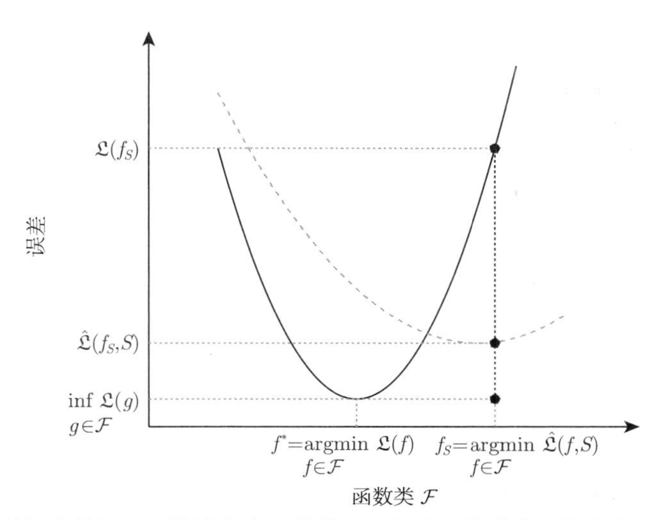

图 1.1 一致性概念的图示。横轴代表函数类 $\mathcal{F}$，经验误差曲线（虚线表示）和泛化误差曲线（实线表示）以 $f \in \mathcal{F}$ 函数表示出来。经验风险最小化原理旨在从函数类 $\mathcal{F}$ 中找到能够最小化训练集 S 上的经验误差函数 f_S。这个原理在 $\hat{\mathfrak{L}}(f_S, S)$ 依概率收敛到 $\mathfrak{L}(f_S)$ 和 $\inf_{g\in\mathcal{F}} \mathfrak{L}(g)$ 时是一致的

由此不等式可以看到，一个实现泛化的充分条件是：在渐近意义下，预测函数的经验误差趋近于该函数的泛化误差，其中选取的函数在给定函数类 $\mathcal{F}$ 中使得经验误差和泛化误差的绝对差值达到最大。即：

$$\sup_{g\in\mathcal{F}} |\mathfrak{L}(g) - \hat{\mathfrak{L}}(g, S)| \xrightarrow{\mathbb{P}} 0 \tag{1.4}$$

这个泛化的充分条件考虑的是最坏的情形，根据 (1.3)，它意味着函数类 $\mathcal{F}$ 中所有的函数是双边一致收敛的。此外，条件 (1.4) 并不依赖于算法的选择，而仅仅依赖于函数类 $\mathcal{F}$。因此，一个让经验风险最小化原理具备一致性的充分条件是：考虑的函数类是受限的（参看前一节关于过拟合的例子）。

机器学习理论的基本结果 (Vapnik, 1999, 定理 2.1) 展现了另一个关系式，它涉及和经验风险最小化原理的一致性（不是泛化能力）有关的函数类上界，以单边一致收敛的方式呈现，如下所示。

经验风险最小化原理是一致的，当且仅当：

$$\forall\epsilon > 0, \lim_{m\to\infty} \mathbb{P}\left(\sup_{f\in\mathcal{F}} \left[\mathfrak{L}(f) - \hat{\mathfrak{L}}(f, S)\right] > \epsilon\right) = 0 \tag{1.5}$$

这个结果的一个直接推论是，我们可以得到从大小为 m 的训练集 S 上习得的所有预测

函数 $f \in \mathcal{F}$ 的泛化误差一致边界，形式如下：

$$\forall \delta \in]0,1], \mathbb{P}\left(\forall f \in \mathcal{F}, (\mathfrak{L}(f) - \hat{\mathfrak{L}}(f,S)) \leqslant \mathfrak{C}(\mathcal{F}, m, \delta)\right) \geqslant 1-\delta \tag{1.6}$$

其中，$\mathfrak{C}$ 项依赖于函数类的大小、训练集的大小和想要达到的精度 $\delta \in]0,1]$。机器学习考察了度量函数类大小的不同方法，这些度量通常称为函数类的复杂度或者能力。在本章，我们将介绍两种度量方法，分别为 VC 维和 Rademacher 复杂度，涉及泛化边界的不同类型，以及一个称作结构风险最小化的机器学习原理。

在介绍通过训练集来估计泛化误差上界之前，我们将首先考虑如何通过测试集来估计函数的泛化误差 (Langford, 2005)。我们的目标是，证明通过测试集来估计泛化误差的上界是可能的，并且，当测试集的样本量趋近于无穷时，函数在这个测试集上的经验误差将会依概率收敛到泛化误差。这个性质与所考虑的函数类的能力无关。

1.2.1 在测试集上估计泛化误差

注意，生成测试集的独立同分布样本的概率分布 $\mathcal{D}$ 也是生成训练集的概率分布。我们来考虑从训练集 S 上习得的函数 f_S。设 $T = \{(\mathbf{x}_i, y_i); i \in \{1, \ldots, n\}\}$ 是一个大小为 n 的测试集。由于这个集合上的样本不参与学习阶段，因而函数 f_S 不依赖于这个集合上的样本对 $(\mathbf{x}_i, y_i)$ 的即时误差。诸随机变量 $(f_S(\mathbf{x}_i), y_i) \mapsto \mathbf{e}(f_S(\mathbf{x}_i), y_i)$ 可以看作是同一个随机变量的独立副本，即：

$$\begin{aligned}\mathbb{E}_{T\sim\mathcal{D}^n}\hat{\mathfrak{L}}(f_S, T) &= \frac{1}{n}\sum_{i=1}^{n}\mathbb{E}_{T\sim\mathcal{D}^n}\mathbf{e}(f_S(\mathbf{x}_i), y_i) \\ &= \frac{1}{n}\sum_{i=1}^{n}\mathbb{E}_{(\mathbf{x},y)\sim\mathcal{D}}\mathbf{e}(f_S(\mathbf{x}), y) = \mathfrak{L}(f_S)\end{aligned}$$

因此，f_S 在测试集上的经验误差 $\hat{\mathfrak{L}}(f_S, T)$ 是泛化误差的一个无偏估计。

此外，对于每个样本对 $(\mathbf{x}_i, y_i)$，我们记由 $\frac{1}{n}\mathbf{e}(f_S(\mathbf{x}_i), y_i)$ 定义的随机变量为 X_i。由于随机变量 $X_i, i \in \{1, \ldots, n\}$ 是独立的，并且在 $\{0, \frac{1}{n}\}$ 上取值，注意到 $\hat{\mathfrak{L}}(f_S, T) = \sum_{i=1}^{n} X_i$ 以及 $\mathfrak{L}(f_S) = \mathbb{E}\left(\sum_{i=1}^{n} X_i\right)$，我们有下面的 Hoeffding (1963) 不等式（附录 A）。

$$\forall \epsilon > 0, \mathbb{P}\left(\left[\mathfrak{L}(f_S) - \hat{\mathfrak{L}}(f_S, T)\right] > \epsilon\right) \leqslant e^{-2n\epsilon^2} \tag{1.7}$$

为了更好地理解这个结果，解关于 ϵ 的方程 $e^{-2n\epsilon^2} = \delta$ 得 $\epsilon = \sqrt{\frac{\ln 1/\delta}{2n}}$，考虑对立事件，于是我们有：

$$\forall \delta \in]0,1], \mathbb{P}\left(\mathfrak{L}(f_S) \leqslant \hat{\mathfrak{L}}(f_S, T) + \sqrt{\frac{\ln 1/\delta}{2n}}\right) \geqslant 1-\delta \tag{1.8}$$

也就是说，对于一个小的 δ，根据 (1.8)，不等式 $\mathfrak{L}(f_S) \leqslant \hat{\mathfrak{L}}(f_S, T) + \sqrt{\frac{\ln 1/\delta}{2n}}$ 以大概率成立。实际上，它对所有大小为 n 的可能测试集都成立。根据这个结果，我们得到了一个关于习得函数的泛化误差上界，并且可以在任意测试集上计算它，当 n 充分大时，它就可以很好地逼近泛化误差。

示例　测试集上的泛化误差估计 (Langford, 2005)

设预测函数 f_S 在大小为 $n = 1000$ 的测试集 T 上的经验误差为 $\hat{\mathfrak{L}}(f_S, T) = 0.23$，对 $\delta = 0.01$ 有 $\sqrt{\frac{\ln(1/\delta)}{2n}} \approx 0.047$，于是我们有函数 f_S 的泛化误差上界为 0.277，且成立概率至少为 0.99。

1.2.2　泛化误差的一致边界

对一个给定的预测函数，我们从前面的结果已经知道如何界定其泛化误差，方法是使用测试集，即估计预测函数的参数还没有利用的那个数据集。现在，我们想要在经验风险最小化原理的一致性研究框架下，建立关于习得函数的泛化误差一致边界，它是训练集上的经验误差的函数。对于这个问题，我们无法使用前面已经得出的结果。这主要是因为，当习得函数 f_S 已经熟知训练集上的所有数据 $S = \{(\mathbf{x}_i, y_i); i \in \{1, \ldots, m\}\}$ 后，计算函数 f_S 在 S 上的经验误差时涉及的诸随机变量 $X_i = \frac{1}{m}\mathbf{e}(f_S(\mathbf{x}_i), y_i); i \in \{1, \ldots, m\}$ 将会是相互依赖的。事实上，如果我们改变训练集中的样本，那么得出的函数 f_S 也会改变，同时改变的还有其在所有样本上的加权即时误差。因此，由于随机变量 X_i 不能再被视为是独立分布的，因而我们不能再使用 Hoeffding (1963)不等式来度量它。

接下来，我们将介绍遵循 Vapnik (1999) 的框架阐述泛化误差的一致边界。在下一节，我们将展示另一个在 2000 年初发展起来的框架与 Vapnik (1999) 框架之间的联系。

对于一致边界，我们的出发点是怎样提高 (1.5) 中的概率 $\mathbb{P}\left(\sup_{f \in \mathcal{F}} \left[\mathfrak{L}(f) - \hat{\mathfrak{L}}(f, S)\right] > \epsilon\right)$。在这个阶段有两种情形，分别对应有限或无限的函数集合。

函数集为有限集的情形

考虑一个函数类$\mathcal{F} = \{f_1, \ldots, f_p\}$，其大小为 $p = |\mathcal{F}|$。于是，计算泛化边界需要估计的是，对给定 $\epsilon > 0$ 和大小为 m 的训练集，$\max\limits_{j \in \{1, \ldots, p\}} \left[\mathfrak{L}(f_j) - \hat{\mathfrak{L}}(f_j, S)\right]$ 大于 ϵ 的概率。

如果 $p = 1$，则从 $\mathcal{F} = \{f_1\}$ 中选择预测函数的唯一选项就限定为 f_1，这甚至不用考虑任何大小为 m 的样本集 S。在这种情形下，我们可以直接应用前面由 Hoeffding (1963) 不等式得到的边界 (1.7)，即：

$$\forall \epsilon > 0, \mathbb{P}\left(\max_{j=1} \left[\mathfrak{L}(f_j) - \hat{\mathfrak{L}}(f_j, S)\right] > \epsilon\right) = \mathbb{P}\left(\left[\mathfrak{L}(f_1) - \hat{\mathfrak{L}}(f_1, S)\right] > \epsilon\right) \leqslant e^{-2m\epsilon^2}$$

这个结果的解释是，对固定的函数 f 和给定的 $\epsilon > 0$，在 m 个可能的观察样本中，满足 $\mathfrak{L}(f) - \hat{\mathfrak{L}}(f, S) > \epsilon$ 的比例小于等于 $e^{-2m\epsilon^2}$。

如果 $p > 1$，我们首先注意到，对固定的 $\epsilon > 0$ 和每个函数 $f_j \in \mathcal{F}$：

$$\max_{j\in\{1,\dots,p\}} \left[\mathfrak{L}(f_j) - \hat{\mathfrak{L}}(f_j, S)\right] > \epsilon \Leftrightarrow \exists f \in \mathcal{F}, \mathfrak{L}(f) - \hat{\mathfrak{L}}(f, S) > \epsilon \tag{1.9}$$

我们考虑大小为 m 的样本集，在其上 f_j 的泛化误差比其经验误差大 ϵ：

$$\mathfrak{S}_j^\epsilon = \{S = \{(\mathbf{x}_1, y_1), \dots, (\mathbf{x}_m, y_m)\} : \mathfrak{L}(f_j) - \hat{\mathfrak{L}}(f_j, S) > \epsilon\}$$

给定 $j \in \{1, \dots, p\}$，根据前面的解释，样本集 S 上满足 $\mathfrak{L}(f_j) - \hat{\mathfrak{L}}(f_j, S) > \epsilon$ 的概率小于等于 $e^{-2m\epsilon^2}$，即：

$$\forall j \in \{1, \dots, p\}; \mathbb{P}(\mathfrak{S}_j^\epsilon) \leqslant e^{-2m\epsilon^2} \tag{1.10}$$

根据 (1.9) 的等价性，我们另一方面有：

$$\begin{aligned}\forall\epsilon > 0, \mathbb{P}\left(\max_{j\in\{1,\dots,p\}} \left[\mathfrak{L}(f_j) - \hat{\mathfrak{L}}(f_j, S)\right] > \epsilon\right) &= \mathbb{P}\left(\exists f \in \mathcal{F}, \mathfrak{L}(f) - \hat{\mathfrak{L}}(f, S) > \epsilon\right) \\ &= \mathbb{P}\left(\mathfrak{S}_1^\epsilon \cup \ldots \cup \mathfrak{S}_p^\epsilon\right)\end{aligned}$$

我们将使用 (1.10) 的结果以及并集概率的上界公式（见附录 A，它是导出泛化边界的基本工具）来给上面的等式定界：

$$\begin{aligned}\forall\epsilon > 0, \mathbb{P}\left(\max_{j\in\{1,\dots,p\}} \left[\mathfrak{L}(f_j) - \hat{\mathfrak{L}}(f_j, S)\right] > \epsilon\right) &= \mathbb{P}\left(\mathfrak{S}_1^\epsilon \cup \ldots \cup \mathfrak{S}_p^\epsilon\right) \\ &\leqslant \sum_{j=1}^{p} \mathbb{P}(\mathfrak{S}_j^\epsilon) \leqslant pe^{-2m\epsilon^2}\end{aligned}$$

对于上界 $\delta = pe^{-2m\epsilon^2}$，解得 $\epsilon = \sqrt{\frac{\ln(p/\delta)}{2m}} = \sqrt{\frac{\ln(|\mathcal{F}|/\delta)}{2m}}$，考虑相反事件，我们有：

$$\forall\delta \in]0, 1], \mathbb{P}\left(\forall f \in \mathcal{F}, \mathfrak{L}(f) \leqslant \hat{\mathfrak{L}}(f, S) + \sqrt{\frac{\ln(|\mathcal{F}|/\delta)}{2m}}\right) \geqslant 1 - \delta \tag{1.11}$$

与在测试集上获得的泛化误差边界 (1.8) 相比，我们可以看到，测试集上的经验误差是比训练集上的经验误差更好的泛化误差估计。而且，函数集包含越多不同的函数，训练集上的经验误差越可能是对泛化误差的低估。

事实上，上界 (1.11) 的解释是：对固定的 $1 - \delta$ 和一个比 $1 - \delta$ 大的分数，有限的函数集 $\mathcal{F}$ 里面的所有函数（包含最小化经验误差的函数）的泛化误差都小于经验误差和残留项 $\sqrt{\frac{\ln(|\mathcal{F}|/\delta)}{2m}}$ 之和。此外，即使在最坏情形下，当样本的数量趋于无穷时，泛化误差和经验误差

之差趋于 0，且不要求对生成数据的分布 $\mathcal{D}$ 做出特定假设。因而，对所有有限的函数集来说，经验风险最小化原理是一致的，并且无关乎概率分布 $\mathcal{D}$。

要点回顾

前面给出的确定泛化界的两个步骤如下：

1. 对任意固定的函数 $f_j \in \{f_1, \ldots, f_p\}$ 和给定的 $\epsilon > 0$，确定在样本集 S 上满足 $\mathfrak{L}(f_j) - \hat{\mathfrak{L}}(f_j, S) > \epsilon$ 的概率的上界。
2. 使用并集的概率的上界公式，将这个针对单一函数的概率同时传递给针对集合 $\mathcal{F}$ 中所有函数的概率。

函数集为无限集的情形

对函数集为无限集的情形，不能再直接使用前面的办法。事实上，给定一个 m 个观测值的集合 $S = \{(\mathbf{x}_1, y_1), \ldots, (\mathbf{x}_m, y_m)\}$，我们考虑如下的集合：

$$\mathfrak{F}(\mathcal{F}, S) = \left\{ \Big((\mathbf{x}_1, f(\mathbf{x}_1)), \ldots, (\mathbf{x}_m, f(\mathbf{x}_m)) \Big) \mid f \in \mathcal{F} \right\} \tag{1.12}$$

这个集合的大小将对应于函数类 $\mathcal{F}$ 中的函数有多少种可能方式对样本 $(\mathbf{x}_1, \ldots, \mathbf{x}_m)$ 进行标注。由于这些函数的可能输出值只能是 -1 或 $+1$，于是 $\mathfrak{F}(\mathcal{F}, S)$ 的大小是有限的，其上限为 2^m，且与函数类 $\mathcal{F}$ 无关。因此，一个最小化训练集 S 上的经验误差的学习算法就是，从 $\mathcal{F}$ 中的 $|\mathfrak{F}(\mathcal{F}, S)|$ 个能够给 S 中的样本实现标注的函数中选取一个误差最小的函数。于是，只有有限个函数会出现在下面这个计算经验误差的表达式里：

$$\mathbb{P}\left(\sup_{f \in \mathcal{F}} \left[\mathfrak{L}(f) - \hat{\mathfrak{L}}(f, S) \right] > \epsilon \right) \tag{1.13}$$

然而，对于不同于第一个训练集的第二个集合 S'，集合 $\mathfrak{F}(\mathcal{F}, S')$ 和 $\mathfrak{F}(\mathcal{F}, S)$ 并不同，于是不可能通过考虑 $|\mathfrak{F}(\mathcal{F}, S)|$ 来对有限集合应用上一节得到的上界结果。

Vapnik 和 Chervonenkis 提出了一个解决该问题的优雅方案。它考虑将表达式 (1.13) 中的真正误差 $\mathfrak{L}(f)$ 替换为 f 在另一个和 S 大小相同的样本集上的经验误差，其中的样本称为虚拟样本或者幽灵样本，它的正式叙述如下。

引理 1 (Vapnik 和 Chervonenkis 的对称化引理Vapnik (1999)) *设 $\mathcal{F}$ 是一个函数类（可以是无限的），S 和 S' 是两个大小均为 m 的学习样本集。对任意满足 $m\epsilon^2 \geqslant 2$ 的实数 $\epsilon > 0$，我们有以下结果：*

$$\mathbb{P}\left(\sup_{f \in \mathcal{F}} \left[\mathfrak{L}(f) - \hat{\mathfrak{L}}(f, S) \right] > \epsilon \right) \leqslant 2\mathbb{P}\left(\sup_{f \in \mathcal{F}} \left[\hat{\mathfrak{L}}(f, S') - \hat{\mathfrak{L}}(f, S) \right] > \epsilon/2 \right) \tag{1.14}$$

证明 对称化引理

设 $\epsilon > 0$ 且函数 $f_S^* \in \mathfrak{F}(\mathcal{F}, S)$ 达到上确界 $\sup_{f\in\mathcal{F}}\left[\mathfrak{L}(f) - \hat{\mathfrak{L}}(f,S)\right]$。根据前面的注记，$f_S^*$ 依赖于样本集 S，于是我们有：

$$\mathbb{1}_{[\mathfrak{L}(f_S^*)-\hat{\mathfrak{L}}(f_S^*,S)]>\epsilon}\mathbb{1}_{[\mathfrak{L}(f_S^*)-\hat{\mathfrak{L}}(f_S^*,S')]<\epsilon/2} = \mathbb{1}_{[\mathfrak{L}(f_S^*)-\hat{\mathfrak{L}}(f_S^*,S)]>\epsilon\wedge[\hat{\mathfrak{L}}(f_S^*,S')-\mathfrak{L}(f_S^*)]\geqslant-\epsilon/2} \\ \leqslant \mathbb{1}_{\hat{\mathfrak{L}}(f_S^*,S')-\hat{\mathfrak{L}}(f_S^*,S)>\epsilon/2}$$

对上面的不等式两边在样本集 S' 上取期望得：

$$\mathbb{1}_{[\mathfrak{L}(f_S^*)-\hat{\mathfrak{L}}(f_S^*,S)]>\epsilon}\mathbb{E}_{S'\sim\mathcal{D}^m}[\mathbb{1}_{\mathfrak{L}(f_S^*)-\hat{\mathfrak{L}}(f_S^*,S')<\epsilon/2}] \leqslant \mathbb{E}_{S'\sim\mathcal{D}^m}[\mathbb{1}_{\hat{\mathfrak{L}}(f_S^*,S')-\hat{\mathfrak{L}}(f_S^*,S)>\epsilon/2}]$$

即：

$$\mathbb{1}_{[\mathfrak{L}(f_S^*)-\hat{\mathfrak{L}}(f_S^*,S)]>\epsilon}\mathbb{P}(\mathfrak{L}(f_S^*) - \hat{\mathfrak{L}}(f_S^*,S') < \epsilon/2) \leqslant \mathbb{E}_{S'\sim\mathcal{D}^m}[\mathbb{1}_{\hat{\mathfrak{L}}(f_S^*,S')-\hat{\mathfrak{L}}(f_S^*,S)>\epsilon/2}]$$

对每个样本 $(\mathbf{x}'_i, y'_i) \in S'$，我们用 X_i 表示随机变量 $\frac{1}{m}\mathbf{e}(f_S^*(\mathbf{x}'_i), y'_i)$。由于 f_S^* 对样本集 S' 独立，因而随机变量 $X_i, i \in \{1, \dots, m\}$ 是相互独立的。因此，随机变量 $\hat{\mathfrak{L}}(f_S^*, S')$ 的方差 $\mathbb{V}(\hat{\mathfrak{L}}(f_S^*, S'))$ 等于：

$$\mathbb{V}(\hat{\mathfrak{L}}(f_S^*, S')) = \frac{1}{m}\mathbb{V}(\mathbf{e}(f_S^*(\mathbf{x}'), y'))$$

同时，根据切比雪夫 (1867) 不等式（见附录 A），我们有：

$$\mathbb{P}(\mathfrak{L}(f_S^*) - \hat{\mathfrak{L}}(f_S^*, S') \geqslant \epsilon/2) \leqslant \frac{4\mathbb{V}(\mathbf{e}(f_S^*(\mathbf{x}'), y'))}{m\epsilon^2} \leqslant \frac{1}{m\epsilon^2}$$

最后的不等式成立是由于 $\mathbf{e}(f_S^*(\mathbf{x}'), y')$ 是一个在 $[0, 1]$ 上取值的随机变量，其方差小于 1/4：

$$\left(1 - \frac{1}{m\epsilon^2}\right)\mathbb{1}_{[\mathfrak{L}(f_S^*)-\hat{\mathfrak{L}}(f_S^*,S)]>\epsilon} \leqslant \mathbb{E}_{S'\sim\mathcal{D}^m}[\mathbb{1}_{\hat{\mathfrak{L}}(f_S^*,S')-\hat{\mathfrak{L}}(f_S^*,S)>\epsilon/2}]$$

接下来的步骤是在样本集 S 上取期望，并注意到 $m\epsilon^2 \leqslant 2$, 即 $\frac{1}{2} \leqslant \left(1 - \frac{1}{m\epsilon^2}\right)$。

注意，对不等式 (1.14) 的左边取期望时，对应的是大小为 m 的独立同分布样本集；而对不等式右边取期望时，则对应的是大小为 $2m$ 的独立同分布样本集。

将泛化误差的边界推广到函数集 $\mathcal{F}$ 为无限集的情形，是通过研究 $\mathcal{F}$ 中的函数在任意两个相同大小的训练集 S 和 S' 上的经验风险的差值来实现的。事实上，上述结果里出现的重要量是两个大小同为 m 的训练集的最大可能标注数目，记为 $\mathfrak{G}(\mathcal{F}, 2m)$，其中：

$$\mathfrak{G}(\mathcal{F}, m) = \max_{S\in\mathcal{X}^m} |\mathfrak{F}(\mathcal{F}, S)| \tag{1.15}$$

$\mathfrak{G}(\mathcal{F}, m)$ 称为增长函数，它度量了一个 m 个点序列的最大可能标注数，这个序列位于函

数类 $\mathcal{F}$ 给出的 $\mathcal{X}$ 中。因而，$\mathfrak{G}(\mathcal{F},m)$ 也被看作函数类 $\mathcal{F}$ 大小的一个度量，正如下面结果所示。

定理 1 (Vapnik et Chervonenkis (1971) ; Vapnik (1999), 第 3 章) 设 $\delta \in]0,1]$，S 是一个大小为 m，依概率分布 $\mathcal{D}$ 生成的独立同分布样本集，则我们至少以概率 $1-\delta$ 有：

$$\forall f \in \mathcal{F}, \mathfrak{L}(f) \leqslant \hat{\mathfrak{L}}(f,S) + \sqrt{\frac{8\ln(\mathfrak{G}(\mathcal{F},2m)) + 8\ln(4/\delta)}{m}} \tag{1.16}$$

证明 定理 1

设 ϵ 是一个正实数。根据对称化引理 1，我们有：

$$\begin{aligned}\mathbb{P}\left(\sup_{f\in\mathcal{F}}\left[\mathfrak{L}(f)-\hat{\mathfrak{L}}(f,S)\right]>\epsilon\right) &\leqslant 2\mathbb{P}\left(\sup_{f\in\mathcal{F}}\left[\hat{\mathfrak{L}}(f,S')-\hat{\mathfrak{L}}(f,S)\right]>\epsilon/2\right)\\ &= 2\mathbb{P}\left(\sup_{f\in\mathfrak{F}(\mathcal{F},S\cup S')}\left[\hat{\mathfrak{L}}(f,S')-\hat{\mathfrak{L}}(f,S)\right]>\epsilon/2\right)\end{aligned}$$

根据并集概率的上界公式，有：

$$\mathbb{P}\left(\sup_{f\in\mathcal{F}}\left[\mathfrak{L}(f)-\hat{\mathfrak{L}}(f,S)\right]>\epsilon\right) \leqslant 2\mathfrak{G}(\mathcal{F},2m)\mathbb{P}\left(\left[\hat{\mathfrak{L}}(f,S')-\hat{\mathfrak{L}}(f,S)\right]>\epsilon/2\right)$$

根据 Hoeffding (1963) 不等式（附录 A），我们有：

$$\forall\epsilon>0, \forall f\in\mathfrak{F}(\mathcal{F},S\cup S'), \mathbb{P}\left(\left[\hat{\mathfrak{L}}(f,S')-\hat{\mathfrak{L}}(f,S)\right]>\epsilon/2\right) \leqslant 2e^{-m(\epsilon/2)^2/2}$$

即：

$$\mathbb{P}\left(\sup_{f\in\mathcal{F}}\left[\mathfrak{L}(f)-\hat{\mathfrak{L}}(f,S)\right]>\epsilon\right) \leqslant 4\mathfrak{G}(\mathcal{F},2m)e^{-m\epsilon^2/8}$$

接下来，通过对 ϵ 解方程 $4\mathfrak{G}(\mathcal{F},2m)e^{-m\epsilon^2/8}=\delta$，即得结果。

这个理论的一个重要结果是，经验风险最小化原理在 m 趋于无穷而 $\sqrt{\frac{\ln(\mathfrak{G}(\mathcal{F},2m))}{m}}$ 趋于 0 时是一致的。此外，由于增长函数的定义并不涉及观测值的分布 $\mathcal{D}$，因此无论 $\mathcal{D}$ 是什么，上述分析都有效。于是，经验风险最小化原理一致性的充分条件是，对任意概率分布 $\mathcal{D}$ 和一个无限的函数类，$\lim_{m\to\infty}\sqrt{\frac{\ln(\mathfrak{G}(\mathcal{F},2m))}{m}}=0$。另外，$\mathfrak{G}(\mathcal{F},m)$ 是一个无法测量的值，我们唯一确定的是它的上界为 2^m。此外，当增长函数达到此上界时，$\mathfrak{G}(\mathcal{F},m)=2^m$。这意味着，存在一个大小为 m 的样本集，在这个样本集上，函数类 $\mathcal{F}$ 可以生成所有可能的标注，我们称该样本集被 $\mathcal{F}$ 打碎（shatter）。从这个观察出发，Vapnik 和 Chervonenkis 提出了一个辅助量，称为 VC 维，来研究增长函数，其定义如下。

定义 1 (VC 维, Vapnik (1999)) 设 $\mathcal{F}=\{f:\mathcal{X}\to\{-1,+1\}\}$ 是一类取离散值的函数。$\mathcal{F}$ 的 VC 维是满足 $\mathfrak{G}(\mathcal{F},\mathcal{V})=2^{\mathcal{V}}$ 的最大整数 $\mathcal{V}$。也就是说，$\mathcal{V}$ 是能够被该函数类打碎的点的最大数。如果这样的整数不存在，那么 $\mathcal{F}$ 的 VC 维被认为是无穷的。

图 1.2 显示了平面上一类线性函数的 VC 维计算。根据前面的定义，我们看到，函数类的 VC 维 $\mathcal{V}$ 越大，此类函数的增长函数 $\mathfrak{G}(\mathcal{F},m)$ 越大，这对任意 $m\geqslant\mathcal{V}$ 都成立。一个由 Sauer (1972); Shelah (1972) 证明的重要性质是，函数类 $\mathcal{F}$ 的 VC 维是 $\mathcal{F}$能力的一个度量，如下面的引理所示。

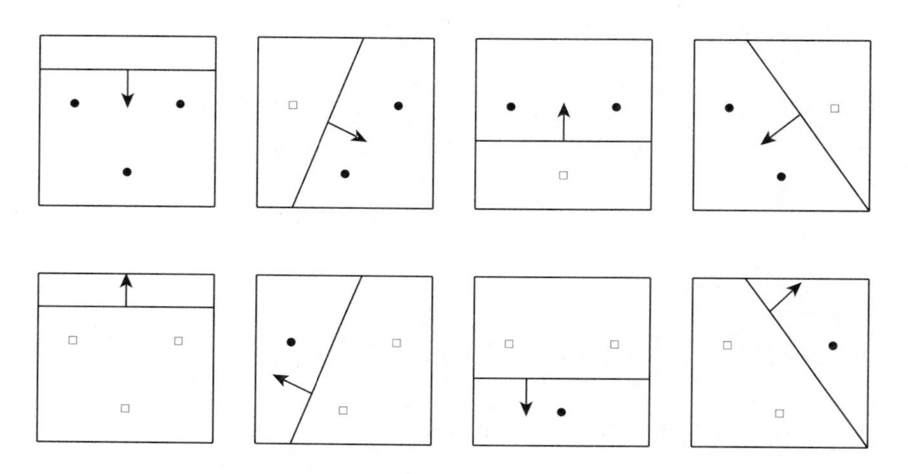

图 1.2 用一类线性函数来打碎二维平面上的点。每个线性分类器把平面分成两个子空间，其法向量指向包含属于 +1 类的点（用实心圆点表示）的子空间。平面上能被该线性函数类打碎的点的最大数值，称为该类函数的 VC 维，在本例中它等于 3

引理 2 (Vapnik et Chervonenkis (1971); Sauer (1972); Shelah (1972)[①]) 设 $\mathcal{F}$ 是一类在 $\{-1,+1\}$ 上取值的函数，且具有有限的 VC 维 $\mathcal{V}$。对任意自然数 m，增长函数 $\mathfrak{G}(\mathcal{F},m)$ 有上界：

$$\mathfrak{G}(\mathcal{F},m)\leqslant\sum_{i=0}^{\mathcal{V}}\binom{m}{i} \tag{1.17}$$

并且对任意 $m\geqslant\mathcal{V}$：

$$\mathfrak{G}(\mathcal{F},m)\leqslant\left(\frac{m}{\mathcal{V}}\right)^{\mathcal{V}}e^{\mathcal{V}} \tag{1.18}$$

① 这个引理有个更广为熟知的名字，即 Sauer 引理，但实际上，该引理早已在 Vapnik et Chervonenkis (1971) 中发表过，只是形式上略有不同。

这个定理有不同的证明 (Sauer, 1972; Shelah, 1972; Brönnimann et Goodrich, 1995; Cesa-Bianchi et Haussler, 1998; Mohri et al., 2012)，其中包括一个对 $m+\mathcal{V}$ 进行递归的证明，我们接下来就讲述它。首先注意到不等式 (1.17) 在 $\mathcal{V}=0$ 和 $m=0$ 时成立，事实上：

- 当 $\mathcal{V}=0$ 时，这意味着该函数类无法打碎任何点集，只能总是生成同样标注，即 $\mathfrak{G}(\mathcal{F},m)=1=\binom{m}{0}$；
- 当 $m=0$ 时，意味着这是对空集进行标注的平凡任务，即 $\mathfrak{G}(\mathcal{F},0)=1=\sum_{i=0}^{\mathcal{V}}\binom{0}{i}$。

现在假设不等式 (1.17) 对所有 $m'+\mathcal{V}'<m+\mathcal{V}$ 都成立，我们来证明，对给定集合 $S=\{\mathbf{x}_1,\ldots,\mathbf{x}_m\}$ 和 VC 维 $\mathcal{V}$ 的函数类 $\mathcal{F}$，有 $|\mathfrak{F}(\mathcal{F},S)|\leqslant\sum_{i=0}^{\mathcal{V}}\binom{m}{i}$。

考虑 $\mathcal{F}$ 的两个子集 $\mathcal{F}_1$ 和 $\mathcal{F}_2$，它们定义在大小为 $m-1$ 的集合 $S'=S\setminus\{\mathbf{x}_m\}$ 之上。先构造函数类 $\mathcal{F}_1$，其元素是 $\mathcal{F}$ 中在 S' 上的预测值各不相同的函数，然后确定 $\mathcal{F}_2=\mathcal{F}\setminus\mathcal{F}_1$。于是，如果 $\mathcal{F}$ 中的两个函数在 S' 上的预测向量都相同，仅仅在样本 $\mathbf{x}_m$ 上的预测值不同，那么这两个函数将一个位于 $\mathcal{F}_1$，另一个位于 $\mathcal{F}_2$。图 1.3 给出了一个具体问题的构造例子，函数对 (f_1,f_2) 和 (f_4,f_5) 在 $S'=S\setminus\{\mathbf{x}_5\}$ 上的预测向量相同，集合 $\mathcal{F}_1$ 和 $\mathcal{F}_2$ 将分别包含函数对中各一个元素。现在我们注意到，如果一个集合被函数类 $\mathcal{F}_1$ 打碎，那么它也被 $\mathcal{F}$ 打碎，因为 $\mathcal{F}_1$ 中包含 $\mathcal{F}$ 的所有在 S' 上不重复的函数，因而：

$$\text{VC 维}(\mathcal{F}_1)\leqslant\text{VC 维}(\mathcal{F})=\mathcal{V}$$

此外，如果一个集合 S' 被 $\mathcal{F}_2$ 打碎，集合 $S'\cup\{\mathbf{x}_m\}$ 也将被 $\mathcal{F}$ 打碎，因为对 $\mathcal{F}_2$ 中的所有函数，$\mathcal{F}$ 都包含另外一个函数，它仅在 $\mathbf{x}_m$ 上的输出和前一个函数不同。

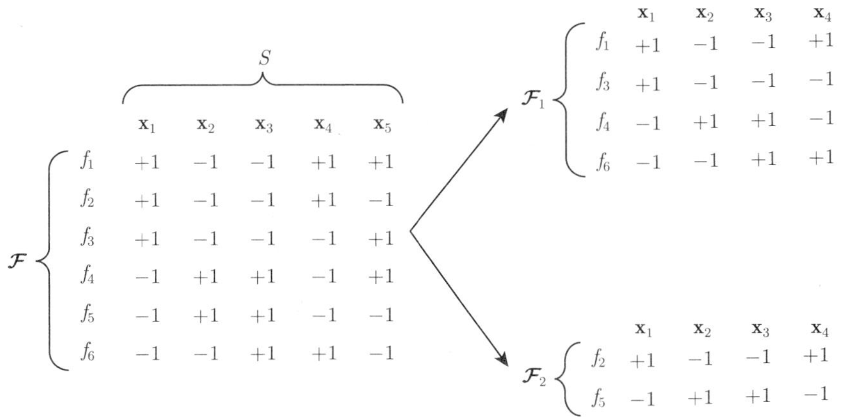

$\mathcal{F}$ (S):

	$\mathbf{x}_1$	$\mathbf{x}_2$	$\mathbf{x}_3$	$\mathbf{x}_4$	$\mathbf{x}_5$
f_1	+1	−1	−1	+1	+1
f_2	+1	−1	−1	+1	−1
f_3	+1	−1	−1	−1	+1
f_4	−1	+1	+1	−1	+1
f_5	−1	+1	+1	−1	−1
f_6	−1	−1	+1	+1	−1

$\mathcal{F}_1$:

	$\mathbf{x}_1$	$\mathbf{x}_2$	$\mathbf{x}_3$	$\mathbf{x}_4$
f_1	+1	−1	−1	+1
f_3	+1	−1	−1	−1
f_4	−1	+1	+1	−1
f_6	−1	−1	+1	+1

$\mathcal{F}_2$:

	$\mathbf{x}_1$	$\mathbf{x}_2$	$\mathbf{x}_3$	$\mathbf{x}_4$
f_2	+1	−1	−1	+1
f_5	−1	+1	+1	−1

图 1.3 从函数类 $\mathcal{F}$ 出发，构造集合 $\mathcal{F}_1$ 和 $\mathcal{F}_2$，用于 Sauer (1972) 引理的证明

因而，VC 维$(\mathcal{F}) \geqslant$ VC 维$(\mathcal{F}_2)+1$，即：

$$\text{VC 维}(\mathcal{F}_2) \leqslant \mathcal{V}-1$$

根据递归假设，我们有：

$$|\mathcal{F}_1| = |\mathfrak{F}(\mathcal{F}_1, S')| \leqslant \mathfrak{G}(\mathcal{F}_1, m-1) \leqslant \sum_{i=0}^{\mathcal{V}} \binom{m-1}{i}$$

$$|\mathcal{F}_2| = |\mathfrak{F}(\mathcal{F}_2, S')| \leqslant \mathfrak{G}(\mathcal{F}_2, m-1) \leqslant \sum_{i=0}^{\mathcal{V}-1} \binom{m-1}{i}$$

接下来的证明只需进行变量替换和应用帕斯卡公式即可：

$$\begin{aligned}|\mathfrak{F}(\mathcal{F}, S)| &= |\mathcal{F}_1| + |\mathcal{F}_2| \\ &\leqslant \sum_{i=0}^{\mathcal{V}} \binom{m-1}{i} + \sum_{i=0}^{\mathcal{V}-1} \binom{m-1}{i} \\ &= \sum_{i=0}^{\mathcal{V}} \binom{m-1}{i} + \sum_{i=0}^{\mathcal{V}} \binom{m-1}{i-1} \\ &= \sum_{i=0}^{\mathcal{V}} \binom{m}{i}\end{aligned}$$

于是，由于上述不等式对任意大小为 m 的集合 S 都成立，我们有：

$$\mathfrak{G}(\mathcal{F}, m) \leqslant \sum_{i=0}^{\mathcal{V}} \binom{m}{i}$$

为证明不等式 (1.18)，我们将应用牛顿二项式公式。根据不等式 (1.17) 且在 $\frac{\mathcal{V}}{m} \leqslant 1$ 的情况下，我们有：

$$\left(\frac{\mathcal{V}}{m}\right)^{\mathcal{V}} \mathfrak{G}(\mathcal{F}, m) \leqslant \left(\frac{\mathcal{V}}{m}\right)^{\mathcal{V}} \sum_{i=0}^{\mathcal{V}} \binom{m}{i} \leqslant \sum_{i=0}^{\mathcal{V}} \left(\frac{\mathcal{V}}{m}\right)^{i} \binom{m}{i}$$

对右边的项乘以 $1^{m-i}=1$，并应用二项式公式，有：

$$\begin{aligned}\left(\frac{\mathcal{V}}{m}\right)^{\mathcal{V}} \mathfrak{G}(\mathcal{F}, m) &\leqslant \sum_{i=0}^{\mathcal{V}} \binom{m}{i} \left(\frac{\mathcal{V}}{m}\right)^{i} 1^{m-i} \\ &= \left(1+\frac{\mathcal{V}}{m}\right)^{m}\end{aligned}$$

最后，应用不等式 $\forall z \in \mathbb{R}, (1-z) \leqslant e^{-z}$，我们有：

$$\mathfrak{G}(\mathcal{F}, m) \leqslant \left(\frac{m}{\mathcal{V}}\right)^{\mathcal{V}}\left(1+\frac{\mathcal{V}}{m}\right)^{m} \leqslant \left(\frac{m}{\mathcal{V}}\right)^{\mathcal{V}} e^{\mathcal{V}}$$

根据前面的结果我们看到，和函数类 $\mathcal{F}$ 相关联的增长函数取值依赖于 $\mathcal{F}$ 的 VC维存在性：

$$\forall m, \mathfrak{G}(\mathcal{F}, m) = \begin{cases} O(m^{\mathcal{V}}), & \text{若}\mathcal{V}\text{是有限的} \\ 2^m, & \text{若}\mathcal{V}\text{是无穷的} \end{cases}$$

此外，当函数类 $\mathcal{F}$ 的 VC 维 $\mathcal{V}$ 为有限的，且我们给予足量的训练样本，乃至 $m \geqslant \mathcal{V}$ 时，增长函数的演化将是关于 m 的多项式函数，即 $\ln \mathfrak{G}(\mathcal{F}, 2m) \leqslant \mathcal{V} \ln \frac{2em}{\mathcal{V}}$（不等式 1.18）。这个结果给出了基于 $\mathcal{V}$ 的取值，且无关具体固定训练集的估计式 (1.16) 中泛化误差的另一种表达式。

推论 1 (使用 VC 维的泛化界) 设 $\mathcal{X} \in \mathbb{R}^d$ 是一个向量空间，$\mathcal{Y} = \{-1, +1\}$ 是一个输出空间，函数类 $\mathcal{F}$ 在 $\mathcal{Y}$ 上取值且其 VC 维为 $\mathcal{V}$。设样本对 $(\mathbf{x}, y) \in \mathcal{X} \times \mathcal{Y}$ 是根据概率分布 $\mathcal{D}$ 以独立同分布方式生成的。对任意 $\delta \in]0,1]$ 我们有，对任意函数 $f \in \mathcal{F}$ 以及任意大小为 $m \geqslant \mathcal{V}$ 且根据同一个概率独立同分布生成的集合 $S \in (\mathcal{X} \times \mathcal{Y})^m$，以下不等式至少以概率 $1-\delta$ 成立：

$$\mathfrak{L}(f) \leqslant \hat{\mathfrak{L}}(f,S) + \sqrt{\frac{8\mathcal{V} \ln \frac{2em}{\mathcal{V}} + 8 \ln \frac{4}{\delta}}{m}} \tag{1.19}$$

于是，由于 $\lim_{m \to \infty} \frac{8\mathcal{V} \ln \frac{2em}{\mathcal{V}} + 8 \ln \frac{4}{\delta}}{m} = 0$，我们可以推断上述结果是经验风险最小化原理的一个充分条件，其表述如下：

对一个给定的二值函数类 $\mathcal{F}$，如果 $\mathcal{F}$ 的VC维是有限的，那么经验风险最小化原理对生成样本的所有分布 $\mathcal{D}$ 都是一致的。

Vapnik (1999) 进一步证明了，如果经验风险最小化原理对所有分布 $\mathcal{D}$ 都一致，那么我们所考虑的函数类 VC 维必为有限的。因而，我们有以下主要结果：

核心概念

无论生成样本的概率分布是什么，当且仅当所考虑的函数类VC维是有限的，经验风险最小化原理才是一致的。

1.2.3 结构风险最小化

根据上述研究，函数类的能力越强（越弱），训练集上的标注能力就越强（越弱），该函数类在训练集上的经验误差就越小（越大），但这并不能保证泛化误差最小。因而学习的困难是，如何在小经验误差和能够最小化泛化误差的弱函数类之间实现妥协。这个妥协（图 1.4）称为结构风险最小化 (Vapnik et Chervonenkis 1974)，其表述如下（算法 1）。

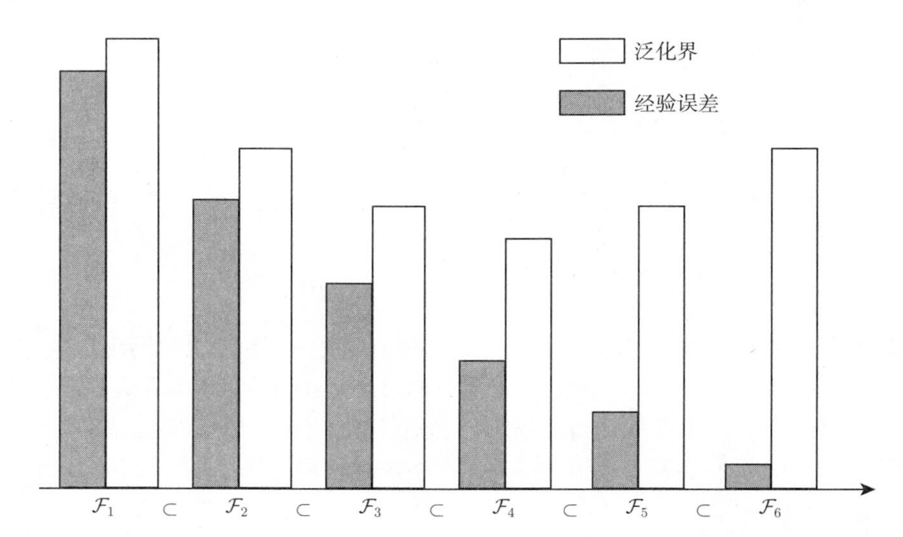

图 1.4　结构风险最小化原理图示。横轴为函数类按从小到大、从左到右依次排列。函数类的能力越大，此类函数在训练集上的经验误差越小，但泛化误差界也越糟糕。结构误差最小化原理就是选择对泛化误差界的估计最好的函数类

输入:
- 预测问题，源自某应用领域。

过程:
- 根据应用领域的先验知识，选择一个函数类（比如多项式函数）;
- 将该函数类的子类依次排列（比如按多项式的次数递增排列）;
- 在训练集上，应用经验风险最小化原理，使用一个子类函数类学习预测函数。

输出: 在学习的函数集中，选择对泛化误差界估计最好的函数，即实现最佳妥协的函数。

算法 1　结构风险最小化原理

要点回顾

我们已经学习到以下几点。

1. 为了泛化，必须控制函数类的能力。
2. 当且仅当所考虑的函数类 VC 维是有限的，经验风险最小化原理对所有生成数据的分布 $\mathcal{D}$ 是一致的。
3. 对经验风险最小化原理的一致性研究引导我们研究学习第二个基本原理，即结构风险最小化原理。
4. 学习是小经验误差和强函数类能力之间的妥协。

1.3 依赖于数据的泛化误差界

我们看到，增长函数和 VC 维是度量函数类能力的两个量，并且独立于用于生成数据的未知概率分布。然而在实践中，在大多数情况下，增长函数都难以估计，而 VC 维则通常太大。虽然存在其他量能够更精细地度量函数类的能力，但它们十分依赖于学习的数据。在这些量中，我们要讨论的是 Rademacher 复杂度，它由 Koltchinskii et Panchenko (2000); Koltchinskii (2001) 提出，并开辟了学习理论研究的新道路。

1.3.1 Rademacher 复杂度

在大小为 m 按概率分布 $\mathcal{D}$ 独立同分布生成的数据集 $S=\{(\mathbf{x}_1,y_1),\ldots,(\mathbf{x}_m,y_m)\}$ 上，经验 Rademacher 复杂度通过度量函数类 $\mathcal{F}$ 对随机噪声的拟合程度来估计函数类的丰富度。这个复杂度是用 Rademacher 变量$\boldsymbol{\sigma}=(\sigma_1,\ldots,\sigma_m)^\top$ 的偏差（biais）来估计的。它的分量是以概率 1/2 取值 -1 或 $+1$ 的独立离散随机变量，即：$\forall i\in\{1,\ldots,m\}\mathbb{P}(\sigma_i=-1)=\mathbb{P}(\sigma_i=+1)=1/2$。这里的偏差定义为：

$$\hat{\mathfrak{R}}_S(\mathcal{F})=\frac{2}{m}\mathbb{E}_{\boldsymbol{\sigma}}\left[\sup_{f\in\mathcal{F}}\left|\sum_{i=1}^m\sigma_i f(\mathbf{x}_i)\right| \mid \mathbf{x}_1,\ldots,\mathbf{x}_m\right] \tag{1.20}$$

其中 $\mathbb{E}_{\boldsymbol{\sigma}}$ 是 Rademacher 变量关于数据的条件期望。在这个表达式里，$|\sum_{i=1}^m\sigma_i f(\mathbf{x}_i)|$ 是随机噪声 $\boldsymbol{\sigma}$ 与函数 f 给出的预测值向量的标量积的绝对值，用其他术语来说，它度量了此预测值向量和随机噪声的相关性。于是，上确界 $\sup_{f\in\mathcal{F}}|\sum_{i=1}^m\sigma_i f(\mathbf{x}_i)|$ 估计了函数类 $\mathcal{F}$ 与随机噪声 $\boldsymbol{\sigma}$ 在集合 S 上关联到何种程度，而经验 Rademacher 复杂度则是此估计的一种平均度量。所以，这个复杂度描述了函数类 $\mathcal{F}$ 的丰富度；函数类的能力越强，就越有可能找到能关联 S 上噪声的函数 f_S。此外，对所有大小为 m 且以独立同分布方式生成的集合，我们对经验 Rademacher 复杂度取期望，从而定义函数类 $\mathcal{F}$ 独立于给定集合的 Rademacher 复杂度：

$$\mathfrak{R}_m(\mathcal{F})=\mathbb{E}_{S\sim\mathcal{D}^m}\hat{\mathfrak{R}}_S(\mathcal{F})=\frac{2}{m}\mathbb{E}_{S\boldsymbol{\sigma}}\left[\sup_{f\in\mathcal{F}}\left|\sum_{i=1}^m\sigma_i f(\mathbf{x}_i)\right|\right] \tag{1.21}$$

1.3.2 Rademacher 复杂度和 VC 维的联系

函数类 $\mathcal{F}$ 的 Rademacher 复杂度 $\mathfrak{R}_m(\mathcal{F})$ 和增长函数$\mathfrak{G}(\mathcal{F},m)$ 存在联系，从而与 (1.18) 成立时的 VC 维存在联系。这个联系来自Massart (2000, 引理 5.2) 所展示的工作，并被命名为 Massart 引理, 表述如下。

引理 3 (Massart (2000)) 设 $\mathcal{A}$ 是 $\mathbb{R}^m$ 的一个有限子集，$\boldsymbol{\sigma}=(\sigma_1,\ldots,\sigma_m)^\top$ 是 m 个 Rademacher 独立随机变量。我们有：

$$\mathbb{E}_{\boldsymbol{\sigma}}\left[\sup_{a\in\mathcal{A}}\sum_{i=1}^m\sigma_i a_i\right]\leqslant r\sqrt{2\ln|\mathcal{A}|} \tag{1.22}$$

其中 $r=\sup_{a\in\mathcal{A}}||a||$。

证明 Massart (2000) 引理

根据指数函数的凸性和琴生不等式，对任意实数 $\lambda > 0$，我们有：

$$\begin{aligned}\exp\left(\lambda \mathbb{E}_{\boldsymbol{\sigma}}\left[\sup_{a\in\mathcal{A}}\sum_{i=1}^{m}\sigma_i a_i\right]\right) &\leqslant \mathbb{E}_{\boldsymbol{\sigma}}\left[\exp\left(\lambda\sup_{a\in\mathcal{A}}\sum_{i=1}^{m}\sigma_i a_i\right)\right]\\ &= \mathbb{E}_{\boldsymbol{\sigma}}\left[\sup_{a\in\mathcal{A}}\exp\left(\lambda\sum_{i=1}^{m}\sigma_i a_i\right)\right]\\ &\leqslant \mathbb{E}_{\boldsymbol{\sigma}}\left[\sum_{a\in\mathcal{A}}\exp\left(\lambda\sum_{i=1}^{m}\sigma_i a_i\right)\right]\\ &= \sum_{a\in\mathcal{A}}\mathbb{E}_{\boldsymbol{\sigma}}\left[\exp\left(\lambda\sum_{i=1}^{m}\sigma_i a_i\right)\right]\\ &= \sum_{a\in\mathcal{A}}\mathbb{E}_{\boldsymbol{\sigma}}\prod_{i=1}^{m}\left[\exp(\lambda\sigma_i a_i)\right]\end{aligned}$$

由于随机变量 $\sigma_1,\ldots,\sigma_m$ 是独立的，且根据定义 $\forall i, \mathbb{P}(\sigma_i=-1)=\mathbb{P}(\sigma_i=+1)=1/2$，因而：

$$\begin{aligned}\exp\left(\lambda \mathbb{E}_{\boldsymbol{\sigma}}\left[\sup_{a\in\mathcal{A}}\sum_{i=1}^{m}\sigma_i a_i\right]\right) &\leqslant \sum_{a\in\mathcal{A}}\prod_{i=1}^{m}\mathbb{E}_{\sigma_i}\left[\exp(\lambda\sigma_i a_i)\right]\\ &= \sum_{a\in\mathcal{A}}\prod_{i=1}^{m}\frac{e^{-\lambda a_i}+e^{\lambda a_i}}{2}\end{aligned}$$

应用不等式 $\forall z\in\mathbb{R}, \frac{e^{-z}+e^{z}}{2}\leqslant e^{z^2/2}$，我们有：

$$\begin{aligned}\exp\left(\lambda \mathbb{E}_{\boldsymbol{\sigma}}\left[\sup_{a\in\mathcal{A}}\sum_{i=1}^{m}\sigma_i a_i\right]\right) &\leqslant \sum_{a\in\mathcal{A}}\prod_{i=1}^{m}e^{\lambda^2 a_i^2/2}\\ &= \sum_{a\in\mathcal{A}}e^{\lambda^2||a||^2/2}\leqslant |\mathcal{A}|e^{\lambda^2 r^2/2}\end{aligned}$$

两边取对数，并除以 λ：

$$\mathbb{E}_{\boldsymbol{\sigma}}\left[\sup_{a\in\mathcal{A}}\sum_{i=1}^{m}\sigma_i a_i\right]\leqslant\frac{\ln|\mathcal{A}|}{\lambda}+\frac{\lambda r^2}{2}$$

这个不等式对任意 $\lambda > 0$ 都成立，因此对 $\lambda^* = \frac{\sqrt{2\ln|\mathcal{A}|}}{r}$ 也成立，它使右边取得最小值。使用该值即得到不等式 (1.22)，进一步还有：

$$\mathbb{E}_{\boldsymbol{\sigma}}\left[\sup_{a\in\mathcal{A}}\left|\sum_{i=1}^{m}\sigma_i a_i\right|\right]=\mathbb{E}_{\boldsymbol{\sigma}}\left[\sup_{a\in\mathcal{A}\cup-\mathcal{A}}\sum_{i=1}^{m}\sigma_i a_i\right]\leqslant r\sqrt{2\ln(2|\mathcal{A}|)} \tag{1.23}$$

利用这个结果，我们可以通过相关增长函数来确定函数类的 Rademacher 复杂度上界。

推论 2 设 $\mathcal{F}$ 是一个由在 $\{-1,+1\}$ 上取值的函数组成的函数类，具有有限 VC 维$\mathcal{V}$，且 $\mathfrak{G}(\mathcal{F},m)$ 是相关增长函数。对任意非零自然数 m，Rademacher 复杂度 $\mathfrak{R}_m(\mathcal{F})$ 有上界：

$$\mathfrak{R}_m(\mathcal{F})\leqslant\sqrt{\frac{8\ln(2\mathfrak{G}(\mathcal{F},m))}{m}} \tag{1.24}$$

在 $m\geqslant\mathcal{V}$ 的情况下，我们有：

$$\mathfrak{R}_m(\mathcal{F})\leqslant\sqrt{8\left(\frac{\ln 2}{m}+\frac{\mathcal{V}}{m}\ln\frac{em}{\mathcal{V}}\right)} \tag{1.25}$$

证明 推论 2

对大小为 m 的固定数据集 $S=\{(\mathbf{x}_1,y_1),\ldots,(\mathbf{x}_m,y_m)\}$，由于 $f\in\mathcal{F}$ 在 $\{-1,+1\}$ 上取值，对任意 $f\in\mathcal{F}$，向量 $(f(\mathbf{x}_1),\ldots,f(\mathbf{x}_m))^\top$ 的范数有上界 $\sqrt{m}$。根据不等式 (1.23)、定义 (1.12) 和增长函数的定义 (1.15)，有：

$$\begin{aligned}\mathfrak{R}_m(\mathcal{F})&=\frac{2}{m}\mathbb{E}_S\left[\mathbb{E}_{\boldsymbol{\sigma}}\left[\sup_{f\in\mathfrak{F}(\mathcal{F},S)}\left|\sum_{i=1}^{m}\sigma_i f(\mathbf{x}_i)\right|\right]\right]\leqslant\frac{2}{m}\mathbb{E}_S\left[\sqrt{2m\ln(2\mathfrak{G}(\mathcal{F},m))}\right]\\&\leqslant\sqrt{\frac{8\ln(2\mathfrak{G}(\mathcal{F},m))}{m}}\end{aligned}$$

不等式 (1.25) 由上述不等式和 Sauer 引理的第二部分 (1.18) 得出。

1.3.3 利用 Rademacher 复杂度获取泛化界的步骤

在这一节，我们针对独立同分布数据的分类问题，利用前面围绕 Rademacher 复杂度发展起来的理论，勾勒出获取泛化上界的主要轮廓 (Bartlett et Mendelson (2003); Taylor et Cristianini (2004)，第 4 章)：

定理 2 设 $\mathcal{X}\in\mathbb{R}^d$ 是在输出空间 $\mathcal{Y}=\{-1,+1\}$ 上取值的一个向量空间。设样本对 $(\mathbf{x},y)\in\mathcal{X}\times\mathcal{Y}$ 是根据概率分布 $\mathcal{D}$ 独立同分布生成的。设 $\mathcal{F}$ 是在 $\mathcal{Y}$ 上取值的函数类，$\mathbf{e}:\mathcal{Y}\times\mathcal{Y}\to[0,1]$ 是一个给定的损失函数。对于给定的任意 $\delta\in]0,1]$，对任意函数 $f\in\mathcal{F}$ 和任意大小为 m 且按同一概率以独立同分布方式生成的集合 $S\in(\mathcal{X}\times\mathcal{Y})^m$，以下不等式至少以概率 $1-\delta$ 成立：

$$\mathfrak{L}(f) \leqslant \hat{\mathfrak{L}}(f,S) + \mathfrak{R}_m(\mathbf{e} \circ \mathcal{F}) + \sqrt{\frac{\ln \frac{1}{\delta}}{2m}} \tag{1.26}$$

$$\mathfrak{L}(f) \leqslant \hat{\mathfrak{L}}(f,S) + \hat{\mathfrak{R}}_S(\mathbf{e} \circ \mathcal{F}) + 3\sqrt{\frac{\ln \frac{2}{\delta}}{2m}} \tag{1.27}$$

其中 $\mathbf{e} \circ \mathcal{F} = \{(\mathbf{x}, y) \mapsto \mathbf{e}(f(\mathbf{x}), y) \mid f \in \mathcal{F}\}$。

这个定理的焦点在于第二项，它涉及函数类 $\mathbf{e} \circ \mathcal{F}$ 的经验 Rademacher 复杂度。我们接下来以及在第 3 章 (定理 7，式 3.45) 都会看到，对于某些特定函数类，我们很容易估计这个经验 Rademacher 复杂度，从而获得一个可以在任意训练集上计算的泛化误差界。

我们接下来阐述获得这一上界的三个主要步骤。

第 1 步：将 $\mathfrak{L}(f) - \hat{\mathfrak{L}}(f,S)$ 在 $\mathcal{F}$ 上的上确界和它的期望联系起来

如同上一节的推导，我们在此寻找一个对给定函数类 $\mathcal{F}$ 中的任意函数 f 和任意训练集 S 都成立的一致泛化界，并注意到：

$$\forall f \in \mathcal{F}, \forall S, \mathfrak{L}(f) - \hat{\mathfrak{L}}(f,S) \leqslant \sup_{f\in\mathcal{F}}[\mathfrak{L}(f) - \hat{\mathfrak{L}}(f,S)] \tag{1.28}$$

实现这个泛化界的方法是，将不等式右边的项和它的期望联系起来。一个由 McDiarmid (1989) 针对经验过程发展起来的强大工具 (Vapnik et Chervonenkis, 1971; Blumer et al., 1989; Ehrenfeucht et al., 1989; Giné, 1996) 可以实现这一点，该工具通常被称为有界差定理或 McDiarmid (1989)不等式。

定理 3 (McDiarmid (1989) 不等式) *设 $I \subset \mathbb{R}$ 是一个实区间，$(X_1, \ldots, X_m)$ 在 I^m 上取值，其分量是 m 个独立随机变量。设 $\Phi : I^m \to \mathbb{R}$ 满足：$\forall i \in \{1, \ldots, m\}, \exists a_i \in \mathbb{R}$，对任意 $(x_1, \ldots, x_m) \in I^m$ 以及 $\forall x' \in I$，以下不等式都成立：*

$$|\Phi(x_1, \ldots, x_{i-1}, x_i, x_{i+1}, \ldots, x_m) - \Phi(x_1, \ldots, x_{i-1}, x', x_{i+1}, \ldots, x_m)| \leqslant a_i$$

则我们有：

$$\forall \epsilon > 0, \mathbb{P}(\Phi(x_1, \ldots, x_m) - \mathbb{E}[\Phi] > \epsilon) \leqslant e^{\frac{-2\epsilon^2}{\sum_{i=1}^m a_i^2}}$$

因而，考虑以下函数：

$$\Phi : S \mapsto \sup_{f\in\mathcal{F}}[\mathfrak{L}(f) - \hat{\mathfrak{L}}(f,S)]$$

我们注意到，对大小同为 m 的两个样本集 S 和 S^i，除了样本对 $(x_i, y_i) \in S$（S^i 的对应样本为 (x', y')，且遵循同样的概率分布 $\mathcal{D}$）以外，其他样本完全相同，于是差值 $|\Phi(S) - \Phi(S^i)|$

有上界 $a_i = 1/m$，因为损失函数 $\mathbf{e}$（在 $\mathfrak{L}$ 和 $\hat{\mathfrak{L}}$ 中涉及）在 $[0,1]$ 上取值。在这种情况下对 Φ 应用 McDiarmid (1989)不等式，并考虑到 $a_i = 1/m, \forall i$，于是得出以下结果：

$$\forall \epsilon > 0, \mathbb{P}\left(\sup_{f\in\mathcal{F}}[\mathfrak{L}(f) - \hat{\mathfrak{L}}(f,S)] - \mathbb{E}_S \sup_{f\in\mathcal{F}}[\mathfrak{L}(f) - \hat{\mathfrak{L}}(f,S)] > \epsilon\right) \leqslant e^{-2m\epsilon^2}$$

第 2 步：根据 $\mathfrak{R}_m(\mathbf{e}\circ\mathcal{F})$ 界定 $\mathbb{E}_S \sup_{f\in\mathcal{F}}[\mathfrak{L}(f) - \hat{\mathfrak{L}}(f,S)]$

这里涉及对称化，即在 $\mathbb{E}_S \sup_{f\in\mathcal{F}}[\mathfrak{L}(f) - \hat{\mathfrak{L}}(f,S)]$ 中引入第二个集合 S'，后者也是服从 $\mathcal{D}^m$ 的样本集，并与 S 对称。这是获得泛化界最技术化的一步，借此可得（1.26）。

证明　$\mathbb{E}_S \sup_{f\in\mathcal{F}}[\mathfrak{L}(f) - \hat{\mathfrak{L}}(f,S)]$ 的上界

当注意到函数 $f\in\mathcal{F}$ 在给定虚拟样本集 S' 上的经验误差是对其泛化误差的一个无偏估计，即 $\mathfrak{L}(f) = \mathbb{E}_{S'}\hat{\mathfrak{L}}(f,S')$ 且 $\hat{\mathfrak{L}}(f,S) = \mathbb{E}_{S'}\hat{\mathfrak{L}}(f,S)$ 时，最大化 $\mathbb{E}_S \sup_{f\in\mathcal{F}}[\mathfrak{L}(f) - \hat{\mathfrak{L}}(f,S)]$ 开始。于是我们有：

$$\begin{aligned}\mathbb{E}_S \sup_{f\in\mathcal{F}}(\mathfrak{L}(f) - \hat{\mathfrak{L}}(f,S)) &= \mathbb{E}_S \sup_{f\in\mathcal{F}}[\mathbb{E}_{S'}(\hat{\mathfrak{L}}(f,S') - \hat{\mathfrak{L}}(f,S))] \\ &\leqslant \mathbb{E}_S\mathbb{E}_{S'} \sup_{f\in\mathcal{F}}[\mathfrak{L}(f,S') - \hat{\mathfrak{L}}(f,S)]\end{aligned}$$

上面的不等号成立，是因为期望的上确界小于上确界的期望。第二个要点是在上确界中引入 Rademacher 变量：

$$\mathbb{E}_S\mathbb{E}_{S'} \sup_{f\in\mathcal{F}}\left[\frac{1}{m}\sum_{i=1}^m \sigma_i(\mathbf{e}(f(\mathbf{x}'_i),y'_i) - \mathbf{e}(f(\mathbf{x}_i),y_i))\right] \tag{1.29}$$

对固定的 i，这个引入有以下效果：$\sigma_i = 1$ 不改变任何东西，但 $\sigma_i = -1$ 相当于互换两个样本 $(\mathbf{x}'_i, y'_i)$ 和 $(\mathbf{x}_i, y_i)$。因而，当我们在 S 和 S' 上取期望时，上述引入不会改变任何东西。这对任意的 i 都成立，于是我们对 $\boldsymbol{\sigma} = (\sigma_1,\ldots,\sigma_m)$ 取期望：

$$\mathbb{E}_S\mathbb{E}_{S'} \sup_{f\in\mathcal{F}}[\mathfrak{L}(f,S') - \hat{\mathfrak{L}}(f,S)] = \mathbb{E}_S\mathbb{E}_{S'}\mathbb{E}_{\boldsymbol{\sigma}} \sup_{f\in\mathcal{F}}\left[\frac{1}{m}\sum_{i=1}^m \sigma_i(\mathbf{e}(f(\mathbf{x}'_i),y'_i) - \mathbf{e}(f(\mathbf{x}_i),y_i))\right]$$

对 $\sup = \|.\|_\infty$ 应用三角形不等式，有：

$$\mathbb{E}_S\mathbb{E}_{S'}\mathbb{E}_{\boldsymbol{\sigma}} \sup_{f\in\mathcal{F}}\left[\frac{1}{m}\sum_{i=1}^m \sigma_i(\mathbf{e}(f(\mathbf{x}'_i),y'_i) - \mathbf{e}(f(\mathbf{x}_i),y_i))\right] \leqslant$$

$$\mathbb{E}_S\mathbb{E}_{S'}\mathbb{E}_\sigma \sup_{f\in\mathcal{F}}\frac{1}{m}\sum_{i=1}^m \sigma_i\mathbf{e}(f(\mathbf{x}'_i),y'_i) + \mathbb{E}_S\mathbb{E}_{S'}\mathbb{E}_{\boldsymbol{\sigma}} \quad \sup_{f\in\mathcal{F}}\frac{1}{m}\sum_{i=1}^m(-\sigma_i)\mathbf{e}(f(\mathbf{x}'_i),y'_i)$$

最后，因为 $\forall i, \sigma_i$ 和 $-\sigma_i$ 有相同分布，因此有：

$$\mathbb{E}_S\mathbb{E}_{S'}\sup_{f\in\mathcal{F}}[\mathfrak{L}(f,S')-\hat{\mathfrak{L}}(f,S)] \leqslant \underbrace{2\mathbb{E}_S\mathbb{E}_{\boldsymbol{\sigma}}\sup_{f\in\mathcal{F}}\frac{1}{m}\sum_{i=1}^{m}\sigma_i\mathbf{e}(f(\mathbf{x}_i),y_i)}_{\leqslant\mathfrak{R}_m(\mathbf{e}\circ\mathcal{F})} \tag{1.30}$$

总结截止到现在的结果，我们有：

1. $\forall f\in\mathcal{F},\forall S,\mathfrak{L}(f)-\hat{\mathfrak{L}}(f,S)\leqslant \sup_{f\in\mathcal{F}}[\mathfrak{L}(f)-\hat{\mathfrak{L}}(f,S)]$
2. $\forall \epsilon>0,\mathbb{P}\left(\sup_{f\in\mathcal{F}}[\mathfrak{L}(f)-\hat{\mathfrak{L}}(f,S)]-\mathbb{E}_S\sup_{f\in\mathcal{F}}[\mathfrak{L}(f)-\hat{\mathfrak{L}}(f,S)]>\epsilon\right)\leqslant e^{-2m\epsilon^2}$
3. $\mathbb{E}_S\sup_{f\in\mathcal{F}}\left[\mathfrak{L}(f)-\hat{\mathfrak{L}}(f,S)\right]\leqslant\mathfrak{R}_m(\mathbf{e}\circ\mathcal{F})$

所以定理 2 的第一部分可以通过求解关于 ϵ 的方程 $e^{-2m\epsilon^2}=\delta$ 来得到。

第 3 步：根据 $\hat{\mathfrak{R}}_S(\mathbf{e}\circ\mathcal{F})$ 界定 $\mathfrak{R}_m(\mathbf{e}\circ\mathcal{F})$

在函数 $\Phi: S\mapsto\hat{\mathfrak{R}}_S(\mathbf{e}\circ\mathcal{F})$ 上再一次应用 McDiarmid 不等式，就能实现这一步。对给定集合 S 和任意 $i\in\{1,\ldots,m\}$，我们考虑集合 S^i，它是通过把样本 $(\mathbf{x}_i,y_i)\in S$ 替换成 $(\mathbf{x}',y')$ 得到，后者是根据生成 S 的分布 $\mathcal{D}$ 以独立同分布方式生成的样本。在这种情况下，差的绝对值 $|\Phi(S)-\Phi(S^i)|$ 将被 $a_i=2/m$ 界定，根据 McDiarmid 不等式我们有：

$$\forall\epsilon>0,\mathbb{P}(\mathfrak{R}_m(\mathbf{e}\circ\mathcal{F})>\hat{\mathfrak{R}}_S(\mathbf{e}\circ\mathcal{F})+\epsilon)\leqslant e^{-m\epsilon^2/2} \tag{1.31}$$

对 $\delta/2=e^{-m\epsilon^2/2}$，我们至少以 $1-\delta/2$ 的概率有：

$$\mathfrak{R}_m(\mathbf{e}\circ\mathcal{F})\leqslant\hat{\mathfrak{R}}_S(\mathbf{e}\circ\mathcal{F})+2\sqrt{\frac{\ln\frac{2}{\delta}}{2m}}$$

根据前面证明的定理 2(1.26)，同样至少以 $1-\delta/2$ 的概率成立：

$$\forall f\in\mathcal{F},\forall S,\mathfrak{L}(f)\leqslant\hat{\mathfrak{L}}(f,S)+\mathfrak{R}_m(\mathbf{e}\circ\mathcal{F})+\sqrt{\frac{\ln\frac{2}{\delta}}{2m}}$$

定理 2 的第二点 (1.27) 则通过结合上述两个结果与并集的概率上界公式来获得。

本节开始已经提到，用 Rademacher 复杂度来代替 VC 维的主要好处是，对具体函数类，它可以推导出依赖于训练集数据的泛化界，这也是该情形下更好的泛化误差界。为了举例说明，也为了更好地阐释我们已经在 Rademacher 复杂度的研究中频繁见到的几个步骤，我们来看在给定训练集 S 上有有界范数 $\mathcal{H}_B=\{h:\mathbf{x}\mapsto\langle\mathbf{x},\mathbf{w}\rangle\mid\|\mathbf{w}\|\leqslant B\}$ 的实线性函数的

Rademacher 复杂度上界。

$$\begin{aligned}\hat{\mathfrak{R}}_S(\mathcal{H}_B) &= \frac{2}{m}\mathbb{E}_{\boldsymbol{\sigma}}\left[\sup_{f\in\mathcal{H}_B}\left|\sum_{i=1}^{m}\sigma_i h(\mathbf{x}_i)\right|\right] \\ &= \frac{2}{m}\mathbb{E}_{\boldsymbol{\sigma}}\left[\sup_{||\mathbf{w}||\leqslant B}\left|\sum_{i=1}^{m}\sigma_i\left\langle\mathbf{x}_i,\mathbf{w}\right\rangle\right|\right]\end{aligned}$$

根据标量积的双线性和柯西–施瓦茨不等式，我们可得：

$$\begin{aligned}\hat{\mathfrak{R}}_S(\mathcal{H}_B) &= \frac{2}{m}\mathbb{E}_{\boldsymbol{\sigma}}\left[\sup_{||\mathbf{w}||\leqslant B}\left|\left\langle\sum_{i=1}^{m}\sigma_i\mathbf{x}_i,\mathbf{w}\right\rangle\right|\right] \\ &\leqslant \frac{2}{m}\mathbb{E}_{\boldsymbol{\sigma}}\left[\sup_{||\mathbf{w}||\leqslant B}||\mathbf{w}||\left\|\sum_{i=1}^{m}\sigma_i\mathbf{x}_i\right\|\right] \\ &\leqslant \frac{2B}{m}\mathbb{E}_{\boldsymbol{\sigma}}\left\|\sum_{i=1}^{m}\sigma_i\mathbf{x}_i\right\| \\ &= \frac{2B}{m}\mathbb{E}_{\boldsymbol{\sigma}}\left(\left\langle\sum_{i=1}^{m}\sigma_i\mathbf{x}_i,\sum_{j=1}^{m}\sigma_j\mathbf{x}_j\right\rangle\right)^{1/2}\end{aligned}$$

应用琴生不等式、平方根函数的凹性和标量积的双线性得：

$$\hat{\mathfrak{R}}_S(\mathcal{H}_B) \leqslant \frac{2B}{m}\left(\mathbb{E}_{\boldsymbol{\sigma}}\left[\sum_{i=1}^{m}\sum_{j=1}^{m}\sigma_i\sigma_j\left\langle\mathbf{x}_i,\mathbf{x}_j\right\rangle\right]\right)^{1/2}$$

当 $i\neq j$ 时，对项 $\sigma_i\sigma_j\langle\mathbf{x}_i,\mathbf{x}_j\rangle$ 的二重求和的期望等于零，因为取值 -1 和 $+1$ 的随机变量的四种可能组合有相同概率，于是会有两组符号相反的项，故最后有：

$$\hat{\mathfrak{R}}_S(\mathcal{H}_B) \leqslant \frac{2B}{m}\sqrt{\sum_{i=1}^{m}\|\mathbf{x}_i\|^2} \tag{1.32}$$

从这个结果可以推导出依赖于学习数据集的泛化界，泛化界建立在特定类型的即时误差和 Rademacher 复杂度的一些性质上。我们将在下节介绍这些性质。

1.3.4 Rademacher 复杂度的性质

在 3.4.3 节和 3.5.3 节，我们将给出由定理 2 和 Rademacher 复杂度的性质 4 和 5(定理 4) 直接导出的两个泛化界。

定理 4 设 $\mathcal{F}_1,\ldots,\mathcal{F}_\ell$ 和 $\mathcal{G}$ 是实函数类。我们有以下结果。

1. 对任意 $a \in \mathbb{R}, \hat{\mathfrak{R}}_S(a\mathcal{F}) = |a|\hat{\mathfrak{R}}_S(\mathcal{F})$。
2. 若 $\mathcal{F} \subseteq \mathcal{G}$，则 $\hat{\mathfrak{R}}_S(\mathcal{F}) \leqslant \hat{\mathfrak{R}}_S(\mathcal{G})$。
3. $\hat{\mathfrak{R}}_S\left(\sum_{i=1}^{\ell} \mathcal{F}_i\right) \leqslant \sum_{i=1}^{\ell} \hat{\mathfrak{R}}_S(\mathcal{F}_i)$。
4. 设 $conv(\mathcal{F})$ 是函数 $\mathcal{F}$ 的凸组合集 (或称凸包)，定义为：

$$conv(\mathcal{F}) = \left\{ \sum_{t=1}^{T} \lambda_t f_t \mid \forall t \in \{1, \ldots, T\}, f_t \in \mathcal{F}, \lambda_t \geqslant 0 \wedge \sum_{t=1}^{T} \lambda_t = 1 \right\} \tag{1.33}$$

   则有 $\hat{\mathfrak{R}}_S(\mathcal{F}) = \hat{\mathfrak{R}}_S(conv(\mathcal{F}))$。
5. 设 $\mathfrak{h}_{1/L} : \mathbb{R} \to \mathbb{R}$ 是常数为 L 的利普希茨函数，满足 $\mathfrak{h}_{1/L}(0) = 0$，则：

$$\hat{\mathfrak{R}}_S(\mathfrak{h}_{1/L} \circ \mathcal{F}) \leqslant 2L\hat{\mathfrak{R}}_S(\mathcal{F}).$$

6. 对任意函数 g，则有 $\hat{\mathfrak{R}}_S(\mathcal{F} + g) \leqslant \hat{\mathfrak{R}}_S(\mathcal{F}) + \frac{2}{m}\left(\sum_{i=1}^{m} g(\mathbf{x}_i)^2\right)^{1/2}$。

性质 1、2 和 3 由经验 Rademacher 复杂度的定义得出 (1.20)。性质 5 通常称为 Talagrand 引理，由 Ledoux et Talagrand (1991) 所证明 (引理 3.17)。它也是基于间隔来导出泛化界的基础 (Antos et al., 2003)。

性质 6 的证明遵循和上一节界定 Rademacher 复杂度一样的推导模式。应用定义和三角形不等式：

$$\begin{aligned}\forall g, \hat{\mathfrak{R}}_S(\mathcal{F} + g) &= \mathbb{E}_{\boldsymbol{\sigma}}\left[\sup_{f \in \mathcal{F}} \left| \frac{2}{m} \sum_{i=1}^{m} \sigma_i (f(\mathbf{x}_i) + g(\mathbf{x}_i)) \right|\right] \\ &\leqslant \frac{2}{m}\mathbb{E}_{\boldsymbol{\sigma}}\left[\sup_{f \in \mathcal{F}} \left| \sum_{i=1}^{m} \sigma_i f(\mathbf{x}_i) \right|\right] + \frac{2}{m}\mathbb{E}_{\boldsymbol{\sigma}}\left| \sum_{i=1}^{m} \sigma_i g(\mathbf{x}_i) \right|\end{aligned}$$

根据定义，$\forall z \in \mathbb{R}, |z| = \sqrt{z^2}$，得：

$$\begin{aligned}\forall g, \hat{\mathfrak{R}}_S(\mathcal{F} + g) &\leqslant \hat{\mathfrak{R}}_S(\mathcal{F}) + \frac{2}{m}\mathbb{E}_{\boldsymbol{\sigma}}\left[\left(\sum_{i=1}^{m} \sigma_i g(\mathbf{x}_i)\right)^2\right]^{1/2} \\ &= \hat{\mathfrak{R}}_S(\mathcal{F}) + \frac{2}{m}\mathbb{E}_{\boldsymbol{\sigma}}\left[\sum_{i=1}^{m}\sum_{j=1}^{m} \sigma_i \sigma_j g(\mathbf{x}_i) g(\mathbf{x}_j)\right]^{1/2}\end{aligned}$$

应用琴生不等式、平方根函数的凹性和 Rademacher 变量的定义，得：

$$\forall g, \hat{\mathfrak{R}}_S(\mathcal{F} + g) \leqslant \hat{\mathfrak{R}}_S(\mathcal{F}) + \frac{2}{m}\left(\sum_{i=1}^{m} g(\mathbf{x}_i)^2\right)^{1/2}$$

证明　性质 4 的证明：$\hat{\mathfrak{R}}_S(conv(\mathcal{F}))=\hat{\mathfrak{R}}_S(\mathcal{F})$

记：

$$\begin{aligned}\hat{R}_S(conv(\mathcal{F}))&=\frac{2}{m}\mathbb{E}_\sigma\left[\sup_{f_1,\ldots,f_T\in\mathcal{F},\lambda_1,\ldots,\lambda_T,||\boldsymbol{\lambda}||_1\leqslant 1}\sum_{i=1}^m\sigma_i\sum_{t=1}^T\lambda_t f_t(\mathbf{x}_i)\right]\\&=\frac{2}{m}\mathbb{E}_\sigma\left[\sup_{f_1,\ldots,f_T\in\mathcal{F}}\ \sup_{\lambda_1,\ldots,\lambda_T,||\boldsymbol{\lambda}||_1\leqslant 1}\sum_{t=1}^T\lambda_t\left(\sum_{i=1}^m\sigma_i f_t(\mathbf{x}_i)\right)\right]\end{aligned}$$

由于权重 $\lambda_t,\forall t$ 都是正的，且 $\sum_{t=1}^T\lambda_t=1$，我们有 $\forall(z_1,\ldots,z_T)\in\mathbb{R}^T$：

$$\sup_{\lambda_1,\ldots,\lambda_T,||\boldsymbol{\lambda}||_1\leqslant 1}\sum_{t=1}^T\lambda_t z_t=\max_{t\in\{1,\ldots,T\}}z_t$$

也就是说，取得上确界就是把所有权重（其和为 1）都放在组合中的最大项上，于是得出：

$$\begin{aligned}\hat{R}_S(conv(\mathcal{F}))&=\frac{2}{m}\mathbb{E}_\sigma\left[\sup_{f_1,\ldots,f_T\in\mathcal{F}}\ \sup_{\lambda_1,\ldots,\lambda_T,||\boldsymbol{\lambda}||_1\leqslant 1}\sum_{t=1}^T\lambda_t\left(\sum_{i=1}^m\sigma_i f_t(\mathbf{x}_i)\right)\right]\\&=\frac{2}{m}\mathbb{E}_\sigma\left[\sup_{f_1,\ldots,f_T\in\mathcal{F}}\ \max_{t\in\{1,\ldots,T\}}\sum_{i=1}^m\sigma_i f_t(\mathbf{x}_i)\right]\\&=\underbrace{\frac{2}{m}\mathbb{E}_\sigma\left[\sup_{h\in\mathcal{F}}\sum_{i=1}^m\sigma_i h(\mathbf{x}_i)\right]}_{\hat{R}_S(\mathcal{F})}\end{aligned}\tag{1.34}$$

于是我们有：

$$\begin{aligned}\hat{\mathfrak{R}}_S(conv(\mathcal{F}))&=\max\left(\hat{R}_S(conv(\mathcal{F})),-\hat{R}_S(conv(\mathcal{F}))\right)\\&=\max\left(\hat{R}_S(\mathcal{F}),-\hat{R}_S(\mathcal{F})\right)\\&=\hat{\mathfrak{R}}_S(\mathcal{F})\end{aligned}$$

第2章 无约束凸优化算法

在这一章里，我们要讨论应用于机器学习中的分类模型的实用无约束优化算法。这些算法大部分都是迭代算法，它们在某个给定方向上逐步使目标函数减小。在现有算法中，梯度下降法或许是最简单的无约束优化算法。它使用目标函数梯度向量的反方向作为下降方向，并利用一个称为“学习步长”的固定步长逐步让目标函数沿此方向减小。应用此算法的难点在于，如何确定保证能收敛到目标函数最小值的合适步长。我们将阐述 Wolfe 准则，这是验证学习步长是否满足收敛性的充分条件。我们还将描述如何在满足上述准则的条件下，基于反向策略来生成权重序列的线搜索算法。最后，我们将介绍其他简单而有效的传统优化算法。

从几何角度看，学习一个二类分类模型 $h:\mathcal{X}\to\mathbb{R}$，就是寻找一个输入空间[①]的决策边界$\{\mathbf{x}|h(\mathbf{x})=0\}$，它把特征空间分成两个子空间 $\{\mathbf{x}|h(\mathbf{x})>0\}$ 和 $\{\mathbf{x}|h(\mathbf{x})<0\}$，分别对应包含类别 $+1$ 和类别 -1 样本的子空间。一旦函数 h 被确定，其关联分类器则定义为 $\forall\mathbf{x},f(\mathbf{x})=\mathrm{sgn}(h(\mathbf{x}))$，其中 sgn 是符号函数：

$$\forall z\in\mathbb{R},\mathrm{sgn}(z)=\begin{cases}+1, & 若z>0\\ 0, & 若z=0\\ -1, & 若z<0\end{cases}$$

回忆一下，分类函数 h 对一个样本 $(\mathbf{x},y)$ 的即时误差在这种情形下为：

$$\forall(\mathbf{x},y),\mathbf{e}(h,\mathbf{x},y)=\mathbb{1}_{y\times h(\mathbf{x})\leqslant 0} \tag{2.1}$$

① 此处的输入空间指的是数据空间。—— 译者注

h 在训练集$S=(\mathbf{x}_i,y_i)_{i=1}^m\in(\mathbb{R}^d\times\{-1,+1\})^m$ 上的经验误差记为：

$$\hat{\mathfrak{L}}(h,S)=\frac{1}{m}\sum_{i=1}^{m}\mathbb{1}_{y_i\times h(\mathbf{x}_i)\leqslant 0} \tag{2.2}$$

这个误差函数是不可导的，因此无法直接最小化基于训练集而得的分类函数经验风险。在实践中，学习分类函数是通过最小化经验风险 (2.2) 的一个凸的、连续且可导的边界来完成的。大量工作研究了这种做法的合理性，尤其确立了经验误差以及界定它的、取值在 0 和 1 之间的、凸的、连续可导的损失函数共享的最小化子（minimizer）(Bartlett et al., 2006)。在已有的分类误差边界中，人们鉴于以下三个损失函数的数学性质，曾经对其进行了特别研究，它们应用于后面章节具体介绍的三个经典模型 ——Logistic 回归、支持向量机和 AdaBoost：

$$\mathcal{E}_\ell(h(\mathbf{x}),y)=\ln(1+\exp(-y\times h(\mathbf{x}))) \quad \text{(logistic 损失)}$$

$$\mathcal{E}_\varsigma(h(\mathbf{x}),y)=\max(0,1-y\times h(\mathbf{x})) \quad \text{(hinge 损失)}$$

$$\mathcal{E}_e(h(\mathbf{x}),y)=e^{-y\times h(\mathbf{x})} \quad \text{(指数损失)}$$

图 2.1 给出了这三个损失函数的图示，以及分类误差在 $y\times h$ 上的取值。

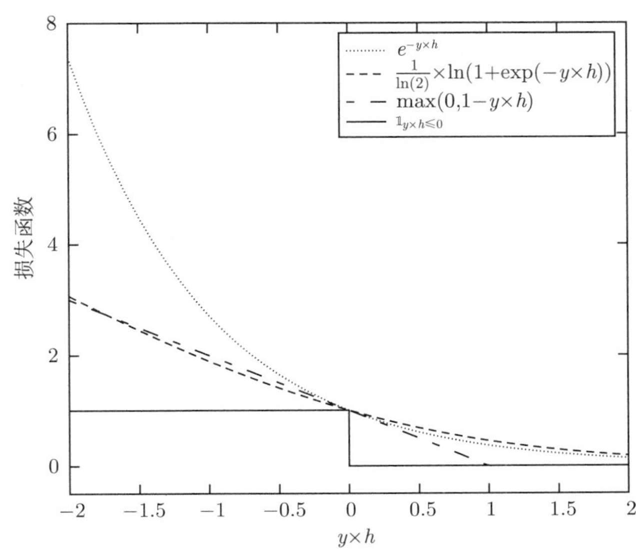

图 2.1　一个二类分类问题的四个损失函数在 $y\times h$ 上的取值，其中 h 是学习到的函数。四个损失函数分别为：分类误差$\mathbb{1}_{y\times h\leqslant 0}$，指数损失 $e^{-y\times h}$，logistic 损失 $\frac{1}{\ln(2)}\times\ln(1+\exp(-y\times h))$ 和合页 (hinge) 损失 $\max(0,1-y\times h)$。$y\times h$ 的正数值（负数值）代表正（负）分类

连续且可导的多元函数的最小化问题在过去已经有大量的研究 (Boyd et Vandenberghe, 2004; Nocedal et Wright, 2006)，这些研究中的大多数传统最优化方法已经过调整，并用于机器学习中。在本章中，我们介绍一些属于下降类算法的无约束凸优化方法，并在后面章节中应用它们来对具体的学习模型参数进行估计。这些方法都是迭代算法，并且都以待最小化的损失函数的梯度信息为基础。

在开始介绍这些方法之前，我们首先假定凸损失函数是连续二阶可导的，并考虑其在最小值附近的一个局部二次逼近。这可以帮助我们更好地理解接下来要考虑的优化问题。为简化记号，我们用 $\hat{\mathcal{L}}(\boldsymbol{w})$ 表示参数为 $\boldsymbol{w}$、训练集 S 上函数 $h_{\boldsymbol{w}}:\mathcal{X}\rightarrow\mathcal{Y}$ 的经验误差的凸上界。考虑 $\hat{\mathcal{L}}(\boldsymbol{w})$ 在最小值 $\boldsymbol{w}^*$ 附近的二阶泰勒展开：

$$\hat{\mathcal{L}}(\boldsymbol{w})=\hat{\mathcal{L}}(\boldsymbol{w}^*)+(w-w^*)^\top\underbrace{\nabla\hat{\mathcal{L}}(\boldsymbol{w}^*)}_{=0}+\frac{1}{2}(\boldsymbol{w}-\boldsymbol{w}^*)^\top\mathbf{H}(\boldsymbol{w}-\boldsymbol{w}^*)+o(\parallel w-w^*\parallel^2) \tag{2.3}$$

其中符号 $^\top$ 表示转置，$\nabla\hat{\mathcal{L}}(\boldsymbol{w}^*)$ 和 $\mathbf{H}$ 分别表示凸损失函数 $\hat{\mathcal{L}}(\boldsymbol{w})$ 在点 $\boldsymbol{w}^*$ 的梯度和黑塞矩阵。根据施瓦茨定理，$\mathbf{H}$ 是对称的，并且其特征向量$(\boldsymbol{v}_i)_{i=1}^d$ 组成一个标准正交基。设 $(\lambda_i)_{i=1}^d$ 是 $\mathbf{H}$ 的特征值，我们有：

$$\forall(i,j)\in\{1,\ldots,d\}^2,\mathbf{H}\boldsymbol{v}_i=\lambda_i\boldsymbol{v}_i,\ \text{et}\ \boldsymbol{v}_i^\top\boldsymbol{v}_j=\begin{cases}+1, & 若 i=j\\ 0, & 否则\end{cases} \tag{2.4}$$

任意向量 $\boldsymbol{w}-\boldsymbol{w}^*$ 关于这个基都有唯一展开：

$$\boldsymbol{w}-\boldsymbol{w}^*=\sum_{i=1}^d q_i v_i \tag{2.5}$$

将此式代回 (2.3)，我们有：

$$\hat{\mathcal{L}}(\boldsymbol{w})=\hat{\mathcal{L}}(\boldsymbol{w}^*)+\frac{1}{2}\sum_{i=1}^d\lambda_i q_i^2 \tag{2.6}$$

此外，对所有 $\boldsymbol{w}^*$ 领域中的向量 $\boldsymbol{w}$，$\mathbf{H}$ 是正定的，由全局最小值的定义：

$$(\boldsymbol{w}-\boldsymbol{w}^*)^\top\mathbf{H}(\boldsymbol{w}-\boldsymbol{w}^*)=\sum_{i=1}^d\lambda_i q_i^2=2(\hat{\mathcal{L}}(\boldsymbol{w})-\hat{\mathcal{L}}(\boldsymbol{w}^*))\geqslant 0$$

于是 $\mathbf{H}$ 的特征值都是正的，并且 (2.6) 意味着 $\hat{\mathcal{L}}$ 的等值线（面）（由参数空间中使 $\hat{\mathcal{L}}$ 取常数值的点集构成）呈椭圆形（椭球面）（图 2.2）。

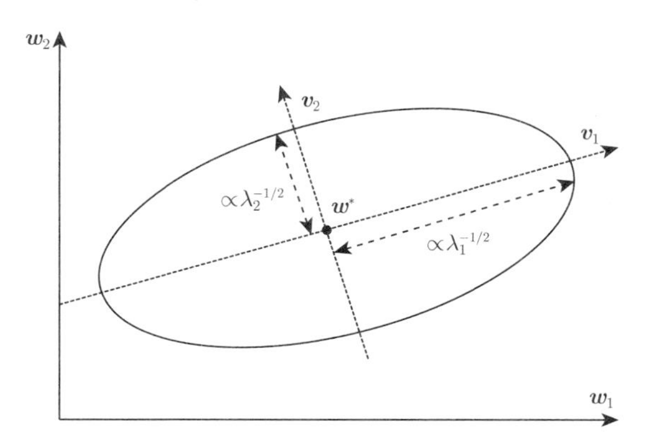

图 2.2　在最小值点 $\boldsymbol{w}^*$ 的邻域连续二阶可导损失函数 $\hat{\mathcal{L}}(\boldsymbol{w})$ 的椭球形等值面图示。在这个最小值点的邻域，椭球的轴由 $\hat{\mathcal{L}}$ 在点 $\boldsymbol{w}^*$ 的黑塞矩阵特征向量确定，并且与对应特征值的平方根成反比

2.1　梯度法

梯度法，或称最速下降法，无疑是寻找学习模型参数值的最简单方法 (Rumelhart et al., 1986)。

2.1.1　批处理模式

在全局最小化损失函数的情形中，即对数据采取集体处理或批处理模式（batch mode）处理，我们对参数 $\boldsymbol{w}^{(0)}$ 进行随机的初始化，并通过迭代更新参数向量的值来最小化损失函数。这个更新方式沿着损失函数梯度的反方向行进，这是就局部而言最陡峭的方向。于是，在第 t 次迭代，新参数向量 $\boldsymbol{w}^{(t+1)}$ 由前值 $\boldsymbol{w}^{(t)}$ 和损失函数在参数 $\boldsymbol{w}^{(t)}$ 时的梯度计算得出：

$$\forall t \in \mathbb{N}, \boldsymbol{w}^{(t+1)} = \boldsymbol{w}^{(t)} - \eta \nabla \hat{\mathcal{L}}(\boldsymbol{w}^{(t)}) \tag{2.7}$$

其中 $\eta \in \mathbb{R}_+^*$ 是一个限定为正的实数，称为学习步长。图 2.3 展示了对给定的学习步长 $\eta > 0$，上述更新方法的几何意义。

这个算法的一个难点是学习步长的选取。如果这个步长太大，则 (2.7) 的更新法则会导致在最小值点附近的振荡；如果步长太小，则对最小值的收敛速度不是太慢，就是快得不切实际。

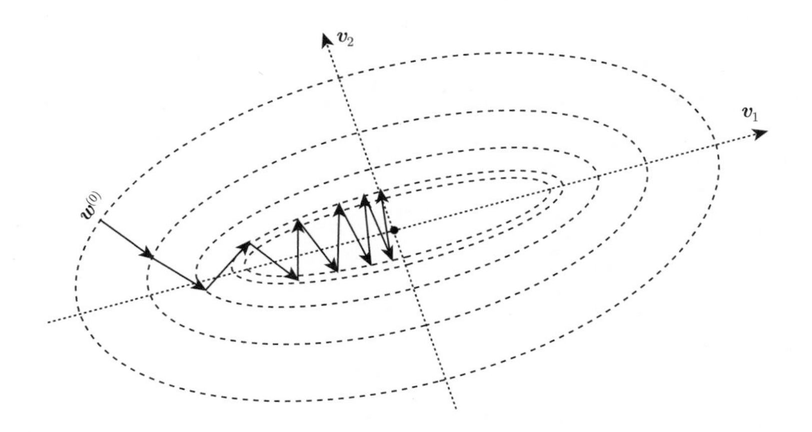

图 2.3　使用梯度法 (2.7) 最小化凸损失函数 $\hat{\mathcal{L}}(\boldsymbol{w})$ 的图示。椭圆线代表损失函数不同常值的等值线。向量 $\boldsymbol{v}_1$ 和 $\boldsymbol{v}_2$ 代表黑塞矩阵的特征向量（要找的最小值就在这些轴的中心）。我们注意到参数值在最小值点附近的振荡运动，同时也注意到在这些点损失函数的负梯度方向并不指向同样的最小值

证明　对固定的步长 η，梯度法的收敛性

设 $\hat{\mathcal{L}}(\boldsymbol{w})$ 连续二阶可导。考虑 $\hat{\mathcal{L}}(\boldsymbol{w})$ 在其取全局最小值的点 $\boldsymbol{w}^*$ 附近的二阶泰勒展开。然后考虑在 $\boldsymbol{w}^*$ 领域中的点 $\boldsymbol{w}$ 处对 $\hat{\mathcal{L}}(\boldsymbol{w})$ 逼近的导数：

$$\nabla\hat{\mathcal{L}}(\boldsymbol{w}) = \mathbf{H}(\boldsymbol{w}-\boldsymbol{w}^*)$$

利用向量 $\boldsymbol{w}-\boldsymbol{w}^*$ 关于标准正交基 $(\boldsymbol{v}_i)_{i=1}^d$（由在 $\boldsymbol{w}^*$ 点取值的黑塞矩阵特征向量组成 (2.5) 的展开），以及关系式 (2.4)，有：

$$\nabla\hat{\mathcal{L}}(\boldsymbol{w}) = \sum_{i=1}^{d} q_i\lambda_i\boldsymbol{v}_i$$

对 $t\in\mathbb{N}^*$，令 $\boldsymbol{w}^{(t-1)}$ 和 $\boldsymbol{w}^{(t)}$ 为第 $t-1$ 和 t 步由 (2.7) 所得的参数向量。根据 (2.5) 我们有：

$$\boldsymbol{w}^{(t)}-\boldsymbol{w}^{(t-1)} = \sum_{i=1}^{d}\left(q_i^{(t)}-q_i^{(t-1)}\right)\boldsymbol{v}_i = -\eta\nabla\hat{\mathcal{L}}(\boldsymbol{w}^{(t-1)}) = -\eta\sum_{i=1}^{d} q_i^{(t-1)}\lambda_i\boldsymbol{v}_i \tag{2.8}$$

其中 $(q_i^{(t-1)})_{i=1}^d$ 和 $(q_i^{(t)})_{i=1}^d$ 分别是向量 $\boldsymbol{w}^{(t-1)}-\boldsymbol{w}^*$ 和 $\boldsymbol{w}^{(t)}-\boldsymbol{w}^*$ 在标准正交基 $(\boldsymbol{v}_i)_{i=1}^d$ 下的坐标。根据特征向量的正交规范性，在等式 (2.8) 两边右乘 $\boldsymbol{v}_i, \forall i$，得：

$$\forall i, q_i^{(t)} - q_i^{(t-1)} = -\eta q_i^{(t-1)} \lambda_i$$

即：

$$\forall i, q_i^{(t)} = (1 - \eta\lambda_i) q_i^{(t-1)}$$

于是，在 t 次迭代更新后，我们有：

$$\forall i, q_i^{(t)} = (1 - \eta\lambda_i)^t q_i^{(0)}$$

当 $\forall i \in \{1, \ldots, d\}, |1 - \eta\lambda_i| < 1$ 时，坐标 $q_i^{(t)}$ 收敛到 0，这等价于坐标向量 $\boldsymbol{w}^{(t)}$ 收敛到最小值点 $\boldsymbol{w}^*$。这是因为，由特征向量的正交规范性，我们总有：

$$\forall i, \boldsymbol{v}_i^\top (\boldsymbol{w}^{(t)} - \boldsymbol{w}^*) = q_i^{(t)}$$

于是，能够保证参数向量 $\boldsymbol{w}^*$ 根据更新法则 (2.7) 的收敛性的学习步长 η 需要满足全局条件：

$$\eta < \frac{2}{\lambda_{max}}$$

其中 λ_{max} 是 $\mathbf{H}$ 的最大特征值。

2.1.2 在线模式

当我们面对包含上百万乃至上亿样本的数据时，批处理模式算法就不能适应了。这开启了机器学习和最优化领域的许多工作，催生了在线（online）学习算法的概念。这种算法一次只处理一个数据，因此在时间和空间上明显更高效，相较批处理模式算法更有实践意义 (Bottou, 1998)。

在所有在线算法中，随机梯度法可能是最流行的，并且有大量工作研究了该算法在大规模数据上的表现 (Bottou, 2010; Bach et Moulines, 2013)。

对训练集S 上的损失函数 $\hat{\mathcal{L}}$，考虑将它分解成凸的部分损失之和：

$$\hat{\mathcal{L}}(\boldsymbol{w}) = \frac{1}{m} \sum_{i=1}^{m} \mathcal{E}(h_{\boldsymbol{w}}(\mathbf{x}_i), y_i) \tag{2.9}$$

随机梯度法（算法 2）是一个迭代算法。它包含两个步骤：先在每个迭代步骤 t 中选择一个学习样本 $(\mathbf{x}_t, y_t)$；然后，沿着部分损失函数在该点梯度的负方向上更新权重向量。

算法 2 是一阶优化算法的一部分，因为它的更新公式只用到了梯度的信息。凸优化一阶算法的局限性已经由优化问题的复杂性理论所确立 (Nemirovski et Yudin, 1983)。这个理论特别指出，当使用此种算法解决优化问题，而且问题的维数很大时，算法的收敛速率不会超过正比于 $t^{-1/2}$ 的次线性收敛速率，其中 t 是迭代次数。这个理论结果意味着，对于大规模问题，使用一阶在线优化算法永远不能在合理时间内达到高精度。但作为补偿，这个算法保证了收敛速率正比于 $t^{-1/2}$，而且（基本上）不依赖于问题的维数 (Nemirovski et al., 2009)。所以，当我们对解的精度要求不高时，这类算法可以用来解决大规模问题，而这恰恰是批处理模式算法所不能的。

输入：
- 部分损失函数 $(\mathbf{x}, y) \mapsto \mathcal{E}(h_{\boldsymbol{w}}(\mathbf{x}), y)$
- 最大迭代次数 T
- 精度 $\epsilon > 0$
- 学习步长 $\eta > 0$

初始化：
- 随机初始化权重 $\boldsymbol{w}^{(0)}$
- $t \leftarrow 0$

repeat
- 随机选择样本 $(\mathbf{x}_t, y_t) \in S$
- $\boldsymbol{w}^{(t+1)} \leftarrow \boldsymbol{w}^{(t)} - \eta \nabla \mathcal{E}(h_{\boldsymbol{w}^{(t)}}(\mathbf{x}_t), y_t)$
- $t \leftarrow t + 1$

until $(||\nabla \mathcal{E}(h_{\boldsymbol{w}^{(t)}}(\mathbf{x}_t), y_t|| \leqslant \epsilon) \vee (t > T)$

输出：　权重 $\boldsymbol{w}^{(t)}$

算法 2　随机梯度法

然而另一方面，批处理模式算法能够在经验风险最小化的框架（见第 1 章）下保证学习的一致性，并且有更好的收敛速率。在本章接下来的章节中，我们将给出其他凸优化算法，同时也是批处理模式算法，它们被广泛应用于最小化界定经验风险的凸损失函数。

2.2　拟牛顿法

为了避免梯度法 (2.7) 带来的权重向量围绕最小化子来回振荡的问题，一个解决办法是在每一步迭代更新权重向量时，选择朝向损失函数最小值的下降方向（称为牛顿方向），并使用最优学习步长（图 2.4）。在 2.3 节，我们将给出一个自动找寻该最优值的简单而有效的方法。在本节，我们给出一个逼近牛顿方向的计算方法，称为拟牛顿法 (Gill et Leonard, 2001; Deuflhard, 2004; Bonnans et al., 2006)。

2.2.1　牛顿方向

我们的出发点是损失函数 (2.3) 在最小值点附近的二次逼近。根据这个逼近，可知对于损

失函数最小化子 $\boldsymbol{w}^*$ 附近的任意权重向量 $\boldsymbol{w}$，可以有如下估计：

$$\nabla\hat{\mathcal{L}}(\boldsymbol{w}) = \mathbf{H}(\boldsymbol{w} - \boldsymbol{w}^*) \tag{2.10}$$

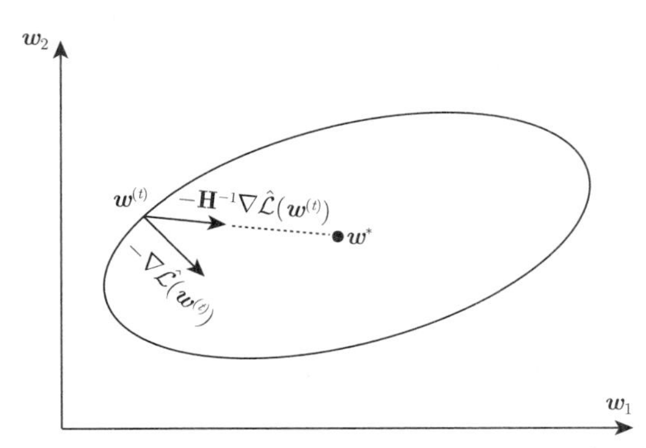

图 2.4 负梯度方向$\mathbf{p}_t = -\nabla\hat{\mathcal{L}}(\boldsymbol{w}^{(t)})$ 和牛顿方向 $\mathbf{p}_t = -\mathbf{H}^{-1}\nabla\hat{\mathcal{L}}(\boldsymbol{w}^{(t)})$ 的图示。无论损失函数的起始点位置 $\boldsymbol{w}^{(t)}$，牛顿方向总是指向最小化子 $\boldsymbol{w}^*$

因而，我们有 $\boldsymbol{w}^* = \boldsymbol{w} - \mathbf{H}^{-1}\nabla\hat{\mathcal{L}}(\boldsymbol{w})$，即 $-\mathbf{H}^{-1}\nabla\hat{\mathcal{L}}(\boldsymbol{w})$ 就是牛顿方向 [①]。

由于函数的二次逼近并不精确，因此在每一步迭代更新权重向量时，必须重新计算牛顿方向。然而对于高维度数据，考虑到需要计算黑塞矩阵和它的逆，这套方法很快变得不切实际。

2.2.2 Broyden-Fletcher-Goldfarb-Shanno 公式

人们提出了其他逼近黑塞矩阵的逆的方法，来计算下降方向。其中最著名的是拟牛顿法，它是可变度量法的一种特殊情况 (Fletcher, 1987; Davidon, 1991)。其方法是生成一个矩阵序列 $\mathbf{B}_t$，其极限收敛到黑塞矩阵的逆：

$$\lim_{t\to+\infty} \mathbf{B}_t = \mathbf{H}^{-1}$$

在首次迭代时，我们考虑一个对称正定矩阵，通常为单位矩阵 $\mathbf{B}_0 = \mathbf{Id}_d$，然后构造序列 $(\mathbf{B}_t)_{t\in\mathbb{N}^*}$ 并要求其保持对称正定性 [②]。于是矩阵序列 $(\mathbf{B}_t)_{t\in\mathbb{N}^*}$ 根据 (2.10) 生成，并得到拟牛顿方程，或称割线法：

$$\boldsymbol{w}^{(t)} - \boldsymbol{w}^{(t-1)} = \mathbf{H}^{-1}\left(\nabla\hat{\mathcal{L}}(\boldsymbol{w}^{(t)}) - \nabla\hat{\mathcal{L}}(\boldsymbol{w}^{(t-1)})\right)$$

---

① 注意梯度法 (2.7) 中使用的下降方向$-\hat{\mathcal{L}}(\boldsymbol{w})$, 一般而言并不指向 $\boldsymbol{w}^*$(图 2.3)。

② 这个约束是合理的，因为对每次迭代 $t \in \mathbb{N}$, 我们希望方向 $\mathbf{p}_t \propto \boldsymbol{w}^{(t+1)} - \boldsymbol{w}^{(t)}$ 是一个下降方向（损失函数沿着它下降）。

由于 $\mathbf{B}_t$ 是 $\mathbf{H}^{-1}$ 的一个逼近，我们希望 $\mathbf{B}_t$ 也满足：

$$\boldsymbol{w}^{(t)} - \boldsymbol{w}^{(t-1)} = \mathbf{B}_t \left(\nabla\hat{\mathcal{L}}(\boldsymbol{w}^{(t)}) - \nabla\hat{\mathcal{L}}(\boldsymbol{w}^{(t-1)}) \right) \tag{2.11}$$

上面的方程组被称为拟牛顿条件，有 n 个方程，n^2 个未知元，其解的个数非常多。在所有的更新公式中，最为人熟知的或许是Broyden-Fletcher-Goldfarb-Shanno（简称 BFGS 公式）。在每一次迭代 t，它通过寻找以下问题 (Nocedal et Wright, 2006, p. 136) 的解来搜寻矩阵 $\mathbf{B}_{t+1}$：

$$\min_{\mathbf{B}} \frac{1}{2} \|\mathbf{B} - \mathbf{B}_t\|^2$$
$$满足\mathbf{B}\mathbf{g}_t = \mathbf{v}_t \text{ et } \mathbf{B}^\top = \mathbf{B}$$

其中：

$$\mathbf{v}_t = \boldsymbol{w}^{(t+1)} - \boldsymbol{w}^{(t)} \tag{2.12}$$

$$\mathbf{g}_t = \nabla\hat{\mathcal{L}}(\boldsymbol{w}^{(t+1)}) - \nabla\hat{\mathcal{L}}(\boldsymbol{w}^{(t)}) \tag{2.13}$$

上面用到的矩阵范数具有形式 $\|X\|_A = \|A^{\frac{1}{2}} X A^{\frac{1}{2}}\|$，其中 A 是对称可逆矩阵，满足 $\mathbf{g}_t = A\mathbf{v}_t$。BFGS 公式就是上述优化问题的一个解，按以下方式迭代 (Polak, 1971, p. 57)：

$$\forall t \in \mathbb{N}^*, \mathbf{B}_{t+1} = \mathbf{B}_t + \frac{\mathbf{v}_t \mathbf{v}_t^\top}{\mathbf{v}_t^\top \mathbf{g}_t} - \frac{(\mathbf{B}_t \mathbf{g}_t)\mathbf{g}_t^\top \mathbf{B}_t}{\mathbf{g}_t^\top \mathbf{B}_t \mathbf{g}_t} + (\mathbf{g}_t^\top \mathbf{B}_t \mathbf{g}_t)\mathbf{u}_{t+1}\mathbf{u}_{t+1}^\top \tag{2.14}$$

其中：

$$\mathbf{u}_t = \frac{\mathbf{v}_t}{\mathbf{v}_t^\top \mathbf{g}_t} - \frac{\mathbf{B}_t \mathbf{g}_t}{\mathbf{g}_t^\top \mathbf{B}_t \mathbf{g}_t} \tag{2.15}$$

证明　拟牛顿条件 (2.11)

我们可以轻松地证明，定义 (2.14) 保证了所有的 $\mathbf{B}_t, t \in \mathbb{N}$ 都满足拟牛顿条件 (2.11)。事实上，对给定的迭代 $t \in \mathbb{N}$，在等式 (2.14) 右边乘以 $\mathbf{g}_t = \nabla\hat{\mathcal{L}}(\boldsymbol{w}^{(t+1)}) - \nabla\hat{\mathcal{L}}(\boldsymbol{w}^{(t)})$：

$$\mathbf{B}_{t+1}\mathbf{g}_t = \cancel{\mathbf{B}_t \mathbf{g}_t} + \frac{\mathbf{v}_t \cancel{\mathbf{v}_t^\top \mathbf{g}_t}}{\cancel{\mathbf{v}_t^\top \mathbf{g}_t}} - \frac{\cancel{\mathbf{B}_t \mathbf{g}_t} \cancel{\mathbf{g}_t^\top \mathbf{B}_t \mathbf{g}_t}}{\cancel{\mathbf{g}_t^\top \mathbf{B}_t \mathbf{g}_t}} + \underbrace{(\mathbf{g}_t^\top \mathbf{B}_t \mathbf{g}_t)\mathbf{u}_{t+1}\mathbf{u}_{t+1}^\top \mathbf{g}_t}_{\mathbf{A}_t}$$

展开上面等式的最后一项：

$$\mathbf{A}_t = (\mathbf{g}_t^\top \mathbf{B}_t \mathbf{g}_t) \frac{\mathbf{v}_t \cancel{\mathbf{v}_t^\top \mathbf{g}_t}}{(\mathbf{v}_t^\top \mathbf{g}_t)^{\cancel{2}}} - \frac{\mathbf{v}_t (\mathbf{g}_t^\top \mathbf{B}_t \mathbf{g}_t)}{\mathbf{v}_t^\top \mathbf{g}_t}$$
$$- \frac{\mathbf{B}_t \mathbf{g}_t \cancel{\mathbf{v}_t^\top \mathbf{g}_t}}{\cancel{\mathbf{v}_t^\top \mathbf{g}_t}} + \frac{\mathbf{B}_t \mathbf{g}_t \cancel{\mathbf{g}_t^\top \mathbf{B}_t \mathbf{g}_t}}{\cancel{\mathbf{g}_t^\top \mathbf{B}_t \mathbf{g}_t}} = 0$$

即：

$$\mathbf{B}_{t+1}(\nabla\hat{\mathcal{L}}(\boldsymbol{w}^{(t+1)}) - \nabla\hat{\mathcal{L}}(\boldsymbol{w}^{(t)})) = \mathbf{B}_{t+1}\mathbf{g}_t = \mathbf{v}_t = \boldsymbol{w}^{(t+1)} - \boldsymbol{w}^{(t)}$$

最后一点需要验证的是，由 $\mathbf{p}_t = -\mathbf{B}_t\nabla\hat{\mathcal{L}}(\boldsymbol{w}^{(t)})$ 定义的拟牛顿方向确实是下降的方向。为此，只需证明矩阵 $(\mathbf{B})_{t\in\mathbb{N}^*}$ 都是正定的。这里采用递归方式证明，用以下命题表述：

命题 1 设对给定次迭代 $\mathbf{B}_t$ 是正定的，且 $\mathbf{v}_t^\top\mathbf{g}_t > 0$，那么 $\mathbf{B}_{t+1}$ 也是正定的。

证明 矩阵 $(\mathbf{B})_{t\in\mathbb{N}^*}$ 的正定性

展开 (2.14) 有：

$$\begin{aligned}
\mathbf{B}_{t+1} &= \mathbf{B}_t + \frac{\mathbf{v}_t\mathbf{v}_t^\top}{\mathbf{v}_t^\top\mathbf{g}_t} + (\mathbf{g}_t^\top\mathbf{B}_t\mathbf{g}_t)\frac{\mathbf{v}_t\mathbf{v}_t^\top}{(\mathbf{v}_t^\top\mathbf{g}_t)^2} - \frac{\mathbf{v}_t\mathbf{g}_t^\top\mathbf{B}_t}{\mathbf{v}_t^\top\mathbf{g}_t} - \frac{\mathbf{B}_t\mathbf{g}_t\mathbf{v}_t^\top}{\mathbf{v}_t^\top\mathbf{g}_t} \\
&= \mathbf{B}_t - \mathbf{B}_t\frac{\mathbf{g}_t\mathbf{v}_t^\top}{\mathbf{v}_t^\top\mathbf{g}_t} - \frac{\mathbf{v}_t\mathbf{g}_t^\top\mathbf{B}_t}{\mathbf{v}_t^\top\mathbf{g}_t} + \frac{\mathbf{v}_t(\mathbf{g}_t^\top\mathbf{B}_t\mathbf{g}_t)\mathbf{v}_t^\top}{(\mathbf{v}_t^\top\mathbf{g}_t)^2} + \frac{\mathbf{v}_t\mathbf{v}_t^\top}{\mathbf{v}_t^\top\mathbf{g}_t} \\
&= \left(\mathbf{B}_t - \frac{\mathbf{v}_t\mathbf{g}_t^\top\mathbf{B}_t}{\mathbf{v}_t^\top\mathbf{g}_t}\right)\left(\mathbf{Id} - \frac{\mathbf{g}_t\mathbf{v}_t^\top}{\mathbf{v}_t^\top\mathbf{g}_t}\right) + \frac{\mathbf{v}_t\mathbf{v}_t^\top}{\mathbf{v}_t^\top\mathbf{g}_t} \\
&= \left(\mathbf{Id} - \frac{\mathbf{v}_t\mathbf{g}_t^\top}{\mathbf{v}_t^\top\mathbf{g}_t}\right)\mathbf{B}_t\left(\mathbf{Id} - \frac{\mathbf{g}_t\mathbf{v}_t^\top}{\mathbf{v}_t^\top\mathbf{g}_t}\right) + \frac{\mathbf{v}_t\mathbf{v}_t^\top}{\mathbf{v}_t^\top\mathbf{g}_t}
\end{aligned}$$

其中 $\mathbf{Id}$ 是 $d\times d$ 维单位矩阵。设此时矩阵 $\mathbf{B}_t$ 是正定的。于是我们有，对任意向量 $\mathbf{x}\in\mathbb{R}^d$：

$$\begin{aligned}
\mathbf{x}^\top\mathbf{B}_{t+1}\mathbf{x} &= \mathbf{x}^\top\left(\mathbf{Id} - \frac{\mathbf{v}_t\mathbf{g}_t^\top}{\mathbf{v}_t^\top\mathbf{g}_t}\right)\mathbf{B}_t\left(\mathbf{Id} - \frac{\mathbf{g}_t\mathbf{v}_t^\top}{\mathbf{v}_t^\top\mathbf{g}_t}\right)\mathbf{x} + \frac{\mathbf{x}^\top\mathbf{v}_t\mathbf{v}_t^\top\mathbf{x}^\top}{\mathbf{v}_t^\top\mathbf{g}_t} \\
&= \mathbf{y}^\top\mathbf{B}_t\mathbf{y} + \frac{(\mathbf{x}^\top\mathbf{v}_t)^2}{\mathbf{v}_t^\top\mathbf{g}_t} \geqslant 0
\end{aligned}$$

其中 $\mathbf{B}_t$ 是正定的，且 $\mathbf{v}_t^\top\mathbf{g}_t > 0$。上式意味着 $\mathbf{B}_{t+1}$ 是半正定的。

我们来看在什么条件下成立 $\mathbf{x}^\top\mathbf{B}_{t+1}\mathbf{x} = 0$。我们有：

$$\mathbf{x}^\top\mathbf{B}_{t+1}\mathbf{x} = 0 \Leftrightarrow \mathbf{y}^\top\mathbf{B}_t\mathbf{y} + \frac{(\mathbf{x}^\top\mathbf{v}_t)^2}{\mathbf{v}_t^\top\mathbf{g}_t} = 0$$

这等价于 $\mathbf{y}^\top\mathbf{B}_t\mathbf{y} = 0$ 且 $\mathbf{x}^\top\mathbf{v}_t = 0$。或者说，由于 $\mathbf{B}_t$ 是正定的，前面的条件就等价于 $\mathbf{x}^\top\mathbf{y} = \mathbf{x}^\top\mathbf{x} - \underbrace{\mathbf{x}^\top\mathbf{v}_t}_{=0}\frac{\mathbf{g}_t}{\mathbf{v}_t^\top\mathbf{g}_t} = \mathbf{x}^\top\mathbf{x} = 0$，即 $\mathbf{x} = 0$。这就证明了矩阵 $\mathbf{B}_{t+1}$ 的正定性。

算法 3 给出了一种迭代估计矩阵序列 $(\mathbf{B}_t)_{t\in\mathbb{N}^*}$ 和权重向量 $(\boldsymbol{w}^{(t)})_{t\in\mathbb{N}^*}$ 的方法，在每次迭代时都计算最优步长，我们会在下面对其进行介绍。这是一种下降算法，前提条件是初始矩阵 $\mathbf{B}_0$ 是对称正定的，且每次迭代时下面的条件是成立的：

$$(\nabla\hat{\mathcal{L}}(\boldsymbol{w}^{(t+1)}) - \nabla\hat{\mathcal{L}}(\boldsymbol{w}^{(t)}))^\top(\boldsymbol{w}^{(t+1)} - \boldsymbol{w}^{(t)}) > 0$$

输入：
- 一个待最小化的二阶连续可微的凸损失函数 $\boldsymbol{w} \mapsto \hat{\mathcal{L}}(\boldsymbol{w})$
- 搜索精度 $\epsilon > 0$

初始化：
- 随机初始化权重 $\boldsymbol{w}^{(0)}$
- $\mathbf{B}_0 \leftarrow \mathbf{Id}_d, \mathbf{p}_0 \leftarrow -\nabla\hat{\mathcal{L}}(\boldsymbol{w}^{(0)})$,
- $t \leftarrow 0$

repeat
- 寻找最优学习步长 η_t, 下降方向的长度 $\mathbf{p}_t$
  // 例如使用 (2.3) 节的线搜索法
- 更新 $\boldsymbol{w}^{(t+1)} \leftarrow \boldsymbol{w}^{(t)} + \eta_t\mathbf{p}_t$
- 估计 $\mathbf{B}_{t+1}$ // 公式 (2.14)
- 定义新下降方向 $\mathbf{p}_{t+1} = -\mathbf{B}_{t+1}\nabla\hat{\mathcal{L}}(\boldsymbol{w}^{(t+1)})$
- $t \leftarrow t+1$

until $|\hat{\mathcal{L}}(\boldsymbol{w}^{(t)}) - \hat{\mathcal{L}}(\boldsymbol{w}^{(t-1)})| \leq \epsilon\hat{\mathcal{L}}(\boldsymbol{w}^{(t-1)})$

输出：权重 $\boldsymbol{w}^{(t)}$

算法 3　拟牛顿法

很容易证明，这其实就是在每次迭代时按 Wolfe (1966) 条件来选择步长 η_t，接下来的章节会进行说明。我们指出，从首次迭代开始，算法 3 使用的更新法则和梯度法是一样的。然而，研究文献中经常提到的这一算法有个重大缺陷，在问题的维数很大时，$d \times d$ 维矩阵 $\mathbf{B}$ 的更新和存储变得很不方便。此外，当数据特征迥然相异时，算法 3 很快就不稳定。使用 BFGS 公式的拟牛顿法的程序代码在附录 B.4 节中给出。

2.3　线搜索

之前提到过，梯度法的主要困难在于选择学习步长。从当前权重 $\boldsymbol{w}^{(t)}$ 出发，一个自然的解决办法是沿着下降方向 $\mathbf{p}_t$（验证 $\mathbf{p}_t^\top\nabla\hat{\mathcal{L}}(\boldsymbol{w}^{(t)}) < 0$）走，数值为学习步长可取的最大值，并且逐渐迭代减小步长，直到达到可接受的权重 $\boldsymbol{w}^{(t+1)}$，即：

for each 迭代 t, 在点 $\boldsymbol{w}^{(t)}$ do
- 估计下降方向 $\mathbf{p}_t$
- 更新权重

$$\boldsymbol{w}^{(t+1)} \leftarrow \boldsymbol{w}^{(t)} + \eta_t\mathbf{p}_t$$

// 其中 η_t 是一个正实数，并指向下次迭代的权重向量 $\boldsymbol{w}^{(t+1)}$ (2.16)

这个想法引出了一种称为线搜索的简单优化方法，它是后来更复杂的高性能优化算法的前身。

2.3.1 Wolfe 条件

为了搜寻满足更新条件 (2.16) 的序列 $(\boldsymbol{w}^{(t)})_{t\in\mathbb{N}}$，损失函数的下降条件

$$\forall t \in \mathbb{N}, \hat{\mathcal{L}}(\boldsymbol{w}^{(t+1)}) < \hat{\mathcal{L}}(\boldsymbol{w}^{(t)}) \tag{2.17}$$

是必要的，但不能保证序列收敛到 $\hat{\mathcal{L}}$ 的最小值。事实上，在满足条件 (2.17) 的情况下存在两种情形不收敛到 $\hat{\mathcal{L}}$ 的最小值，我们接下来说明这两种情况，以 $d=1$ 维情况为例，设 $\hat{\mathcal{L}}(\boldsymbol{w})=\boldsymbol{w}^2$ 且 $\boldsymbol{w}^{(0)}=2$。

1. 当相对于参数大小的变化，$\hat{\mathcal{L}}$ 的下降太少时，发生第一种情形。例如，考虑下降序列方向为 $(\mathbf{p}_t=(-1)^{t+1})_{t\in\mathbb{N}^*}$，步长为 $(\eta_t=(2+\frac{3}{2^{t+1}}))_{t\in\mathbb{N}^*}$，则参数序列将是：

$$\forall t \in \mathbb{N}^*, \boldsymbol{w}^{(t)} = (-1)^t(1+2^{-t})$$

这对应于示意图 2.5。

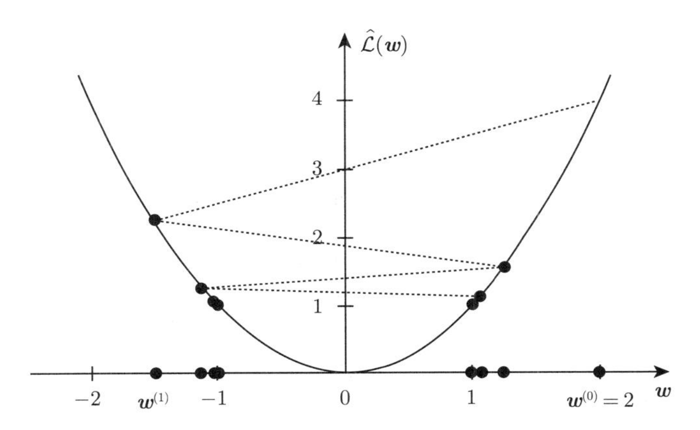

图 2.5 权重向量序列 $(\boldsymbol{w}^{(t)})_{t\in\mathbb{N}}$ 下降但不收敛到目标函数 $\hat{\mathcal{L}}$ 的最小化子，相比参数本身的跳跃而言，目标函数下降很小

在这个例子里每一个 $\mathbf{p}_t$ 都是下降方向。在每一步迭代 $t\in\mathbb{N}^*$，条件 (2.17) 都是满足的，但是 $\lim\limits_{t\to+\infty}\boldsymbol{w}^{(t)}=\pm1$ 并不是 $\hat{\mathcal{L}}$ 的最小化子。

为了避免这个问题，我们加入以下限制：从 $\hat{\mathcal{L}}(\boldsymbol{w}^{(t)})$ 到 $\hat{\mathcal{L}}(\boldsymbol{w}^{(t+1)})$ 的平均下降率至少为该方向下降率的一个分数。换句话说，我们要求对于一个给定值 $\alpha\in(0,1)$，在迭代步骤的学习步长 $\eta_t>0$ 需满足以下条件，称为 Armijo (1966) 线性下降条件：

$$\forall t \in \mathbb{N}^*, \hat{\mathcal{L}}(\boldsymbol{w}^{(t)}+\eta_t\mathbf{p}_t) \leqslant \hat{\mathcal{L}}(\boldsymbol{w}^{(t)}) + \alpha\eta_t\mathbf{p}_t^\top\nabla\hat{\mathcal{L}}(\boldsymbol{w}^{(t)}) \tag{2.18}$$

2. 在权重向量逼近最小化子的过程中出现的第二个问题是，相对于 $\hat{\mathcal{L}}$ 的初始下降率而言，权重向量朝向最小化子的跳动幅度太小。为说明这个问题，让我们来看下面这个例子，其下降方向序列是 $(\mathbf{p}_t = -1)_{t\in\mathbb{N}^*}$，使用的步长序列是 $(\eta_t = (2^{-t+1}))_{t\in\mathbb{N}^*}$，于是权重空间中的序列将是：

$$\forall t \in \mathbb{N}^*, \boldsymbol{w}^{(t)} = (1 + 2^{-t})$$

在这个例子里，在每一次迭代 $t \in \mathbb{N}^*$，条件 (2.17) 都是满足的，但 $\lim\limits_{t\to+\infty} \boldsymbol{w}^{(t)} = 1$ 并不收敛到 $\hat{\mathcal{L}}$ 的最小化子。图 2.6 说明了这种情况。

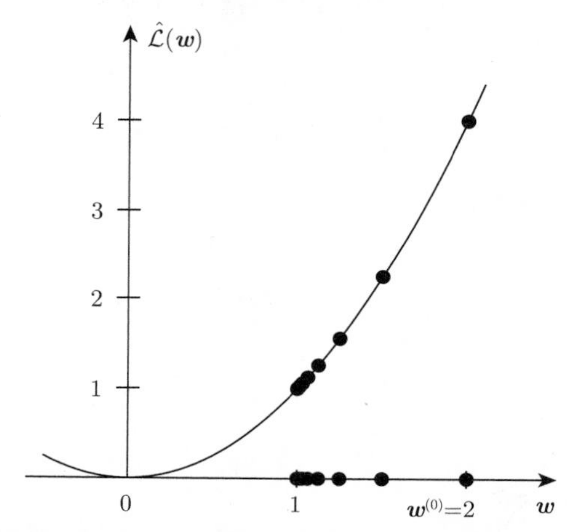

图 2.6 当参数向量的跳跃幅度相对目标函数的初始下降率而言太小时，权重序列 $(\boldsymbol{w}^{(t)})_{t\in\mathbb{N}}$ 并不收敛到目标函数 $\hat{\mathcal{L}}$ 的最小化子

在这种情形下需要施加一个曲率限制，它规定在点 $\boldsymbol{w}^{(t+1)}$，$\hat{\mathcal{L}}$ 沿着 $\mathbf{p}_t$ 方向的下降率至少是点 $\boldsymbol{w}^{(t+1)}$ 沿着同方向的下降率的一个分数 $\beta \in (\alpha, 1)$，即：

$$\forall t \in \mathbb{N}^*, \mathbf{p}_t^\top \nabla \hat{\mathcal{L}}(\boldsymbol{w}^{(t)} + \eta_t \mathbf{p}_t) \geqslant \beta \mathbf{p}_t^\top \nabla \hat{\mathcal{L}}(\boldsymbol{w}^{(t)}) \tag{2.19}$$

两个条件 (2.18) 和 (2.19) 合起来便是著名的 Wolfe (1966) 条件，其在图 2.7 中得到了展示。

我们可以论证，Wolfe (1966) 条件在更一般的情形中也是有效的，下面这个引理对其作了陈述。

引理 4 令 $\mathbf{p}_t$ 是 $\hat{\mathcal{L}}$ 在点 $\boldsymbol{w}^{(t)}$ 的一个下降方向，假设函数 $\psi_t : \eta \mapsto \hat{\mathcal{L}}(\boldsymbol{w}^{(t)} + \eta\mathbf{p}_t)$ 是可导的并且有下界，那么存在一个满足 Wolfe (1966) 条件 (2.18) 和 (2.19) 的步长 η_t。

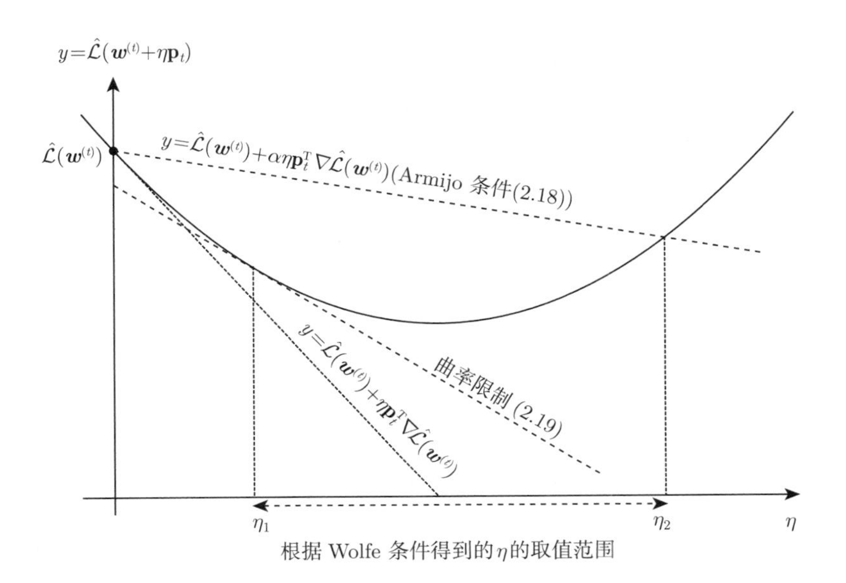

图 2.7 根据 Wolfe 条件 (2.18 和 2.19) 如何选择学习步长的一个示范性例子。曲线 $\eta \mapsto \hat{\mathcal{L}}(\boldsymbol{w}^{(t)}+\eta\mathbf{p}_t)$ 在点 $\eta=0$ 处的切线斜率是 $\mathbf{p}_t^\top\nabla\hat{\mathcal{L}}(w^{(t)})<0$，对固定的 $\alpha>0$，限制 (2.18) 在 $\eta\in(0,\eta_2]$ 时满足，而对给定的 $\beta>0$，曲率限制 (2.19) 在 $\eta\geqslant\eta_1$ 时满足

证明

设满足 Armijo (1966)(2.18) 的线性下降条件的步长集合为:

$$E=\{a\in\mathbb{R}_+ \mid \forall\eta\in]0,a],\hat{\mathcal{L}}(\boldsymbol{w}^{(t)}+\eta\mathbf{p}_t)\leqslant\hat{\mathcal{L}}(\boldsymbol{w}^{(t)})+\alpha\eta\mathbf{p}_t^\top\nabla\hat{\mathcal{L}}(\boldsymbol{w}^{(t)})\}$$

由于 $\mathbf{p}_t$ 是 $\hat{\mathcal{L}}$ 在点 $\boldsymbol{w}^{(t)}$ 的一个下降方向，即 $\mathbf{p}_t^\top\nabla\hat{\mathcal{L}}(\boldsymbol{w}^{(t)})<0$，于是对任意的 $\alpha<1$，存在 $\bar{a}>0$ 满足:

$$\forall\eta\in]0,\bar{a}],\hat{\mathcal{L}}(\boldsymbol{w}^{(t)}+\eta\mathbf{p}_t)<\hat{\mathcal{L}}(\boldsymbol{w}^{(t)})+\alpha\eta\mathbf{p}_t^\top\nabla\hat{\mathcal{L}}(\boldsymbol{w}^{(t)})$$

于是我们有 $E\neq\varnothing$。此外，由于函数 ψ_t 有下界，集合 E 中的最大步长 $\hat{\eta}_t=\sup E$ 是存在的。根据 ψ_t 的连续性，我们有:

$$\hat{\mathcal{L}}(\boldsymbol{w}^{(t)}+\hat{\eta}_t\mathbf{p}_t)<\hat{\mathcal{L}}(\boldsymbol{w}^{(t)})+\alpha\hat{\eta}_t\mathbf{p}_t^\top\nabla\hat{\mathcal{L}}(\boldsymbol{w}^{(t)})$$

设 $(\eta_n)_{n\in\mathbb{N}}$ 是一个从上方收敛到 $\hat{\eta}_t$ 的序列，即 $\forall n\in\mathbb{N},\eta_n>\hat{\eta}_t$ 且 $\lim\limits_{n\to+\infty}\eta_n=\hat{\eta}_t$。

由于序列 $(\eta_n)_{n\in\mathbb{N}}$ 的每一项都不在集合 E 中，我们有:

$$\forall n\in\mathbb{N},\hat{\mathcal{L}}(\boldsymbol{w}^{(t)}+\eta_n\mathbf{p}_t)>\hat{\mathcal{L}}(\boldsymbol{w}^{(t)})+\alpha\eta_n\mathbf{p}_t^\top\nabla\hat{\mathcal{L}}(\boldsymbol{w}^{(t)}) \tag{2.20}$$

此外，两边对 n 取极限趋于 $+\infty$，并注意到 $\hat{\eta}_t \in E$，我们有：

$$\hat{\mathcal{L}}(\boldsymbol{w}^{(t)}+\hat{\eta}_t\mathbf{p}_t) \leqslant \hat{\mathcal{L}}(\boldsymbol{w}^{(t)})+\alpha\hat{\eta}_t\mathbf{p}_t^\top\nabla\hat{\mathcal{L}}(\boldsymbol{w}^{(t)}) \tag{2.21}$$

根据前面的两个不等式于是可得：

$$\hat{\mathcal{L}}(\boldsymbol{w}^{(t)}+\hat{\eta}_t\mathbf{p}_t) = \hat{\mathcal{L}}(\boldsymbol{w}^{(t)})+\alpha\hat{\eta}_t\mathbf{p}_t^\top\nabla\hat{\mathcal{L}}(\boldsymbol{w}^{(t)})$$

在不等式 (2.20) 中减掉 $\hat{\mathcal{L}}(\boldsymbol{w}^{(t)}+\hat{\eta}_t\mathbf{p}_t)$，利用前面的等式，并在两边除以 $(\eta_n-\hat{\eta}_t)>0$，然后令 n 取极限趋于 $+\infty$，我们最终得到：

$$\mathbf{p}_t^\top\nabla\hat{\mathcal{L}}(\boldsymbol{w}^{(t)}+\hat{\eta}_t\mathbf{p}_t) \geqslant \alpha\hat{\eta}_t\mathbf{p}_t^\top\nabla\hat{\mathcal{L}}(\boldsymbol{w}^{(t)}) \geqslant \beta\hat{\eta}_t\mathbf{p}_t^\top\nabla\hat{\mathcal{L}}(\boldsymbol{w}^{(t)})$$

其中 $\beta\in(\alpha,1)$ 以及 $\mathbf{p}_t^\top\nabla\hat{\mathcal{L}}(\boldsymbol{w}^{(t)})<0$。如此，步长 $\hat{\eta}_t$ 满足 Wolfe (1966) 条件得证。

对梯度为利普希茨函数 (常数为 L) 的目标函数 $\hat{\mathcal{L}}$，即满足：

$$\forall(\boldsymbol{w},\boldsymbol{w}')\in\mathbb{R}^d\times\mathbb{R}^d; ||\nabla\hat{\mathcal{L}}(\boldsymbol{w})-\nabla\hat{\mathcal{L}}(\boldsymbol{w}')|| \leqslant L||w-w'|| \tag{2.22}$$

我们可以证明无论用什么算法生成序列 $(\boldsymbol{w}^{(t)})_{t\in\mathbb{N}}$，并且满足 Wolfe (1966) 条件 (2.18) 和 (2.19)，该序列都是收敛的。这个结果被称为 Zoutendijk (1973)定理，它的表述如下。

定理 5 (Zoutendijk (1973)) *令 $\hat{\mathcal{L}}:\mathbb{R}^d\to\mathbb{R}$ 是一个可微函数，具有利普希茨梯度并且有下界。令 $\mathfrak{A}$ 是生成序列 $(\boldsymbol{w}^{(t)})_{t\in\mathbb{N}}$ 的算法，定义为：*

$$\forall t\in\mathbb{N}, \boldsymbol{w}^{(t+1)}=\boldsymbol{w}^{(t)}+\eta_t\mathbf{p}_t \tag{2.23}$$

其中 $\mathbf{p}_t$ 是 $\hat{\mathcal{L}}$ 的一个下降方向，并且 η_t 是满足 Wolfe (1966) 条件 (2.18) 和 (2.19) 的步长。考虑下降方向 $\mathbf{p}_t$ 和梯度方向的夹角 θ_t：

$$\cos(\theta_t)=\frac{-\mathbf{p}_t^\top\nabla\hat{\mathcal{L}}(\boldsymbol{w}^{(t)})}{||\hat{\mathcal{L}}(\boldsymbol{w}^{(t)})||\times||\mathbf{p}_t||}$$

定义为：

$$\sum_t \cos^2(\theta_t)||\nabla\hat{\mathcal{L}}(\boldsymbol{w}^{(t)})||^2$$

的级数是收敛的。

证明

由 Wolfe (1966) 条件 (2.19) 的曲率限制，我们有：

$$\forall t, \mathbf{p}_t^\top\nabla\hat{\mathcal{L}}(\boldsymbol{w}^{(t+1)}) \geqslant \beta\left(\mathbf{p}_t^\top\nabla\hat{\mathcal{L}}(\boldsymbol{w}^{(t)})\right)$$

一方面，在不等式两边减去 $\mathbf{p}_t^\top \nabla\hat{\mathcal{L}}(\boldsymbol{w}^{(t)})$，有：

$$\forall t, \mathbf{p}_t^\top (\nabla\hat{\mathcal{L}}(\boldsymbol{w}^{(t+1)}) - \nabla\hat{\mathcal{L}}(\boldsymbol{w}^{(t)})) \geqslant (\beta-1)\left(\mathbf{p}_t^\top \nabla\hat{\mathcal{L}}(\boldsymbol{w}^{(t)})\right)$$

另一方面，利用 $\hat{\mathcal{L}}$ 的利普希茨梯度的性质以及定义 (2.23)，有：

$$\begin{aligned}
\mathbf{p}_t^\top (\nabla\hat{\mathcal{L}}(\boldsymbol{w}^{(t+1)}) - \nabla\hat{\mathcal{L}}(\boldsymbol{w}^{(t)})) &\leqslant ||\nabla\hat{\mathcal{L}}(\boldsymbol{w}^{(t+1)}) - \nabla\hat{\mathcal{L}}(\boldsymbol{w}^{(t)})|| \times ||\mathbf{p}_t|| && (2.24)\\
&\leqslant L||\boldsymbol{w}^{(t+1)} - \boldsymbol{w}^{(t)}|| \times ||\mathbf{p}_t|| && (2.25)\\
&\leqslant L\eta_t||\mathbf{p}_t||^2 && (2.26)
\end{aligned}$$

综合上面两个不等式，有：

$$\forall t, 0 \leqslant (\beta-1)(\mathbf{p}_t^\top \nabla\hat{\mathcal{L}}(\boldsymbol{w}^{(t)})) \leqslant L\eta_t||\mathbf{p}_t||^2$$

对于：

$$\eta_t \geqslant \frac{\beta-1}{L}\frac{\mathbf{p}_t^\top \nabla\hat{\mathcal{L}}(\boldsymbol{w}^{(t)})}{||\mathbf{p}_t||^2} > 0 \tag{2.27}$$

我们根据 Armijo (1966)条件 (2.18) 和 (2.27) 有：

$$\begin{aligned}
\hat{\mathcal{L}}(\boldsymbol{w}^{(t)}) - \hat{\mathcal{L}}(\boldsymbol{w}^{(t+1)}) &\geqslant -\alpha\eta_t\mathbf{p}_t^\top \nabla\hat{\mathcal{L}}(\boldsymbol{w}^{(t)}) && (2.28)\\
&\geqslant \alpha\frac{1-\beta}{L}\frac{(\mathbf{p}_t^\top \nabla\hat{\mathcal{L}}(\boldsymbol{w}^{(t)}))^2}{||\mathbf{p}_t||^2} && (2.29)\\
&\geqslant \alpha\frac{1-\beta}{L}\cos^2(\theta_t)||\nabla\hat{\mathcal{L}}(\boldsymbol{w}^{(t)})||^2 \geqslant 0 && (2.30)
\end{aligned}$$

然而，由于函数 $\hat{\mathcal{L}}$ 有下界，一般项级数 $\hat{\mathcal{L}}(\boldsymbol{w}^{(t)}) - \hat{\mathcal{L}}(\boldsymbol{w}^{(t+1)}) > 0$ 是收敛的，因为其 t 级部分和 $\left(\hat{\mathcal{L}}(\boldsymbol{w}^{(0)}) - \hat{\mathcal{L}}(\boldsymbol{w}^{(t+1)})\right)$ 有上界。根据两个正项级数的比较定理，级数 $\sum_t \cos^2(\theta_t)||\nabla\hat{\mathcal{L}}(\boldsymbol{w}^{(t)})||^2$ 也是收敛的。

前述定理意味着，如果下降方向和梯度方向从某一次迭代开始不正交，即：

$$\exists\kappa > 0, \forall t \geqslant T, \cos^2(\theta_t) \geqslant \kappa$$

那么当 t 趋于无穷时，级数 $\sum_t ||\nabla\hat{\mathcal{L}}(\boldsymbol{w}^{(t)})||^2$ 收敛，序列 $(\nabla\hat{\mathcal{L}}(\boldsymbol{w}^{(t)}))_t$ 趋于 0。因此，这个结果确保了遵循 Wolfe (1966) 条件的下降算法的全局收敛性。

2.3.2 基于回溯策略的线搜索

在这一节，我们介绍一个基于回溯策略（backtracking）的线搜索的经典实现，它避免了使用过小步长 η_t，所以验证曲率条件 (2.19) 就不再是必要的了（算法 4）。对给定的 $\alpha \in (0,1)$、

当前权重向量 $\boldsymbol{w}^{(t)}$ 和下降方向 $\mathbf{p}_t$ ($\mathbf{p}_t^\top \nabla \hat{\mathcal{L}}(\boldsymbol{w}^{(t)}) < 0$)，该算法会计算损失函数在点 $\boldsymbol{w}^{(t)} + \mathbf{p}_t$ ($\eta_t = 1$) 的取值。如果满足条件 (2.18)，则停止搜索；如果不满足，则减小步长（回溯阶段），方法是对函数 $g : \eta \mapsto \hat{\mathcal{L}}(\boldsymbol{w}^{(t)} + \eta \mathbf{p}_t)$ 进行二阶多项式插值，并选取能够最小化这个多项式的步长值 (Dennis et Schnabel, 1996)。选择抛物线来进行插值是因为在算法的第一次迭代后，我们知道数值 $g(0) = \hat{\mathcal{L}}(\boldsymbol{w}^{(t)})$, $g'(0) = \mathbf{p}_t^\top \nabla \hat{\mathcal{L}}(\boldsymbol{w}^{(t)})$ 和 $g(1) = \hat{\mathcal{L}}(\boldsymbol{w}^{(t)} + \mathbf{p}_t)$，并且最小化这个多项式的参数值可以解析地计算出来。事实上，满足这些数值要求的插值多项式的表达式是：

$$\eta \mapsto [g(1) - g(0) - g'(0)]\eta^2 + g'(0)\eta + g(0) \tag{2.31}$$

它的最小值在

$$\eta_m = \frac{-g'(0)}{2(g(1) - g(0) - g'(0))} \tag{2.32}$$

时取得。

由于 $g(1) > g(0) + \alpha g'(0) > g(0) + g'(0)$ 且 $g'(0) < 0$，我们有 $\eta_m \in (0, \frac{1}{2}]$。为了避免选择过小的步长，我们规定一个下界 b_{inf}，当 $\eta_m \leqslant b_{inf}$ 时，我们从 $\eta_m = b_{inf}$ 出发来继续搜索。如果这个新值满足步长条件 (2.18)，那么算法停止搜索。否则，我们使用 3 次多项式继续内插函数 g，因为我们知道了一个在点 $\eta = \eta_m$ 处取得的新数值。

在接下来的迭代中，通过使用 $g(0)$、$g'(0)$、$g(\eta_{p_1})$ 和 $g(\eta_{p_2})$ 的值对函数 g 进行 3 次插值，以此来估计 η 的新值，其中 η_{p_1} 和 η_{p_2} 是前面两步迭代得到的步长值。在这种情况下，3 次插值多项式的表达式为：

$$\eta \mapsto a\eta^3 + b\eta^2 + g'(0)\eta + g(0)$$

其中：

$$\begin{pmatrix} a \\ b \end{pmatrix} = \frac{1}{\eta_{p_1} - \eta_{p_2}} \times \begin{bmatrix} \dfrac{1}{\eta_{p_1}^2} & \dfrac{-1}{\eta_{p_2}^2} \\ \dfrac{-\eta_{p_2}}{\eta_{p_1}^2} & \dfrac{\eta_{p_1}}{\eta_{p_2}^2} \end{bmatrix} \begin{pmatrix} g(\eta_{p_1}) - g(0) - g'(0)\eta_{p_1} \\ g(\eta_{p_2}) - g(0) - g'(0)\eta_{p_2} \end{pmatrix} \tag{2.33}$$

它的最小值在

$$\frac{-b + \sqrt{b^2 - 3ag'(0)}}{3a} \tag{2.34}$$

处取得。我们可以证明若 $\alpha < \frac{1}{4}$，则 $b^2 - 3ag'(0)$ 总是正的。以上线搜索算法（算法 4）的程序代码在附录 B.4 节给出。

输入：
- 损失函数 $\boldsymbol{w} \mapsto \hat{\mathcal{L}}(\boldsymbol{w})$
- 当前权重 $\boldsymbol{w}^{(t)}$
- 下降方向 $\mathbf{p}_t$
- 损失函数在点 $\boldsymbol{w}^{(t)}$ 处的梯度 $\nabla\hat{\mathcal{L}}(\boldsymbol{w}^{(t)})$
- $\alpha \in (0, \frac{1}{4})$
- $0 < \beta < \gamma < 1$

初始化：
- $\eta_t \leftarrow 1$

while $\hat{\mathcal{L}}(\boldsymbol{w}^{(t)} + \eta_t\mathbf{p}_t) > \hat{\mathcal{L}}(\boldsymbol{w}^{(t)}) + \alpha\eta_t\mathbf{p}_t^\top\nabla\hat{\mathcal{L}}(\boldsymbol{w}^{(t)})$ do
  $\eta_t \leftarrow \delta\eta_t$ // $\delta \in [\beta, \gamma]$ 在每一次迭代都要重新选择

输出： $\boldsymbol{w}^{(t+1)} \leftarrow \boldsymbol{w}^{(t)} + \eta_t\mathbf{p}_t$

算法 4 线搜索

2.4 共轭梯度法

使用线搜索方法在每一步迭代时调整学习步长，并不能完全防止 2.1 节所提到的权重向量在最小化子附近来回振荡的现象。为说明这个问题，假设在每一次计算新的权重向量时，下降方向总是梯度的反方向 (Atkinson, 1988)，于是，对第 t 次迭代和当前权重 $\boldsymbol{w}^{(t)}$，有下降方向 $\mathbf{p}_t = -\nabla\hat{\mathcal{L}}(\boldsymbol{w}^{(t)})$，学习步长 η_t 依线搜索算法选取，它使函数 $\eta \mapsto \hat{\mathcal{L}}(\boldsymbol{w}^{(t)} + \eta\mathbf{p}_t)$ 的偏导数为零，即：

$$\frac{\partial}{\partial\eta}\hat{\mathcal{L}}\left(\underbrace{\boldsymbol{w}^{(t)} + \eta\mathbf{p}_t}_{\boldsymbol{w}^{(t+1)}}\right) = \mathbf{p}_t^\top\nabla\hat{\mathcal{L}}(\boldsymbol{w}^{(t+1)}) = 0 \tag{2.35}$$

由这个关系式， 我们可以看到损失函数在新权重向量处的梯度和前一次下降方向 $\mathbf{p}_t = -\nabla\hat{\mathcal{L}}(\boldsymbol{w}^{(t)})$ 是正交的。在越来越接近最小化子 $\boldsymbol{w}^*$ 时，权重向量开始振荡，而并没有有效地保持逼近 $\boldsymbol{w}^*$（图 2.8）。

2.4.1 共轭方向

解决这个问题有一个简单办法，在点 $\boldsymbol{w}^{(t+1)}$ 处，我们选取下降方向 $\mathbf{p}_{t+1}$，使得点 $\boldsymbol{w}^{(t+1)} + \eta\mathbf{p}_{t+1}$ 处的梯度保持和旧的下降方向 $\mathbf{p}_t$ 正交，即：

$$\mathbf{p}_t^\top\nabla\hat{\mathcal{L}}(\boldsymbol{w}^{(t+1)} + \eta\mathbf{p}_{t+1}) = 0 \tag{2.36}$$

考虑 $\eta \mapsto \nabla\hat{\mathcal{L}}(\boldsymbol{w}^{(t+1)} + \eta\mathbf{p}_{t+1})$ 的 1 阶泰勒展开：

$$\nabla\hat{\mathcal{L}}(\boldsymbol{w}^{(t+1)} + \eta\mathbf{p}_{t+1}) = \nabla\hat{\mathcal{L}}(\boldsymbol{w}^{(t+1)}) + \eta\mathbf{H}^{(t+1)}\mathbf{p}_{t+1}$$

其中 $\mathbf{H}^{(t+1)}$ 是在点 $\boldsymbol{w}^{(t+1)}$ 处计算的黑塞矩阵。在上述泰勒展开的两端左乘方向 $\mathbf{p}_t^\top$，根据 (2.35) 和 (2.36)

$$\mathbf{p}_t^\top\mathbf{H}^{(t+1)}\mathbf{p}_{t+1} = 0 \tag{2.37}$$

满足等式 (2.37) 的两个下降方向 $\mathbf{p}_t$ 和 $\mathbf{p}_{t+1}$ 称为共轭方向。

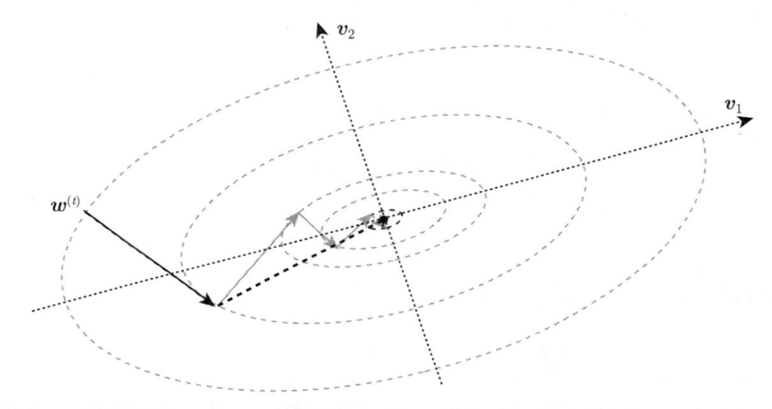

图 2.8 线搜索算法使用负梯度（灰实线）和共轭梯度（黑虚线）的运作图示

我们现在来考察当使用二次逼近 (2.3) 时，损失函数最小化子的邻域情况。假设 $\{\mathbf{p}_t, t \in [\![0, d-1]\!]\}$ 是 d 个两两共轭的方向序列：

$$\forall(t,t') \in [\![0,d-1]\!]^2, t \neq t', \mathbf{p}_t^\top\mathbf{H}\mathbf{p}_{t'} = 0 \tag{2.38}$$

从第一个权重向量 $\boldsymbol{w}^{(0)}$ 开始定义，我们可以在其上进行二次逼近 (2.3)。由于 $\mathbf{H}$ 是对称正定的，我们可以证明方向 $\{\mathbf{p}_t\}$ 都是线性独立的，并且组成 $\mathbb{R}^d$ 的一组基 (Hestenes et Stiefel, 1952)。

我们可以在这组基下展开向量 $\boldsymbol{w}^* - \boldsymbol{w}^{(0)}$：

$$\boldsymbol{w}^* - \boldsymbol{w}^{(0)} = \sum_{t=0}^{d-1}\eta_t\mathbf{p}_t \tag{2.39}$$

对等式 (2.39) 左乘 $\mathbf{p}_t^\top\mathbf{H}, \forall t \in [\![0,d-1]\!]$，并利用等式 (2.38)，我们还可以导出系数 $(\eta_t)_{t=0}^{d-1}$，即自适应学习步长：

$$\forall t, \eta_t = \frac{\mathbf{p}_t^\top\mathbf{H}(\boldsymbol{w}^* - \boldsymbol{w}^{(0)})}{\mathbf{p}_t^\top\mathbf{H}\mathbf{p}_t} \tag{2.40}$$

记：

$$\boldsymbol{w}^{(t)} = \boldsymbol{w}^{(0)} + \sum_{i=0}^{t-1} \eta_i \mathbf{p}_i \tag{2.41}$$

我们得到下面的更新法则：

$$\forall t \in [\![0, d-1]\!], \boldsymbol{w}^{(t+1)} = \boldsymbol{w}^{(t)} + \eta_t \mathbf{p}_t \tag{2.42}$$

现在对等式 (2.41) 左乘 $\mathbf{p}_t^\top \mathbf{H}$，根据方向序列 $(\mathbf{p}_t)_{t=0}^{d-1}$ 的两两共轭性质 (2.38) 我们得到：

$$\mathbf{p}_t^\top \mathbf{H} \boldsymbol{w}^{(t)} = \mathbf{p}_t^\top \mathbf{H} \boldsymbol{w}^{(0)}$$

根据等式 (2.40) 和 (2.10) 我们有：

$$\forall t, \eta_t = -\frac{\mathbf{p}_t^\top \nabla \hat{\mathcal{L}}(\boldsymbol{w}^{(t)})}{\mathbf{p}_t^\top \mathbf{H} \mathbf{p}_t} \tag{2.43}$$

证明　当前梯度向量和此前所有下降方向正交

利用二次逼近和最优梯度步长的定义 (2.43)，我们可以证明当前梯度向量和此前所有下降方向正交。事实上，根据这个逼近，等式 (2.10) 给出了点 $\boldsymbol{w}$ 处的梯度在邻域 $\boldsymbol{w}^*$ 的估计，对权重向量 $\boldsymbol{w}^{(t)}$ 和 $\boldsymbol{w}^{(t+1)}$，应用更新法则 (2.42) 得：

$$\forall t, \nabla \hat{\mathcal{L}}(\boldsymbol{w}^{(t+1)}) - \nabla \hat{\mathcal{L}}(\boldsymbol{w}^{(t)}) = \mathbf{H}(\underbrace{\boldsymbol{w}^{(t+1)} - \boldsymbol{w}^{(t)}}_{\eta_t \mathbf{p}_t}) \tag{2.44}$$

左乘 $\mathbf{p}_t$ 并根据步长 η_t 的定义 (2.43)，得：

$$\forall t, \mathbf{p}_t^\top (\nabla \hat{\mathcal{L}}(\boldsymbol{w}^{(t+1)}) - \nabla \hat{\mathcal{L}}(\boldsymbol{w}^{(t)})) = -\mathbf{p}_t^\top \nabla \hat{\mathcal{L}}(\boldsymbol{w}^{(t)})$$

既而得到：

$$\forall t, \mathbf{p}_t^\top \nabla \hat{\mathcal{L}}(\boldsymbol{w}^{(t+1)}) = 0$$

对给定的指标 $t \in [\![0, d-1]\!]$，根据上面的关系式和下降方向的两两共轭，我们可得：

$$\forall t', \forall t, t < t', \mathbf{p}_t^\top \nabla \hat{\mathcal{L}}(\boldsymbol{w}^{(t')}) = 0 \tag{2.45}$$

于是，如果下降方向是两两共轭的，在第 d 步按照法则 (2.42) 更新，并使用 (2.43) 给出的学习步长后，我们得到结论：在由 d 个方向组成的基上，梯度向量在此点的坐标全部为零。这个点只能是损失函数的极小值点。

2.4.2 共轭梯度算法

得到上述结果 (2.45) 的必要条件是有两两共轭的下降方向 $(\mathbf{p}_t)_{t=0}^{d-1}$。为此，考虑定义如下的方向序列：

$$\begin{cases} \mathbf{p}_0 = -\nabla\hat{\mathcal{L}}(w^{(0)}) \\ \mathbf{p}_{t+1} = -\nabla\hat{\mathcal{L}}(w^{(t+1)}) + \beta_t\mathbf{p}_t, \quad 若 t \geqslant 0 \end{cases} \tag{2.46}$$

其中第一个下降方向等于梯度向量的负值 $\mathbf{p}_0 = -\hat{\mathcal{L}}(\boldsymbol{w}^{(0)})$，随后的方向则是当前梯度向量和上一个下降方向的线性组合。记：

$$\forall t, \beta_t = \frac{\mathbf{p}_t^\top \mathbf{H}\nabla\hat{\mathcal{L}}(w^{(t+1)})}{\mathbf{p}_t^\top \mathbf{H}\mathbf{p}_t} \tag{2.47}$$

容易验证，若利用规则 (2.46) 进行迭代，并使用 (2.47) 中定义的系数 $(\beta_t)_{t=0}^{d-1}$，则下降方向是两两共轭的。此外我们还有以下有意义的结果，即根据规则 (2.42) 计算得到的所有权重的梯度是两两正交的。实际上，根据 (2.46) 给出的定义，在第 t 次迭代的下降方向是截止到该次迭代之前所有梯度的线性组合，即：

$$\forall t \in [\![1, d-1]\!], \mathbf{p}_t = -\nabla\hat{\mathcal{L}}(\boldsymbol{w}^{(t)}) + \sum_{i=0}^{t-1}\alpha_i\nabla\hat{\mathcal{L}}(\boldsymbol{w}^{(i)}) \tag{2.48}$$

利用梯度向量与此前用于计算该梯度的所有下降方向的正交性，在等式 (2.48) 两端乘以 $\nabla^\top\hat{\mathcal{L}}(\boldsymbol{w}^{(t')})$ 且 $t' > t$，得：

$$\forall t, \forall t' \in [\![1, d-1]\!], t' > t, \nabla^\top\hat{\mathcal{L}}(\boldsymbol{w}^{(t')})\nabla\hat{\mathcal{L}}(\boldsymbol{w}^{(t)}) = \sum_{i=0}^{t-1}\alpha_i\nabla^\top\hat{\mathcal{L}}(\boldsymbol{w}^{(t')})\nabla\hat{\mathcal{L}}(\boldsymbol{w}^{(i)}) \tag{2.49}$$

由于根据定义 $\mathbf{p}_0 = -\nabla\hat{\mathcal{L}}(w^{(0)})$ 以及等式 (2.45)，我们总是有 $\forall t' \in [\![1, d-1]\!], \nabla^\top\hat{\mathcal{L}}(\boldsymbol{w}^{(t')}) \nabla\hat{\mathcal{L}}(\boldsymbol{w}^{(0)}) = 0$。通过递归以及等式 (2.48) 我们最终有：

$$\forall t, \forall t' \in [\![1, d-1]\!], t' > t, \nabla^\top\hat{\mathcal{L}}(\boldsymbol{w}^{(t')})\nabla\hat{\mathcal{L}}(\boldsymbol{w}^{(t)}) = 0 \tag{2.50}$$

前面得到的这些结果可以诱导出系数 $(\beta_t)_{t=0}^{d-1}$ 的无需计算黑塞矩阵的简洁表达式。实际上，根据等式 (2.44)，我们有 (Hestenes et Stiefel, 1952)：

$$\forall t, \beta_t = \frac{\nabla^\top\hat{\mathcal{L}}(w^{(t+1)})\mathbf{H}\mathbf{p}_t}{\mathbf{p}_t^\top\mathbf{H}\mathbf{p}_t} = \frac{\nabla^\top\hat{\mathcal{L}}(w^{(t+1)})(\nabla\hat{\mathcal{L}}(\boldsymbol{w}^{(t+1)}) - \nabla\hat{\mathcal{L}}(\boldsymbol{w}^{(t)}))}{\mathbf{p}_t^\top(\nabla\hat{\mathcal{L}}(\boldsymbol{w}^{(t+1)}) - \nabla\hat{\mathcal{L}}(\boldsymbol{w}^{(t)}))} \tag{2.51}$$

利用等式 (2.45) 和 (2.46)，我们得到系数 $(\beta_t)_{t=0}^{d-1}$ 的新表达式 (Polak et Ribiere, 1969)：

$$\forall t, \beta_t = \frac{\nabla^\top\hat{\mathcal{L}}(w^{(t+1)})(\nabla\hat{\mathcal{L}}(\boldsymbol{w}^{(t+1)}) - \nabla\hat{\mathcal{L}}(\boldsymbol{w}^{(t)}))}{\nabla^\top\hat{\mathcal{L}}(w^{(t)})\nabla\hat{\mathcal{L}}(w^{(t)})} \tag{2.52}$$

最后，利用梯度向量的两两正交性 (2.50)，我们得到 Fletcher et Reeves (1964) 使用过的，且今天仍在实践中使用的表达式：

$$\forall t, \beta_t = \frac{\nabla^\top \hat{\mathcal{L}}(w^{(t+1)})\nabla\hat{\mathcal{L}}(\boldsymbol{w}^{(t+1)})}{\nabla^\top \hat{\mathcal{L}}(w^{(t)})\nabla\hat{\mathcal{L}}(w^{(t)})} \tag{2.53}$$

从这个表达式出发，我们可以给出一个简单算法（算法 5），用来最小化二阶连续可导的损失函数。

输入：
- 损失函数 $\boldsymbol{w} \mapsto \hat{\mathcal{L}}(\boldsymbol{w})$
- 精度 $\epsilon > 0$

初始化：
- 随机初始化权重 $\boldsymbol{w}^{(0)}$
- $\mathbf{p}_0 \leftarrow -\nabla\hat{\mathcal{L}}(\boldsymbol{w}^{(0)})$
- $t \leftarrow 0$

repeat
- 调用算法 4 得最优学习步长 η_t
- 更新权重 $\boldsymbol{w}^{(t+1)} = \boldsymbol{w}^{(t)} + \eta_t\mathbf{p}_t$ // (2.42)
- 计算 $\beta_t = \dfrac{||\nabla\hat{\mathcal{L}}(w^{(t+1)})||^2}{||\nabla\hat{\mathcal{L}}(w^{(t)})||^2}$ // Fletcher-Reeves 公式 (2.53)
- 得出新值 $\mathbf{p}_{t+1} = -\nabla\hat{\mathcal{L}}(\boldsymbol{w}^{(t+1)}) + \beta_t\mathbf{p}_t$ // (2.46)
- $t \leftarrow t+1$

until $|\hat{\mathcal{L}}(\boldsymbol{w}^{(t)}) - \hat{\mathcal{L}}(\boldsymbol{w}^{(t-1)})| \leqslant \epsilon\hat{\mathcal{L}}(\boldsymbol{w}^{(t-1)})$

输出： $\boldsymbol{w}^{(t)}$

算法 5 共轭梯度法

从随机选择的初始权重向量 $\boldsymbol{w}^{(0)}$ 开始，我们设定第一个下降方向为此点梯度的负方向 $\mathbf{p}_0 = -\nabla\hat{\mathcal{L}}(\boldsymbol{w}^{(0)})$，然后重复更新权重向量，利用现有公式 (2.52) 或 (2.53) 估计系数 β 及计算新的下降方向，直到损失函数的相对误差达到要求的精度 $\epsilon > 0$ 为止。算法 5 的程序代码在附录 B.4 节中给出。

第3章 二类分类

二类分类算法的目标是在已知给定向量空间样本的二类分类基础上，对新样本进行标注分类。该算法是研究更复杂自动分类算法的先驱。我们会在后面的章节谈到自动分类算法。第一批自动分类模型在 20 世纪 60 年代兴起。之后发展起来的监督学习理论也是基于二类分类问题的框架。研究这些模型也能够让我们更好地理解一般分类算法的运作机制。在这一章里，我们将详细阐述一些传统的二类分类模型，并展示它们与 1.1 节阐述的经验风险最小化原理的联系。

3.1 感知机

由 Rosenblatt (1958) 提出的感知机算法基于形式神经元的概念，后者是 McCulloch et Pitts (1943) 关于生物神经元的第一个数学模型。这个模型使用了一个神经元的简单公式，其输入是二值的或者实的，而其输出则总是二值的。该模型的函数计算 d 个输入加权和，加权值由模型的突触系数 ($\bar{\boldsymbol{w}}$) 表示。如果加权和高于某个阈值 μ 则输出值为 1，反之则为 0：

$$\bar{H}\left(\langle\bar{\boldsymbol{w}},\mathbf{x}\rangle-\mu\right)=\bar{H}\left(\sum_{j=1}^{d}w_jx_j-\mu\right)$$

其中 $\bar{H}(.)$ 是 $\mathbb{R}^+$ 的特征函数，或者 Heaviside 传递函数。图 3.1 给出了这个模型的架构。

Rosenblatt (1958) 曾把这个数学模型用于视觉系统的神经元（所以模型的名字带有感知一词）。在这个模型中，传递函数是一个线性函数，输入信号则是样本特征。阈值 w_0 是待学习模型的一部分，它可以和一个固定的输入值 $x_0=1$ 联系起来（图 3.4），这个值通常被称为偏差。即：

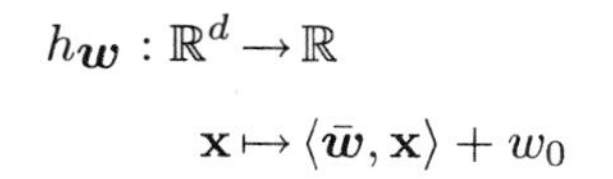

$$h_{\boldsymbol{w}} : \mathbb{R}^d \to \mathbb{R}$$
$$\mathbf{x} \mapsto \langle \bar{\boldsymbol{w}}, \mathbf{x} \rangle + w_0$$

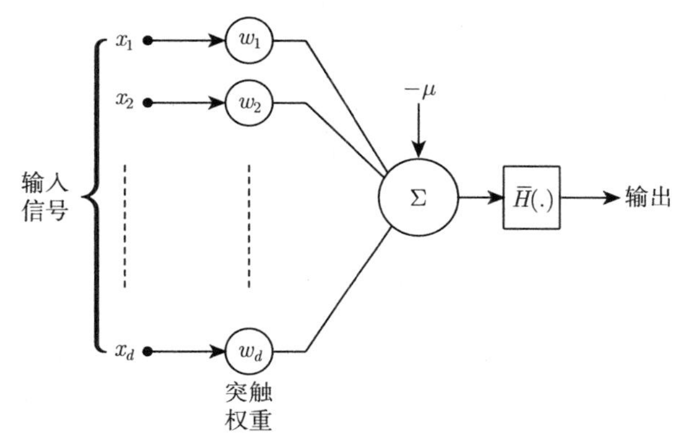

图 3.1 形式神经元图示

感知机算法通过最小化误分类点与决策边界之间的距离（或称间隔）来寻找模型的参数值 $\boldsymbol{w} = (\bar{\boldsymbol{w}}, w_0)$。

核心概念 间隔

一个样本的间隔是样本本身和决策边界之间的距离。这个概念在学习算法的发展中起到了核心作用。在分类函数是线性的情况下，任意点 $\mathbf{x}$ 到分隔超平面的距离都正比于线性模型在该点上的输出。

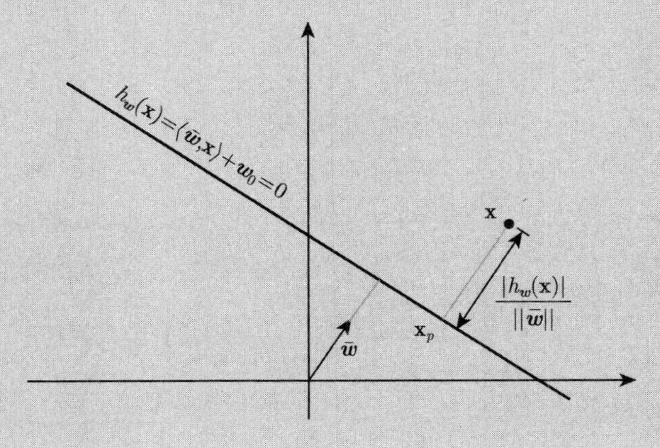

实际上，设 $\mathbf{x}$ 是向量空间的一个点，考虑 $\mathbf{x}$ 在分隔超平面上的投影 $\mathbf{x}_p$，根据关系式 $\mathbf{x} = \mathbf{x}_p + \underbrace{(\mathbf{x} - \mathbf{x}_p)}_{\mathbf{u}}$ 我们有以下的等式：

$$h_{\boldsymbol{w}}(\mathbf{x}) = \langle \bar{\boldsymbol{w}}, \mathbf{x}_p + \mathbf{u} \rangle + w_0$$

根据标量积的双线性性质，这可以写成：

$$h_{\boldsymbol{w}}(\mathbf{x}) = \underbrace{\langle \bar{\boldsymbol{w}}, \mathbf{x}_p \rangle + w_0}_{h_{\boldsymbol{w}}(\mathbf{x}_p)} + \langle \bar{\boldsymbol{w}}, \mathbf{u} \rangle$$

由于 $\mathbf{x}_p$ 属于分隔超平面（即 $h_{\boldsymbol{w}}(\mathbf{x}_p) = 0$），并且向量 $\mathbf{u}$ 和 $\boldsymbol{w}$ 垂直于超平面，我们有：

$$|h_{\boldsymbol{w}}(\mathbf{x})| = ||\bar{\boldsymbol{w}}|| \times ||\mathbf{u}||$$

其中 $||\mathbf{u}||$ 是 $\mathbf{x}$ 到超平面的距离，或称间隔。

线性分类器 $h_{\boldsymbol{w}}$ 在学习样本集 $S = (\mathbf{x}_i, y_i)_{i=1}^m$ 上的间隔 ρ，定义为该样本集上的点到由 $h_{\boldsymbol{w}}$ 定义的分隔超平面的最小间隔：

$$\rho = \min_{i \in \{1,\dots,m\}} \frac{y_i(\langle \bar{\boldsymbol{w}}, \mathbf{x}_i \rangle + w_0)}{||\bar{\boldsymbol{w}}||} \tag{3.1}$$

由于样本到分隔超平面的距离正比于线性模型在此样本上的预测值，而且对误分类的样本来说，预测值和真实标注的乘积是负的，因此，感知机学习算法试图最小化以下的目标函数：

$$\hat{\mathcal{L}}(\boldsymbol{w}) = -\sum_{i' \in \mathcal{I}} y_{i'}(\langle \bar{\boldsymbol{w}}, \mathbf{x}_{i'} \rangle + w_0) \tag{3.2}$$

其中 $\mathcal{I}$ 是学习样本中被模型误分类的样本的指标集。设集合 $\mathcal{I}$ 是固定的，则 $\hat{\mathcal{L}}$ 的梯度等于：

$$\frac{\partial \hat{\mathcal{L}}(\boldsymbol{w})}{\partial w_0} = -\sum_{i' \in \mathcal{I}} y_{i'} \tag{3.3}$$

$$\nabla \hat{\mathcal{L}}(\bar{\boldsymbol{w}}) = -\sum_{i' \in \mathcal{I}} y_{i'} \mathbf{x}_{i'} \tag{3.4}$$

在实践中，这个学习算法是通过在线学习的算法方式实现的（算法 6）。在每一步迭代，一个样本被随机抽取，如果模型对该样本的分类是错误的，则更新权重值 $\boldsymbol{w}$，即：

$$\forall (\mathbf{x}, y),\ 若 y(\langle \bar{\boldsymbol{w}}, \mathbf{x} \rangle + w_0) \leqslant 0\ 则 \begin{pmatrix} w_0 \\ \bar{\boldsymbol{w}} \end{pmatrix} \leftarrow \begin{pmatrix} w_0 \\ \bar{\boldsymbol{w}} \end{pmatrix} + \eta \begin{pmatrix} y \\ y\mathbf{x} \end{pmatrix} \tag{3.5}$$

其中 $\eta > 0$ 是学习步长。图 3.2 给出了在一个样本上实现该更新法则的几何图示。

输入：
- 训练集 $S = ((\mathbf{x}_1, y_1), \ldots, (\mathbf{x}_m, y_m))$
- 学习步长 $\eta > 0$
- 最大迭代次数 T

初始化：
- 初始化权重 $\boldsymbol{w}^{(0)} = (\bar{\boldsymbol{w}}^{(0)}, w_0^{(0)})$
- $t \leftarrow 0$ // 一般设 $\boldsymbol{w}^{(0)} = \mathbf{0}$

while $t \leqslant T$ do
 随机选择样本 $(\mathbf{x}, y) \in S$
 if $y \times \left(\left\langle \bar{\boldsymbol{w}}^{(t)}, \mathbf{x} \right\rangle + w_0^{(t)}\right) \leqslant 0$ then
  $w_0^{(t+1)} \leftarrow w_0^{(t)} + \eta \times y$
  $\bar{\boldsymbol{w}}^{(t+1)} \leftarrow \bar{\boldsymbol{w}}^{(t)} + \eta \times y \times \mathbf{x}$
 else
  $\boldsymbol{w}^{(t+1)} \leftarrow \boldsymbol{w}^{(t)}$
 $t \leftarrow t + 1$

输出： 线性模型的参数 $\boldsymbol{w}^{(t)}$

算法 6　感知机

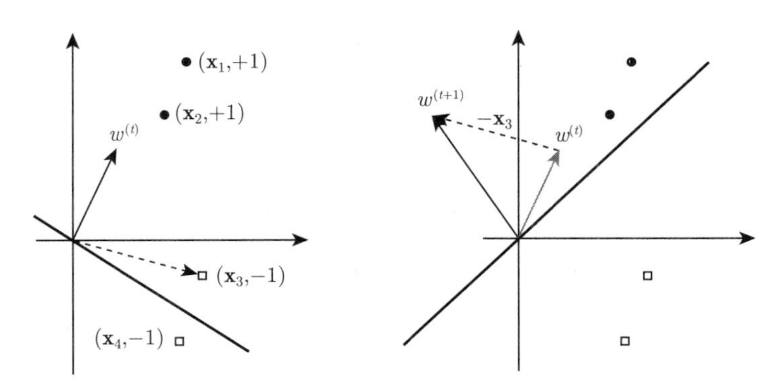

图 3.2　感知机算法的更新法则图示

3.1.1　感知机的收敛性定理

感知机算法虽然简单，但在特定情形下可以非常有效。它是众多学习算法的先驱，尤其是下一章讲述的多层感知机。关于这个算法的一个重要结论是，如果分类问题本身是线性可分的，那么感知机算法将在有限步迭代内找到分隔超平面。这个结论有多种表述形式，我们下面给出的表述是由 Novikoff (1962) 提出的。

定理 6 考虑一个二类分类问题。设 $((\mathbf{x}_i, y_i))_{i=1}^m$ 是 m 个用于训练的样本，包裹在半径为 R 的超球面中，即 $\forall i, ||\mathbf{x}_i|| \leqslant R$。设决策边界经过原点（即 $w_0 = 0$ 和 $\boldsymbol{w} = \bar{\boldsymbol{w}}$），并且存在法向量为 $\boldsymbol{w}^*$ 的超平面分隔两类样本（问题是线性可分的）。令 $\rho = \min_{i \in \{1,\ldots,m\}} \left(y_i \left\langle \frac{\boldsymbol{w}^*}{||\boldsymbol{w}^*||}, \mathbf{x}_i \right\rangle \right)$ 是分类器的正间隔，设权重向量的初始值为 0（即 $\boldsymbol{w}^{(0)} = 0$）并固定学习步长 $\eta = 1$。则权重向量从 $\boldsymbol{w}^{(0)}$ 更新到 $\boldsymbol{w}^*$ 所需的迭代次数 ℓ 有上界：

$$\ell \leqslant \left\lfloor \left(\frac{R}{\rho} \right)^2 \right\rfloor$$

其中 $\lfloor z \rfloor$ 表示对实数 z 向下取整。

证明　收敛性

由于法向量为 $\boldsymbol{w}^*$ 的超平面完美分隔两类样本，即 $\forall i \in \{1,\ldots,m\}, y_i \langle \boldsymbol{w}^*, \mathbf{x}_i \rangle > 0$，于是有 $\rho > 0$。此外，使用感知机学习法则 (3.5) 进行 ℓ 次更新后，并考虑前面的初始值，我们有：

$$||\boldsymbol{w}^{(\ell)}||^2 = ||\boldsymbol{w}^{(\ell)} - \boldsymbol{w}^{(0)}||^2 = ||\boldsymbol{w}^{(\ell-1)} + y^{(\ell)} \times \mathbf{x}^{(\ell)} - \boldsymbol{w}^{(0)}||^2$$

其中 $(\mathbf{x}^{(\ell)}, y^{(\ell)})$ 是在 $\ell - 1$ 次更新权重向量后，第 ℓ 个误分类的样本。根据三角形不等式和条件 $\forall i \in \{1,\ldots,m\}, ||\mathbf{x}_i|| \leqslant R$，我们有 $||\boldsymbol{w}^{(\ell)}||^2 \leqslant ||\boldsymbol{w}^{(\ell-1)}||^2 + ||\mathbf{x}^{(\ell)}||^2 \leqslant ||\boldsymbol{w}^{(\ell-1)}||^2 + R^2$。同理，我们还有 $||\boldsymbol{w}^{(\ell-1)}||^2 \leqslant ||\boldsymbol{w}^{(\ell-2)}||^2 + R^2, \ldots$ 和 $||\boldsymbol{w}^{(1)}||^2 \leqslant R^2$, 其中：

$$||\boldsymbol{w}^{(\ell)}||^2 \leqslant \ell \times R^2 \tag{3.6}$$

由感知机学习法则、标量积的可加性以及前面参数的初始值，我们还有：

$$\left\langle \frac{\boldsymbol{w}^*}{||\boldsymbol{w}^*||}, \boldsymbol{w}^{(\ell)} \right\rangle = \left\langle \frac{\boldsymbol{w}^*}{||\boldsymbol{w}^*||}, \boldsymbol{w}^{(\ell-1)} \right\rangle + \left\langle \frac{\boldsymbol{w}^*}{||\boldsymbol{w}^*||}, y^{(\ell)} \times \mathbf{x}^{(\ell)} \right\rangle$$

即，根据 ρ 的定义：

$$\left\langle \frac{\boldsymbol{w}^*}{||\boldsymbol{w}^*||}, \boldsymbol{w}^{(\ell)} \right\rangle \geqslant \left\langle \frac{\boldsymbol{w}^*}{||\boldsymbol{w}^*||}, \boldsymbol{w}^{(\ell-1)} \right\rangle + \rho$$

接下来，由于 $\left\langle \frac{\boldsymbol{w}^*}{||\boldsymbol{w}^*||}, \boldsymbol{w}^{(\ell-1)} \right\rangle \geqslant \left\langle \frac{\boldsymbol{w}^*}{||\boldsymbol{w}^*||}, \boldsymbol{w}^{(\ell-2)} \right\rangle + \rho$，…直到 $\left\langle \frac{\boldsymbol{w}^*}{||\boldsymbol{w}^*||}, \boldsymbol{w}^{(1)} \right\rangle \geqslant \rho$，于是我们可以得到：

$$\underbrace{\left\| \frac{\boldsymbol{w}^*}{||\boldsymbol{w}^*||} \right\|}_{=1} \times \left\| \boldsymbol{w}^{(\ell)} \right\| \geqslant \left\langle \frac{\boldsymbol{w}^*}{||\boldsymbol{w}^*||}, \boldsymbol{w}^{(\ell)} \right\rangle \geqslant \ell \times \rho \tag{3.7}$$

根据不等式 (3.6) 和 (3.7)，我们进而有：

$$\ell^2 \times \rho^2 \leqslant ||\boldsymbol{w}^{(\ell)}||^2 \leqslant \ell \times R^2$$

即迭代次数有上界：

$$\ell \leqslant \left\lfloor \left(\frac{R}{\rho}\right)^2 \right\rfloor$$

我们发现，当问题不是线性可分的时候，算法 6 没有收敛性保证。在相反的情况下，最大迭代次数并不依赖于问题的维数。此外，间隔的概念在此学习模型中有核心作用。事实上，如果我们考虑两个线性可分的样本集，且它们都包裹在相同半径的超球面中，那么在间隔更大的那个集合上找到分隔超平面所需的迭代次数要小于另一个集合。这个想法催生了算法 6 的一个简单推广，其中分类器的权重值不仅更新误分类的样本，还更新与当前分隔超平面的间隔小于事先设定阈值的样本。我们将在 3.4 节看到，最大化间隔也是支持向量机（SVM）的核心。我们还发现，在实践中，不必事先拥有一个训练集，而且对使用在线学习的感知机而言，样本处理可以是序列式的。算法 6 的程序代码在附录 B.4 节给出。

3.1.2 带间隔感知机及其与经验风险最小化原理的联系

对给定的阈值 $\rho > 0$ 和基础训练集 S，在带间隔感知机这个变种下，我们的目标是找寻线性模型 $h_{\boldsymbol{w}^*}: \mathbf{x} \mapsto \langle \mathbf{x}, \bar{\boldsymbol{w}}^* \rangle + w_0^*$ 的参数 $\boldsymbol{w}^*$，使得两类误分类样本与两个由方程 $h_{\boldsymbol{w}^*}(\mathbf{x}) - y\rho = 0, y \in \{-1, +1\}$ 决定的决策边界的距离最小 (Freund et Schapire, 1999)。我们将在 3.4 节中看到，这个目标（图 3.3）是构建支持向量机的基础。

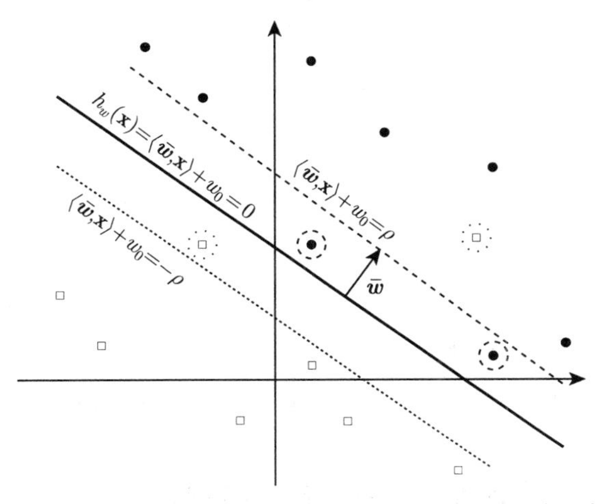

图 3.3 带间隔感知机目标函数图示。决策边界的法向量指向包含正样本的半空间（实心点）。参与调整模型权重的点被圈了出来

因而，该训练集上误分类样本与这两个边界的平均距离之和为：

$$\hat{\mathcal{L}}'(\boldsymbol{w}) = \sum_{i' \in \mathcal{I}'} -y_{i'}(\langle \bar{\boldsymbol{w}}, \mathbf{x}_{i'} \rangle + w_0 - y_{i'}\rho) = \sum_{i' \in \mathcal{I}'} \rho - y_{i'}(\langle \bar{\boldsymbol{w}}, \mathbf{x}_{i'} \rangle + w_0) \tag{3.8}$$

其中 $\mathcal{I}'$ 是这两个决策边界下误分类样本的指标集。在 $\rho = 1$ 的情形下，这个最小化等价于对合页损失函数应用经验风险最小化原理（图 2.1），它也是学习支持向量机所使用的损失函数（3.4 节）：

$$\hat{\mathcal{L}}(\boldsymbol{w}) = \frac{1}{m} \sum_{i=1}^{m} \max(0, 1 - y_i(\langle \bar{\boldsymbol{w}}, \mathbf{x}_i \rangle + w_0)) \tag{3.9}$$

在线模式下，权重更新法则是：

$$\forall (\mathbf{x}, y),\ \text{si}\ y(\langle \bar{\boldsymbol{w}}, \mathbf{x} \rangle + w_0) \leqslant \rho\ \text{alors} \begin{pmatrix} w_0 \\ \bar{\boldsymbol{w}} \end{pmatrix} \leftarrow \begin{pmatrix} w_0 \\ \bar{\boldsymbol{w}} \end{pmatrix} + \eta \begin{pmatrix} y \\ y\mathbf{x} \end{pmatrix} \tag{3.10}$$

带间隔感知机的程序代码在附录 B.4 节中给出。它和前一节呈现的算法除了在权重的更新法则上不一样外，其他都是一样的。

3.2 Adaline

除了 Rosenblat 的工作，Widrow et Hoff (1960) 提出了 ADALINE（ADAptive LInear NEuron) 算法来寻找线性模型 $h_{\boldsymbol{w}} : \mathbf{x} \mapsto \langle \bar{\boldsymbol{w}}, \mathbf{x} \rangle + w_0$ 的参数 $\boldsymbol{w} = (\bar{\boldsymbol{w}}, w_0)$，其形式表达和图 3.4 所示的感知机类似。

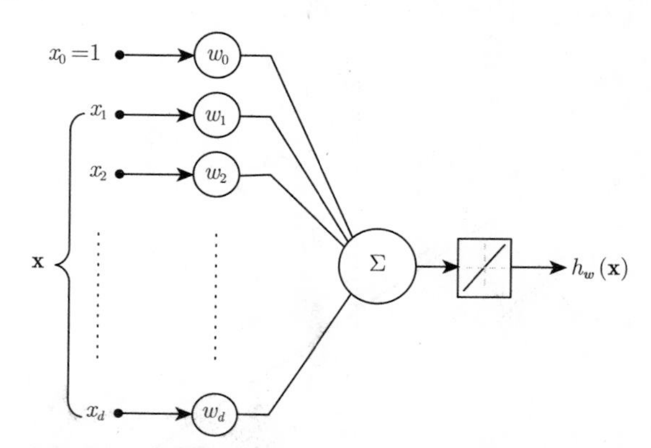

图 3.4　与感知机和 Adaline 相联系的形式模型

3.2.1 与线性回归和经验风险最小化原理的联系

此算法通过最小化训练集 S 上的标注类和模型预测类之间的均方误差来得到线性模型

$h_{\boldsymbol{w}}$ 的参数 $\boldsymbol{w} = (\bar{\boldsymbol{w}}, w_0)$:

$$\hat{\mathcal{L}}(\boldsymbol{w}) = \frac{1}{m}\sum_{i=1}^{m}(y_i - h_{\boldsymbol{w}}(\mathbf{x}_i))^2 \tag{3.11}$$

我们指出二次损失 $\mathcal{E}(h(\mathbf{x}), y) = (y - h(\mathbf{x}))^2$ 是分类误差 $\mathbf{e}(h, \mathbf{x}, y) = \mathbb{1}_{y\times h(\mathbf{x})\leqslant 0}$ 的一个凸的、连续可导的上界。事实上，展开 $\mathcal{E}$ 并考虑到 $y \in \{-1, +1\}$，有:

$$\mathcal{E}(h(\mathbf{x}), y) = (y \times h(\mathbf{x}))^2 - 2(y \times h(\mathbf{x})) + 1 \geqslant \mathbb{1}_{y\times h(\mathbf{x})\leqslant 0}$$

所以，目标函数(3.11) 是分类经验误差的一个凸上界，因而其最小化可以通过上一章介绍的无约束凸优化技术来实现。

我们还注意到最小化二次误差将该分类问题转化成了最小二乘意义上的输出为 $\{-1, +1\}$ 的线性回归问题。事实上，令 $Y = (y_i)_{i=1}^m$ 是类别向量，$\mathbf{X} = (\tilde{\mathbf{x}}_1, \tilde{\mathbf{x}}_2, \ldots, \tilde{\mathbf{x}}_m)$ 是学习数据的矩阵，其中 $\tilde{\mathbf{x}} = (1, \mathbf{x})^\top$ 由误差 1 和向量 $\mathbf{x}$ 组成，预测值和观测值在参数 $\boldsymbol{w}$ 下的均方误差 (3.11) 可以写成:

$$\hat{\mathcal{L}}(\boldsymbol{w}) = \frac{1}{m}(Y - \mathbf{X}^\top\boldsymbol{w})^\top(Y - \mathbf{X}^\top\boldsymbol{w})$$

令其梯度为零，得到最小二乘意义下权重值的精确解:

$$\boldsymbol{w}^* = (\mathbf{X}\mathbf{X}^\top)^{-1}\mathbf{X}Y$$

然而，在输入空间维数 d 特别大的时候，精确求解这个方程会遭遇计算困难，这也是实际应用中经常遇到的问题。

Widrow et Hoff (1960) 提出了一个基于随机梯度技术的算法来学习模型参数。因此，对一个学习步长$\eta > 0$ 和一个随机选取的样本 $(\mathbf{x}, y)$，更新法则可以写成:

$$\forall(\mathbf{x}, y), \begin{pmatrix} w_0 \\ \bar{\boldsymbol{w}} \end{pmatrix} \leftarrow \begin{pmatrix} w_0 \\ \bar{\boldsymbol{w}} \end{pmatrix} + \eta(y - h_{\boldsymbol{w}}(\mathbf{x}))\begin{pmatrix} 1 \\ \mathbf{x} \end{pmatrix} \tag{3.12}$$

它和感知机算法学习法则 (3.5) 的最大区别是，其权重更新用到了全部样本，无论误分类与否。图 3.5 举例说明了感知机和 Adaline 的不同表现。在最小化误差时，感知机算法找寻尽可能好地分隔两个类的超平面，哪怕是在样本数据有噪声，即有错误分类样本的情况下。Adaline 算法可能会有错误，但是它的解一般更具稳健性（robustness）。

由 Widrow et Hoff (1960) 提出的、使用随机梯度法来学习 Adaline 模型的参数程序代码在附录 B.4 节中给出。

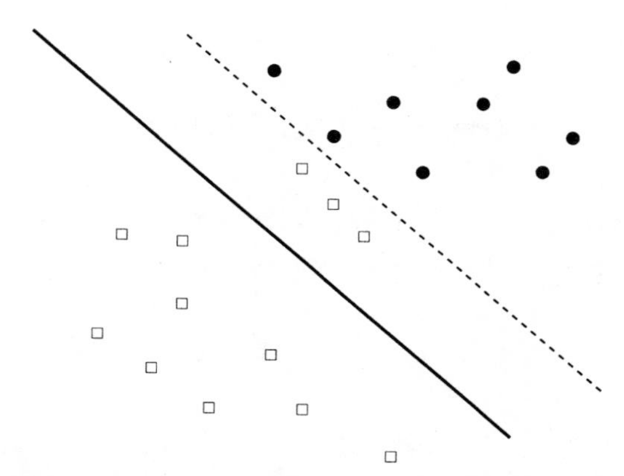

图 3.5 对一个线性可分的分类问题，感知机算法（虚线）和 Adaline 算法（实线）给出的解

3.3 Logistic 回归

Logistic 判别（或称回归）是统计学家在 20 世纪 60 年代末期 Truett et al. (1967) 提出并经 Anderson (1982) 推广而流行起来的。它尝试摆脱通常和线性参数模型联系在一起的限制性假设 (Duda et al., 2001)。在这种情形下，Logistic 回归唯一使用的假设是，对于输入 $\mathbf{x}$，各类条件概率比值的对数关于 $\mathbf{x}$ 是线性的。在二类分类问题的情形下，即 ①：

$$\ln\left(\frac{\mathbb{P}(X=\mathbf{x}\mid Y=1)}{\mathbb{P}(X=\mathbf{x}\mid Y=-1)}\right)=w_0+\langle\bar{\boldsymbol{w}},\mathbf{x}\rangle \tag{3.13}$$

其中 $\bar{\mathbf{w}}=(w_1,\ldots,w_d)$。模型 (3.13) 的优点是，它覆盖了一大类不同的分布族，比如，指数分布族下的所有分布 (Kupperman, 1958)，并且后验概率具有简单 Logistic 表达式：

$$\begin{aligned}\mathbb{P}(Y=1\mid X=\mathbf{x})&=\frac{\mathbb{P}(Y=1)\mathbb{P}(X=\mathbf{x}\mid Y=1)}{\mathbb{P}(Y=-1)\mathbb{P}(X=\mathbf{x}\mid Y=-1)+\mathbb{P}(Y=1)\mathbb{P}(X=\mathbf{x}\mid Y=1)}\\&=\frac{e^{(\tilde{w}_0+\langle\bar{\boldsymbol{w}},\mathbf{x}\rangle)}}{1+e^{(\tilde{w}_0+\langle\bar{\boldsymbol{w}},\mathbf{x}\rangle)}}=\frac{1}{1+e^{-(\tilde{w}_0+\langle\bar{\boldsymbol{w}},\mathbf{x}\rangle)}}\end{aligned}$$

而且，$\mathbb{P}(Y=-1\mid X=\mathbf{x})=1-\mathbb{P}(Y=1\mid X=\mathbf{x})=\frac{1}{1+e^{(\tilde{w}_0+\langle\bar{\boldsymbol{w}},\mathbf{x}\rangle)}}$，其中 $\tilde{w}_0=w_0+\ln\left(\frac{\mathbb{P}(Y=1)}{\mathbb{P}(Y=-1)}\right)\in\mathbb{R}$ 是一个常数。于是模型参数 $\boldsymbol{w}=(\tilde{w}_0,\bar{\boldsymbol{w}})$ 通过最大化在训练集 $S=$

① 在原始版本中，预期输出值是二值的，即 0 或 1。

$((\mathbf{x}_i, y_i))_{i=1}^m$ 上进行分类的对数似然来估计：

$$\begin{aligned}\mathcal{V}(S,\boldsymbol{w}) &= \ln\prod_{i=1}^m \mathbb{P}(Y=y_i, X=\mathbf{x}_i) = \ln\prod_{i=1}^m \mathbb{P}(Y=y_i \mid X=\mathbf{x}_i)\mathbb{P}(X=\mathbf{x}_i)\\ &= \sum_{i=1}^m \ln\left(\frac{1}{1+e^{-y_i(\tilde{w}_0+\langle\bar{\boldsymbol{w}},\mathbf{x}\rangle)}}\right) + \sum_{i=1}^m \ln\mathbb{P}(X=\mathbf{x}_i)\end{aligned} \tag{3.14}$$

由于对样本的生成方式未做假定，最大化 (3.14) 等价于最大化：

$$\bar{\mathcal{V}}(S,\boldsymbol{w}) = \sum_{i=1}^m \ln\left(\frac{1}{1+e^{-y_i(\tilde{w}_0+\langle\bar{\boldsymbol{w}},\mathbf{x}\rangle)}}\right) \tag{3.15}$$

一旦完成参数估计，对样本 $\mathbf{x}$ 进行分类的决策法则是如果 $\mathbb{P}(Y=1 \mid X=\mathbf{x}) > \frac{1}{2}$（或等价地，如果 $h_{\boldsymbol{w}}(\mathbf{x}) = \tilde{w}_0 + \langle\bar{\boldsymbol{w}},\mathbf{x}\rangle > 0$）则标注为 1，否则标为 -1。

3.3.1 与经验风险最小化原理的联系

与 Logistic 模型相联系的形式模型和代表感知机以及 Adaline 的形式模型是一样的（图 3.4），唯一的区别在于传递函数不同，在此处是 sigmoid 函数$F: z \mapsto \frac{1}{1+e^{-z}}$。与 Adaline 模型相比，即使是远离决策边界的点，Logistic 模型的预测值也在 0 和 1 之间，这不同于 Adaline 模型。因此 Adaline 模型对远离决策边界的误分类样本（噪声）更加敏感。事实上，根据 (3.12) 我们看到，样本 $\mathbf{x}$ 对权重更新的影响正比于模型在该点的输出值，而这个输出值又随该样本到决策超平面的距离增大而线性增大。这两个模型的区别在图 3.6 中展示。

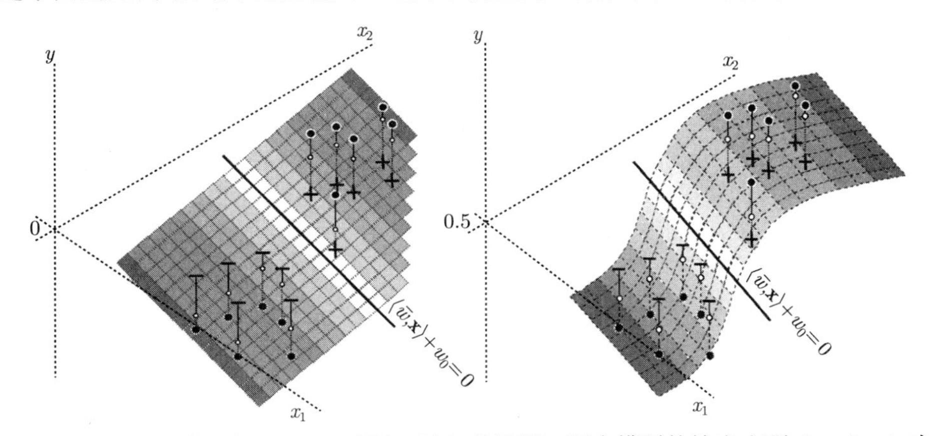

图 3.6 Adaline(左) 和 Logistic 回归 (右) 的区别。两个模型的输出由面（surface）来表示，Logistic 回归为曲面，Adaline 为平面。Logistic 模型的预测值界于 0 和 1 之间，而 Adaline 的预测值的绝对值则随点与决策边界之间距离的增大而增大

此外，根据函数表达式 (3.15)，我们看到最大化该函数等价于最小化该训练集上函数 $h_{\boldsymbol{w}}$ 的经验风险上界，使用 Logistic 损失 $\mathcal{E}_\ell$ 定义 (图 2.1)：

$$\hat{\mathcal{L}}(\boldsymbol{w}) = \frac{1}{m}\sum_{i=1}^{m}\ln(1+e^{-y_i h_{\boldsymbol{w}}(\mathbf{x}_i)}) \tag{3.16}$$

损失函数 $\hat{\mathcal{L}}(\boldsymbol{w})$ 是凸函数的和，因而也是凸的。于是可以用第 2 章中介绍的方向下降技术来进行最小化。考虑到损失函数在点 $\boldsymbol{w}$ 的梯度有以下简单表达式，这项任务便更容易了：

$$\nabla\hat{\mathcal{L}}(\boldsymbol{w}) = -\frac{1}{m}\sum_{i=1}^{m} y_i\left(1-\frac{1}{1+e^{-y_i h_{\boldsymbol{w}}(\mathbf{x}_i)}}\right)\times \mathbf{x}_i \tag{3.17}$$

使用共轭梯度法（2.4 节）来最小化函数 (3.16)，从而学习 Logistic 回归的参数的程序代码在附录 B.4 节中给出。

3.4　支持向量机

在这一节里，我们将介绍大间距分隔机，也叫支持向量机（Support Vector Machine，简称 SVM）。由于有理论上的保证，支持向量机无疑是当下流行的分类算法。为介绍这个模型，我们先简述它的理论基础，这些理论催生了近年发展起来的各种优化技术。

3.4.1　硬间隔

支持向量机算法是围绕着间隔的概念 (3.1) 设计出来的。首先，我们考虑用于线性可分分类问题的线性函数情况，也就是说，假设存在 $(\boldsymbol{w}, w_0)$，满足：

$$\forall \mathbf{x}_i \in S_+,\quad \langle \bar{\boldsymbol{w}}, \mathbf{x}_i\rangle + w_0 \geqslant 0 \qquad 且$$
$$\forall \mathbf{x}_i \in S_-,\quad \langle \bar{\boldsymbol{w}}, \mathbf{x}_i\rangle + w_0 \leqslant 0$$

其中 $S_+(S_-)$ 是训练集中正样本（负样本）的集合。对参数进行标准化，我们可以将这些表达式写成以下形式，并会在后面用到：

$$\forall \mathbf{x}_i \in S_+,\quad \langle \bar{\boldsymbol{w}}, \mathbf{x}_i\rangle + w_0 \geqslant +1 \qquad 且 \tag{3.18}$$
$$\forall \mathbf{x}_i \in S_-,\quad \langle \bar{\boldsymbol{w}}, \mathbf{x}_i\rangle + w_0 \leqslant -1 \tag{3.19}$$

这两个条件可以合并写成一个不等式：

$$\forall (\mathbf{x}, y) \in S, y(\langle \bar{\boldsymbol{w}}, \mathbf{x}\rangle + w_0) - 1 \geqslant 0 \tag{3.20}$$

若存在点满足不等式 (3.18) 中的等号，那么它属于超平面方程 $\langle \bar{\boldsymbol{w}}, \mathbf{x}_i\rangle + w_0 = 1$，并且 $d_+ = \frac{1}{||\bar{\boldsymbol{w}}||}$ 是正样本类中点与分隔超平面的最近距离。同样，满足不等式 (3.19) 中等号的点

属于超平面方程 $\langle\bar{\boldsymbol{w}},\mathbf{x}_i\rangle+w_0=-1$，并且 $d_-=\frac{1}{||\bar{\boldsymbol{w}}||}$ 是负样本类中点与分隔超平面的最近距离。在这些条件中，间隔的定义为 $\rho=d_+=d_-=\frac{1}{||\bar{\boldsymbol{w}}||}$。

此外，在训练集的点中，满足不等式 (3.20) 等号条件的称为支持向量。图 3.7 给出了二维情形下的图示。这个公式类似于我们之前给出的带间隔感知机，在这种情形里，其中阈值 ρ 固定为 1。这两个模型的主要区别是，带间隔感知机为在线模型，而支持向量机模型则以批处理模式运行。此外，如果我们考虑全局损失函数 (3.8) 的最小化，就会发现在给定 ρ 时，训练集样本到由方程 $\langle\bar{\boldsymbol{w}},\mathbf{x}\rangle+w_0-y\rho=0,y\in\{-1,+1\}$ 确定的两个边界的平均距离之和达到最小。然而对于支持向量机的情形，我们试图对阈值 $\rho=1$ 的情形直接最大化间隔，也就是说最小化权重的范数，因为在这里间隔等于 $\rho=\frac{1}{||\bar{\boldsymbol{w}}||}$。

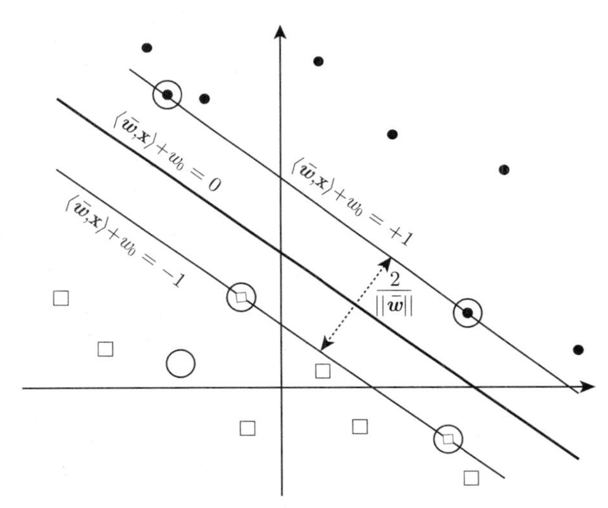

图 3.7 二维空间线性可分的分类问题超平面图示。属于间隔超平面 $\langle\bar{\boldsymbol{w}},\mathbf{x}\rangle+w_0=\pm1$ 的支持向量已经圈了出来

支持向量机的潜层核心思想是，决策边界对应的间隔越大，预测函数越能够对新数据有好的泛化表现。这个想法指引我们找寻满足条件 (3.20) 且具有最大间隔的超平面，它将引导我们求解下面的最小化问题[①]：

$$\begin{aligned}&\min_{\bar{\boldsymbol{w}}\in\mathbb{R}^d,w_0\in\mathbb{R}}\frac{1}{2}||\bar{\boldsymbol{w}}||^2\\&\text{满足约束}\quad\forall i,y_i(\langle\bar{\boldsymbol{w}},\mathbf{x}_i\rangle+w_0)-1\geqslant0\end{aligned}\tag{3.21}$$

① 这类支持向量机称为硬间隔支持向量机。

核心概念 带不等式约束的最优化

优化问题 (3.21) 称为带不等式约束的最优化问题。设 $\boldsymbol{w}^*$ 是该问题的解，对每个约束 $i \in \{1, \ldots, m\}$，需要考虑两种情况：

- $y_i(\langle \bar{\boldsymbol{w}}^*, \mathbf{x}_i \rangle + w_0^*) - 1 = 0$，称约束 i 在最优值处饱和；
- $y_i(\langle \bar{\boldsymbol{w}}^*, \mathbf{x}_i \rangle + w_0^*) - 1 > 0$，称约束 i 在最优值处不饱和。

应用拉格朗日乘子法，与 m 个约束条件相关联的拉格朗日变量为 $\boldsymbol{\alpha} = (\alpha_1, \ldots, \alpha_m); \alpha_i \geqslant 0, \forall i \in \{1, \ldots, m\}$，于是：

$$L_p(\bar{\boldsymbol{w}}, w_0, \boldsymbol{\alpha}) = \frac{1}{2}||\bar{\boldsymbol{w}}||^2 - \sum_{i=1}^{m} \alpha_i \left[y_i(\langle \bar{\boldsymbol{w}}, \mathbf{x}_i \rangle + w_0) - 1 \right] \tag{3.22}$$

为了使用拉格朗日乘子法来求解这个优化问题，只需验证下面条件之一即可，此时我们说条件是有效的 (qualified)：

- 在最优化点，约束的偏导数矩阵，或者 n 个饱和约束的雅可比矩阵的秩为 n；
- 约束函数都是仿射的，这是问题 3.21 的情形。

损失函数 $\hat{\mathcal{L}} : \bar{\boldsymbol{w}} \mapsto \frac{1}{2}||\bar{\boldsymbol{w}}||^2$ 是二次可导的。它在点 $\bar{\boldsymbol{w}}$ 处的梯度向量和黑塞矩阵分别是 $\nabla\hat{\mathcal{L}}(\bar{\boldsymbol{w}}) = \bar{\boldsymbol{w}}$ 和 $\mathbf{H}(\bar{\boldsymbol{w}}) = \mathbf{I}$（恒等矩阵）。因而，黑塞矩阵 $\mathbf{H}(\bar{\boldsymbol{w}})$ 保证了 d 个严格正的特征值。损失函数 $\hat{\mathcal{L}}$ 是严格凸的，并且不等式约束 $c_i : (\bar{\boldsymbol{w}}, w_0) \mapsto 1 - y_i(\langle \bar{\boldsymbol{w}}, \mathbf{x}_i \rangle + w_0)$ 是仿射的，因而是有效约束。优化问题 (3.21) 还确保了这个解是唯一的。此外，由于目标函数是凸的，满足约束条件的点也构成一个凸集，求解这个问题属于二次规划的范畴，后者构成了优化理论广泛研究的一大类技术。

问题 (3.21) 的解 $\boldsymbol{w}^*$ 需满足的条件称为 Karush-Kuhn-Tucker 条件。令拉格朗日表达式在原变量（primal variables）$\bar{\boldsymbol{w}}^*$ 和 w_0^* 处的梯度为零，并添上补充条件，就可以得到这个条件：

$$\nabla L_p(\bar{\boldsymbol{w}}^*) = \bar{\boldsymbol{w}}^* - \sum_{i=1}^{m} \alpha_i y_i \mathbf{x}_i = 0, \text{ 即 } \quad \bar{\boldsymbol{w}}^* = \sum_{i=1}^{m} \alpha_i y_i \mathbf{x}_i \tag{3.23}$$

$$\nabla L_p(w_0^*) = -\sum_{i=1}^{m} \alpha_i y_i = 0, \text{ 即 } \quad \sum_{i=1}^{m} \alpha_i y_i = 0 \tag{3.24}$$

$$\forall i, \alpha_i \left[y_i(\langle \bar{\boldsymbol{w}}^*, \mathbf{x}_i \rangle + w_0^*) - 1 \right] = 0, \text{ 即 } \quad \begin{cases} \alpha_i = 0, \text{ 或} \\ y_i(\langle \bar{\boldsymbol{w}}^*, \mathbf{x}_i \rangle + w_0^*) = 1 \end{cases} \tag{3.25}$$

注意 (3.23)，我们看到优化问题的解 $\bar{\boldsymbol{w}}^*$ 是训练集样本的一个线性组合。出现在这个解里的样本 $\mathbf{x}_i$ 的系数 $\alpha_i > 0$。这些样本称为支持向量，根据补充条件 (3.25)，它们满足 $y_i(\langle \bar{\boldsymbol{w}}^*, \mathbf{x}_i \rangle + w_0^*) = 1$。因而支持向量基于超平面方程 $\langle \bar{\boldsymbol{w}}^*, \mathbf{x}_i \rangle + w_0^* = \pm 1$，其他系数 $\alpha_i = 0$ 的

样本不影响问题的解。

将等式 (3.23) 和 (3.24) 代入原问题 (3.22)，我们有：

$$\begin{aligned} L_p &= \frac{1}{2}\left\|\sum_{i=1}^{m}\alpha_i y_i \mathbf{x}_i\right\|^2 - \sum_{i=1}^{m}\sum_{j=1}^{m}\alpha_i\alpha_j y_i y_j\langle \mathbf{x}_i, \mathbf{x}_j\rangle - w_0^*\underbrace{\sum_{i=1}^{m}\alpha_i y_i}_{=0} + \sum_{i=1}^{m}\alpha_i \\ &= -\frac{1}{2}\sum_{i=1}^{m}\sum_{j=1}^{m} y_i y_j \alpha_i \alpha_j \langle \mathbf{x}_i, \mathbf{x}_j\rangle + \sum_{i=1}^{m}\alpha_i \end{aligned} \tag{3.26}$$

考虑对偶优化问题如下，称为Wolfe对偶：

$$\max_{(\alpha_1,\ldots,\alpha_m)\in\mathbb{R}^m} \sum_{i=1}^{m}\alpha_i - \frac{1}{2}\sum_{i=1}^{m}\sum_{j=1}^{m} y_i y_j \alpha_i \alpha_j \langle \mathbf{x}_i, \mathbf{x}_j\rangle \tag{3.27}$$

$$\text{满足约束 } \sum_{i=1}^{m} y_i\alpha_i = 0 \text{ 与 } \forall i, \alpha_i \geqslant 0 \tag{3.28}$$

目标函数$\mathfrak{D} : \boldsymbol{\alpha} \mapsto \sum_{i=1}^{m}\alpha_i - \frac{1}{2}\sum_{i=1}^{m}\sum_{j=1}^{m} y_i y_j \alpha_i \alpha_j \langle \mathbf{x}_i, \mathbf{x}_j\rangle$ 是二次可导的，并且其负黑塞矩阵 $-\mathbf{H}_{\mathfrak{D}} = (\langle y_i\mathbf{x}_i, y_j\mathbf{x}_j\rangle)_{1\leqslant i,j\leqslant m}$ 是向量族 $(y_1\mathbf{x}_1, \ldots, y_m\mathbf{x}_m)$ 的 Gram 矩阵，它是半正定的，函数 $\mathfrak{D}$ 因而是凹的。由于约束 (3.28) 是仿射的，故原问题和对偶问题等价。

我们注意到，对偶问题的解 $\boldsymbol{\alpha}$ 可以直接用来决定用于预测新样本 $\mathbf{x}'$ 的决策函数f，使用方程 (3.23)：

$$f(\mathbf{x}') = \operatorname{sgn}\left(\sum_{i=1}^{m} y_i\alpha_i\langle \mathbf{x}_i, \mathbf{x}'\rangle + w_0^*\right) \tag{3.29}$$

此外，由于支持向量属于特征空间中方程为 $\langle \bar{\boldsymbol{w}}^*, \mathbf{x}\rangle + w_0^* = \pm 1$ 的间隔超平面，我们可以利用任意一个支持向量 $(\mathbf{x}_i, y_i)$，得出原点处的截距表达式：

$$\langle \bar{\boldsymbol{w}}^*, \mathbf{x}_i\rangle + w_0^* = y_i \Rightarrow w_0^* = y_i - \sum_{j=1}^{m}\alpha_j y_j\langle \mathbf{x}_i, \mathbf{x}_j\rangle \tag{3.30}$$

利用上式，我们还可以得到一个间隔的简单表达式。事实上，由于 (3.30) 对所有 $\alpha_i \neq 0$ 的支持向量都成立，在等式两边乘以 $\alpha_i y_i$，并对训练集上的所有样本求和，那么有：

$$\sum_{i=1}^{m}\alpha_i y_i b = \sum_{i=1}^{m}\alpha_i y_i^2 - \sum_{i=1}^{m}\sum_{j=1}^{m}\alpha_i\alpha_j y_i y_j\langle \mathbf{x}_i, \mathbf{x}_j\rangle$$

根据方程 (3.24) 和 (3.23)，并考虑到 $\forall i, y_i^2 = 1$ 且 $\alpha_i \geqslant 0$，我们有：

$$\sum_{i=1}^{m}\alpha_i - \|\bar{\boldsymbol{w}}^*\|_2^2 = \|\boldsymbol{\alpha}\|_1 - \|\bar{\boldsymbol{w}}^*\|_2^2 = 0$$

即间隔为：

$$\rho = \frac{1}{\|\bar{\boldsymbol{w}}^*\|_2} = \frac{1}{\sqrt{\|\boldsymbol{\alpha}\|_1}}$$

通过对偶问题，输入空间的维数大小不影响优化问题的解，后者只依赖于训练集样本之间的两两标量积。

这个结论促使我们对支持向量机应用核技巧，让非线性分类的学习成为可能。我们已经看到，在特定情形下，完全有可能把非线性可分问题转化成线性可分问题，方法是将初始数据嵌入比初始空间更高维的希尔伯特空间 $\mathbb{H}$ 中。这个空间就是特征空间。因此，假设 $\phi: \mathcal{X} \to \mathbb{H}$ 是投影函数，嵌入空间中核函数对应的标量积为：

$$\begin{aligned}\kappa: \mathcal{X} \times \mathcal{X} &\to \mathbb{R} \\ (\mathbf{x}, \mathbf{x}') &\mapsto \langle \phi(\mathbf{x}), \phi(\mathbf{x}') \rangle\end{aligned}$$

文献中常用的两个核函数为：

$$\begin{aligned}\kappa(\mathbf{x}, \mathbf{x}') &= (\langle \mathbf{x}, \mathbf{x}' \rangle + 1)^r \text{ pour } r \in \mathbb{N} \quad (\text{多项式核}) \\ \kappa(\mathbf{x}, \mathbf{x}') &= e^{-\frac{\|\mathbf{x}-\mathbf{x}'\|^2}{2\sigma^2}}, \sigma \neq 0 \quad (\text{RBF 高斯核})\end{aligned}$$

在支持向量机中，我们使用核函数来代替标量积。利用这些记号，硬间隔支持向量机的算法可以写成：

输入：

- 训练集 $S = ((\mathbf{x}_1, y_1), \ldots, (\mathbf{x}_m, y_m))$
  - 寻找以下优化问题的解 $\boldsymbol{\alpha}^*$

    $$\max_{\boldsymbol{\alpha} \in \mathbb{R}^m} \sum_{i=1}^{m} \alpha_i - \frac{1}{2} \sum_{i=1}^{m} \sum_{j=1}^{m} y_i y_j \alpha_i \alpha_j \kappa(\mathbf{x}_i, \mathbf{x}_j)$$

    $$\text{满足条件} \sum_{i=1}^{m} y_i \alpha_i = 0 \text{ et } \forall i, \alpha_i \geqslant 0$$

  - 选择 $i \in \{1, \ldots, m\}$ 满足 $\alpha_i^* > 0$

    计算 $w_0^* = y_i - \sum_{j=1}^{m} \alpha_j^* y_j \kappa(\mathbf{x}_j, \mathbf{x}_i)$ // ▷ (3.30)

  - $\bar{\boldsymbol{w}}^* = \sum_{i=1}^{m} y_i \alpha_i^* \phi(\mathrm{x}_i)$ // ▷ (3.23)

输出：决策函数 $\forall \mathbf{x}, f(\mathbf{x}) = \operatorname{sgn}\left(\sum_{i=1}^{m} y_i \alpha_i^* \kappa(\mathbf{x}_i, \mathbf{x}) + w_0^*\right)$

算法 7　硬间隔支持向量机

存在许多支持向量机的有效程序实现，其中最流行的无疑是 Joachims (1999a)[1] 和 Fan et al. (2008)[2] 。

3.4.2 软间隔

优化问题的一个主要困难是，当数据复杂并且有噪声时（这也是一般情形），分离性条件不能得到满足。一个解决办法是，引入新的称为松弛变量的变量 ξ_i，来放宽对间隔的约束条件。将它应用到不等式 (3.18) 和 (3.19) 中，在特征空间里，可以写成：

$$\forall i, \qquad \xi_i \geqslant 0 \tag{3.31}$$

$$\forall \mathbf{x}_i \in S_+, \quad \langle \bar{\boldsymbol{w}}, \phi(\mathbf{x}_i) \rangle + w_0 \geqslant 1 - \xi_i \tag{3.32}$$

$$\forall \mathbf{x}_i \in S_-, \quad \langle \bar{\boldsymbol{w}}, \phi(\mathbf{x}_i) \rangle + w_0 \leqslant -1 + \xi_i \tag{3.33}$$

根据这些不等式，当训练集中的样本 $\mathbf{x}_i$ 被误分类时，对应的变量 ξ_i 必然大于 1，因为此时 $1-\xi_i$ 或者 $-1+\xi_i$ 改变了符号。于是在这种情形下，$\sum_i \xi_i$ 确定了一个训练集上分类误差的上界（图 3.8）。

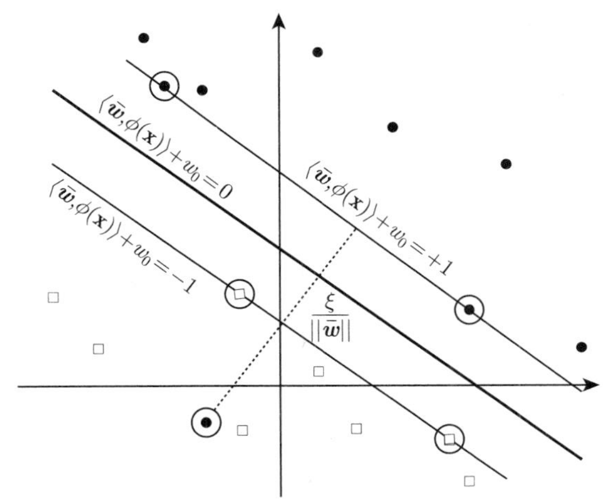

图 3.8　一个非线性可分分类问题的线性超平面。支持向量圈了出来，它们要么位于间隔超平面上，要么是异常点。异常点 $\mathbf{x}$ 到该类别对应的间隔超平面的距离为 $\frac{\xi}{||\bar{\boldsymbol{w}}||}$

因此，我们通过最大化间隔来最小化分类误差，这相当于将原始问题的目标函数 $\frac{||\bar{\boldsymbol{w}}||^2}{2}$ 变更为 $\frac{||\bar{\boldsymbol{w}}||^2}{2} + C\sum_{i=1}^{m} \xi_i$，其中 C 是预先确定的参数（C 越大，误差惩罚越大）。优化问题于

① http://svmlight.joachims.org/
② http://www.csie.ntu.edu.tw/~cjlin/liblinear/

是有如下形式：

$$
\begin{aligned}
&\min_{\bar{\boldsymbol{w}}\in\mathbb{H},w_0\in\mathbb{R},\xi\in\mathbb{R}^m}\ \frac{1}{2}||\bar{\boldsymbol{w}}||^2+C\sum_{i=1}^{m}\xi_i \\
&\text{满足约束}\forall i,\xi_i\geqslant 0\ \ \text{且}\ \ y_i(\langle\bar{\boldsymbol{w}},\phi(\mathbf{x}_i)\rangle+w_0)\geqslant 1-\xi_i
\end{aligned}
\tag{3.34}
$$

这一类支持向量机称为软间隔支持向量机，因为它的间隔约束条件对一些样本有所软化。

在可分的情形中，约束是仿射且有效的；同样，目标函数也是凸的，故 Karush-Kuhn-Tucker 条件适用于最优值。令 $\beta_i\geqslant 0,i\in\{1,\ldots,m\}$是松弛变量非负性条件的拉格朗日变量，令 $\alpha_i\geqslant 0,i\in\{1,\ldots,m\}$ 是 m 个其余约束条件的关联变量。我们用 $\boldsymbol{\xi}$ 表示向量 $(\xi_1,\ldots,\xi_m)^\top$，用 $\boldsymbol{\alpha}$ 表示向量 $(\alpha_1,\ldots,\alpha_m)^\top$，用 $\boldsymbol{\beta}$ 表示向量 $(\beta_1,\ldots,\beta_m)^\top$。因此，对任意的 $\bar{\boldsymbol{w}}\in\mathbb{H}$、$w_0\in\mathbb{R}$、$\boldsymbol{\xi}\in\mathbb{R}_+^m$、$\boldsymbol{\alpha}\in\mathbb{R}_+^m$ 和 $\boldsymbol{\beta}\in\mathbb{R}_+^m$ 我们可以定义其拉格朗日表达式：

$$
L_p(\bar{\boldsymbol{w}},w_0,\boldsymbol{\xi},\boldsymbol{\alpha},\boldsymbol{\beta})=\frac{1}{2}\|\bar{\boldsymbol{w}}\|^2+C\sum_{i=1}^{m}\xi_i-\sum_{i=1}^{m}\alpha_i[y_i(\langle\phi(\mathbf{x}_i),\bar{\boldsymbol{w}}\rangle+w_0)-1+\xi_i]-\sum_{i=1}^{m}\beta_i\xi_i
$$

令拉格朗日表达式关于变量 $\bar{\boldsymbol{w}}$、w_0、$\boldsymbol{\xi}\boldsymbol{\alpha}$ 和 $\boldsymbol{\beta}$ 的偏导数为零，并添加补充条件，我们可以得到 Karush-Kuhn-Tucker 条件：

$$
\nabla L_p(\bar{\boldsymbol{w}})=\bar{\boldsymbol{w}}-\sum_{i=1}^{m}\alpha_i y_i\phi(\mathbf{x}_i)=0,\ \text{即}\quad \bar{\boldsymbol{w}}=\sum_{i=1}^{m}\alpha_i y_i\phi(\mathbf{x}_i) \tag{3.35}
$$

$$
\nabla L_p(w_0)=-\sum_{i=1}^{m}\alpha_i y_i=0,\ \text{即}\quad \sum_{i=1}^{m}\alpha_i y_i=0 \tag{3.36}
$$

$$
\nabla L_p(\boldsymbol{\xi})=C\times\mathbf{1}_m-\boldsymbol{\alpha}-\boldsymbol{\beta}=0,\ \text{即}\quad \forall i,C=\alpha_i-\beta_i \tag{3.37}
$$

$$
\forall i,\alpha_i\left[y_i h_{\boldsymbol{w}}(\mathbf{x}_i)-1+\xi_i\right]=0,\ \text{即}\quad \alpha_i=0\ \text{或} y_i h_{\boldsymbol{w}}(\mathbf{x}_i)=1-\xi_i \tag{3.38}
$$

$$
\forall i,\beta_i\xi_i=0,\ \text{即}\quad \beta_i=0\ \text{或}\ \xi_i=0 \tag{3.39}
$$

其中 $\mathbf{1}_m$ 是 m 维向量，其所有分量都是 1，并且 $h_{\boldsymbol{w}}(\mathbf{x})=\langle\phi(\mathbf{x}),\bar{\boldsymbol{w}}\rangle+w_0$。在可分的情形中，问题的解 —— 权重向量 $\bar{\boldsymbol{w}}$ 是训练集中样本的一个线性组合（3.35）。根据 (3.38)，我们看到存在两类支持向量。事实上，对于一个样本 $\mathbf{x}_i\in S$，如果其系数非零，那么它就是支持向量。在这种情形下，根据方程 $y_i(\langle\bar{\boldsymbol{w}},\mathbf{x}_i\rangle+w_0)=1-\xi_i$，如果 $\xi_i=0$，那么样本 $\mathbf{x}_i$ 在间隔超平面上；如果 $\xi_i\neq 0$，那么支持向量是一个异常点（或称一个例外）（图 3.8）。对异常点 $\mathbf{x}_i$，根据 (3.37) 我们有 $\alpha_i=C$。因此，支持向量要么是系数 α 全部等于 C 的异常点，要么是位于间隔超平面上的点。带约束 (3.34) 优化问题的对偶问题，可以通过将拉格朗日表达式中的权重向量表达式 (3.35) 替换成 (3.37) 和 (3.36) 来得到。

根据 (3.37)，我们有：

$$C\sum_{i=1}^{m}\xi_i-\sum_{i=1}^{m}\alpha_i\xi_i-\sum_{i=1}^{m}\beta_i\xi_i=\sum_{i=1}^{m}\xi_i\underbrace{(C-\alpha_i-\beta_i)}_{=0}=0$$

即：

$$\begin{aligned}L_p&=\frac{1}{2}\left\|\sum_{i=1}^{m}\alpha_i y_i\phi(\mathbf{x}_i)\right\|^2-\sum_{i=1}^{m}\sum_{j=1}^{m}\alpha_i\alpha_j y_i y_j\kappa(\mathbf{x}_i,\mathbf{x}_j)-w_0\underbrace{\sum_{i=1}^{m}\alpha_i y_i}_{=0}+\sum_{i=1}^{m}\alpha_i\\&=-\frac{1}{2}\sum_{i=1}^{m}\sum_{j=1}^{m}y_i y_j\alpha_i\alpha_j\kappa(\mathbf{x}_i,\mathbf{x}_j)+\sum_{i=1}^{m}\alpha_i\end{aligned}\tag{3.40}$$

这就是可分情形下得到的目标函数形式 (3.26)，唯一的区别是拉格朗日变量的约束 $\beta_i \geqslant 0$，根据 (3.37)，它给约束 $\alpha_i \leqslant C$ 施加了一个上界。于是，在不可分情形下支持向量机的对偶优化和在可分情形下支持向量机的对偶优化是一样的，并且约束 $(\alpha_i)_{i=1}^m$ 有上界，即：

$$\max_{(\alpha_1,\ldots,\alpha_m)\in\mathbb{R}^m}\sum_{i=1}^{m}\alpha_i-\frac{1}{2}\sum_{i=1}^{m}\sum_{j=1}^{m}y_i y_j\alpha_i\alpha_j\kappa(\mathbf{x}_i,\mathbf{x}_j)\tag{3.41}$$

$$\text{满足约束}\ \sum_{i=1}^{m}y_i\alpha_i=0\ \text{et}\ \forall i,0\leqslant\alpha_i\leqslant C\tag{3.42}$$

输入：

- 训练集 $S=((\mathbf{x}_1,y_1),\ldots,(\mathbf{x}_m,y_m))$
- 寻找以下优化问题解 $\boldsymbol{\alpha}^*$

$$\max_{\boldsymbol{\alpha}\in\mathbb{R}^m}\sum_{i=1}^{m}\alpha_i-\frac{1}{2}\sum_{i=1}^{m}\sum_{j=1}^{m}y_i y_j\alpha_i\alpha_j\kappa(\mathbf{x}_i,\mathbf{x}_j)$$

$$\text{满足约束}\sum_{i=1}^{m}y_i\alpha_i=0\ \text{et}\ \forall i,0\leqslant\alpha_i\leqslant C$$

- 选择 $i\in\{1,\ldots,m\}$ 满足 $0<\alpha_i^*<C$

  计算 $w_0^*=y_i-\sum_{j=1}^{m}\alpha_j^* y_j\kappa(\mathbf{x}_j,\mathbf{x}_i)$

- $\bar{\boldsymbol{w}}^*=\sum_{i=1}^{m}y_i\alpha_i^*\phi(\mathbf{x}_i)$ // ▷ (3.35)

输出： 决策函数 $\forall\mathbf{x},f(\mathbf{x})=\text{sgn}\left(\sum_{i=1}^{m}y_i\alpha_i^*\kappa(\mathbf{x}_i,\mathbf{x})+w_0^*\right)$

算法 8　软间隔支持向量机

和线性可分的情形一样，我们利用一个不是异常点（即 $\xi_i = 0$ 且 $\alpha_i < C$）的支持向量来计算原点处的截距 w_0^*。对这个支持向量，我们有 $\sum_{j=1}^m \alpha_j y_j \kappa(\mathbf{x}_i, \mathbf{x}_j) + w_0^* = y_i$，即 $w_0^* = y_i - \sum_{j=1}^m \alpha_j y_j \kappa(\mathbf{x}_i, \mathbf{x}_j)$。

因此，软间隔支持向量机算法和算法 7 是一样的，唯一区别在于 (3.42)，变量 $(\alpha_i)_{i=1}^m$ 有上界 C。

3.4.3　基于间隔的泛化误差界

有结果显示，我们应当大量使用支持向量机，即支持向量机的泛化误差界仅依赖于间隔，而不依赖于输入样本的维数。我们利用 1.3 节介绍的 Rademacher 复杂度，来给出这个界。间隔越小，这个界越紧凑。支持向量机直接最小化间隔，所以在某些情况中，我们可以得到非常好的分类误差估计。这个界需要用到 $1/\rho$- 利普希茨函数：$\mathfrak{h}_\rho : \mathbb{R} \to [0, 1]$，其中 $\rho > 0$。它可以控制分类误差并有定义如下：

$$\mathfrak{h}_\rho(z) = \begin{cases} 1, & 若 z \leqslant 0; \\ 1 - z/\rho, & 若 0 < z \leqslant \rho; \\ 0, & 其他 \end{cases} \tag{3.43}$$

这个函数也称为基于间隔的损失函数，图示见图 3.9。从这个函数出发，在大小为 m 的训练集$S = ((\mathbf{x}_i, y_i))_{i=1}^m$ 上基于间隔的经验误差的定义为函数针对误分类样本，或者正确分类但在当前分类器 h 下可信度（无符号的预测值）小于等于 ρ 的样本平均值：

$$\hat{\mathfrak{L}}_\rho(h, S) = \frac{1}{m} \sum_{i=1}^m \mathfrak{h}_\rho(y_i h(\mathbf{x}_i)) \tag{3.44}$$

我们注意到，如果 h 是一个线性分类器，且法向量的范数等于 1，那么 h 对样本 $(\mathbf{x}, y)$ 的无符号预测值 $yh(\mathbf{x})$ 就是样本的间隔。

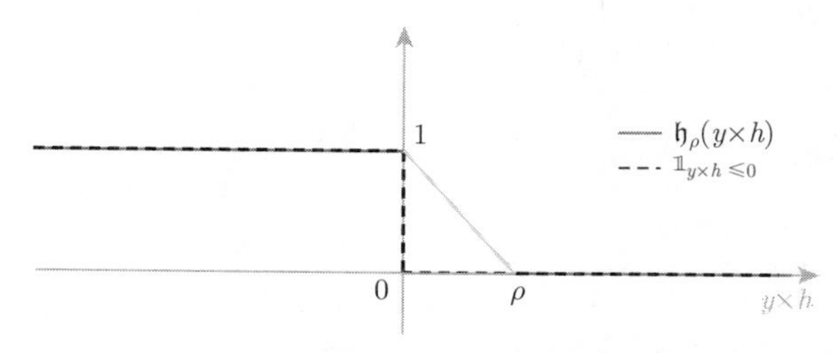

图 3.9　基于间隔的损失（灰实线）大于分类误差（黑虚线），定义中带有间隔 ρ 作为参数

以下定理给出了特征空间中的线性分类器（如支持向量机）的泛化误差界，它仅依赖于这些分类器的间隔。

定理 7 令 $\mathcal{H}_B=\{\mathbf{x}\mapsto\langle\boldsymbol{w},\phi(\mathbf{x})\rangle \mid ||\boldsymbol{w}||\leqslant B\}$ 是线性函数类，定义在特征空间 $\phi:\mathcal{X}\rightarrow\mathbb{H}$ 上，且有有界范数。设所有样本都位于这个空间里一个半径为 R 的超球面中，即 $\forall\mathbf{x}\in\mathcal{X},\langle\phi(\mathbf{x}),\phi(\mathbf{x})\rangle\leqslant R^2$。给定 $\rho>0$，且令 $S=((\mathbf{x}_i,y_i))_{i=1}^m$ 是一个大小为 m 的独立同分布训练集。对任意 $\delta\in(0,1)$ 和任意函数 $h\in\mathcal{H}_B$，至少以概率 $1-\delta$ 有：

$$\mathfrak{L}(h)\leqslant\hat{\mathfrak{L}}_\rho(h,S)+\frac{4B}{\sqrt{m}}\times\frac{R}{\rho}+3\sqrt{\frac{\ln(2/\delta)}{2m}}\tag{3.45}$$

证明 定理 7

记 $\mathfrak{P}=\{\boldsymbol{z}=(\mathbf{x},y)\mapsto yh(\mathbf{x})\mid h\in\mathcal{H}_B\}$。定义 $\mathcal{X}\times\mathcal{Y}$ 在 $[0,1]$ 中的函数如下：

$$\mathcal{G}_\rho=\{\mathfrak{h}_\rho\circ g,g\in\mathfrak{P}\}$$

根据定理 2，我们有，对任意 $\delta\in(0,1)$ 和任意函数 $g\in\mathfrak{P}$，以下不等式至少以概率 $1-\delta$ 成立：

$$\mathbb{E}_{(\mathbf{x},y)\sim\mathcal{D}}[\mathfrak{h}_\rho(g(\mathbf{x},y))-1]\leqslant\frac{1}{m}\sum_{i=1}^m(\mathfrak{h}_\rho(g(\mathbf{x}_i,y_i))-1)+\hat{\mathfrak{R}}_S((\mathfrak{h}_\rho-1)\circ\mathfrak{P})+3\sqrt{\frac{\ln(2/\delta)}{2m}}$$

其中 $\hat{\mathfrak{R}}_S((\mathfrak{h}_\rho-1)\circ\mathfrak{P})$ 是函数类 $(\mathfrak{h}_\rho-1)\circ\mathfrak{P}$ 的经验 Rademacher 复杂度。函数 $z\mapsto(\mathfrak{h}_\rho-1)(z)$ 是 $1/\rho$- 利普希茨的，并且 $(\mathfrak{h}_\rho-1)(0)=0$。根据 Talagrand 引理（定理 4，性质 5）：

$$\hat{\mathfrak{R}}_S((\mathfrak{h}_\rho-1)\circ\mathfrak{P})\leqslant\frac{2}{\rho}\hat{\mathfrak{R}}_S(\mathfrak{P})\tag{3.46}$$

其中：

$$\begin{aligned}\hat{\mathfrak{R}}_S(\mathfrak{P})&=\mathbb{E}_\sigma\left[\sup_{g\in\mathfrak{P}}\left|\frac{2}{m}\sum_{i=1}^m\sigma_i g(\mathbf{x}_i,y_i)\right|\right]=\mathbb{E}_\sigma\left[\sup_{h\in\mathcal{H}_B}\left|\frac{2}{m}\sum_{i=1}^m\sigma_i y_i h(\mathbf{x}_i)\right|\right]\\&=\frac{2}{m}\mathbb{E}_\sigma\left[\sup_{||\boldsymbol{w}||\leqslant B}\left|\left\langle\boldsymbol{w},\sum_{i=1}^m\sigma_i\phi(\mathbf{x}_i)\right\rangle\right|\right]\end{aligned}$$

上面的等式是根据标量积的双线性性质以及 $\forall i,\ y_i\sigma_i\in\{-1,+1\}$，于是 $y_i\sigma_i$ 和 σ_i 具有相同的期望值。应用柯西–施瓦茨不等式，我们得到：

$$\hat{\mathfrak{R}}_S(\mathfrak{P})\leqslant\frac{2B}{m}\mathbb{E}_\sigma\left[\left\|\sum_{i=1}^m\sigma_i\phi(\mathbf{x}_i)\right\|\right]=\frac{2B}{m}\mathbb{E}_\sigma\left[\left(\left\|\sum_{i=1}^m\sigma_i\phi(\mathbf{x}_i)\right\|^2\right)^{1/2}\right]$$

利用琴生不等式和平方根函数的凹性，有：

$$
\begin{aligned}
\hat{\mathfrak{R}}_S(\mathfrak{P}) &\leqslant \frac{2B}{m}\left(\mathbb{E}_\sigma\left[\left\|\sum_{i=1}^m \sigma_i \phi(\mathbf{x}_i)\right\|^2\right]\right)^{1/2} \\
&= \frac{2B}{m}\left(\mathbb{E}_\sigma\left[\left\langle \sum_{i=1}^m \sigma_i \phi(\mathbf{x}_i), \sum_{j=1}^m \sigma_j \phi(\mathbf{x}_j)\right\rangle\right]\right)^{1/2} \\
&= \frac{2B}{m}\left(\mathbb{E}_\sigma\left[\sum_{i=1}^m \sum_{j=1}^m \sigma_i\sigma_j \langle \phi(\mathbf{x}_i), \phi(\mathbf{x}_j)\rangle\right]\right)^{1/2}
\end{aligned}
$$

由于 Rademacher 变量$\forall i, \forall j, \sigma_i\sigma_j$ 在 $\{-1,+1\}$ 中以相同概率取值，故当 $i \neq j$ 时，有 4 种可能取值，其中两组值给出符号相反的乘积，即：

$$
\hat{\mathfrak{R}}_S(\mathfrak{P}) \leqslant \frac{2B}{m}\left(\sum_{i=1}^m \langle \phi(\mathbf{x}_i), \phi(\mathbf{x}_j)\rangle\right)^{1/2} \leqslant \frac{2B}{m}\sqrt{(mR^2)} \tag{3.47}
$$

最后，由于基于间隔的损失大于分类误差 (图 3.9)，根据 (3.46) 和 (3.47)，我们可得：

$$
\begin{aligned}
\mathbb{E}_{(\mathbf{x},y)\sim\mathcal{D}}[\mathbb{1}_{yh(\mathbf{x})\leqslant 0} - 1] &\leqslant \mathbb{E}_{(\mathbf{x},y)\sim\mathcal{D}}[\mathfrak{h}_\rho(g(\mathbf{x},y)) - 1] \\
&\leqslant \frac{1}{m}\sum_{i=1}^m (\mathfrak{h}_\rho(g(\mathbf{x}_i, y_i)) - 1) + \frac{4B}{\sqrt{m}} \times \frac{R}{\rho} + 3\sqrt{\frac{\ln(2/\delta)}{2m}}
\end{aligned}
$$

上面结果的复杂度项依赖于权重范数界 B、训练集的样本个数 m 和比值 R/ρ。因此，对给定间隔 ρ，如果我们有大小为 m 的训练集满足 $\frac{BR}{\rho} << \sqrt{m}$，那么上述结果就保证我们在特征空间中使用线性分类器得到的泛化误差将会非常接近于基于间隔的经验误差。

我们再次强调，项 R/ρ 在 Novikoff 定理（定理 6）中起到核心作用，因为它给出了感知机算法对线性可分分类问题的迭代次数上界。

3.5 AdaBoost

集成方法是机器学习算法的一个大类，它将许多通常称为弱学习器的基础分类器组合在一起，来创建一个表现更好的分类器。在所有这些（集成）方法中，提升（boosting）算法 (Freund, 1995)，尤其是 AdaBoost 算法（Adaptive Boosting 的缩写 (Schapire, 1999)），因其良好的表现和理论保证，受到了广泛欢迎。

这种算法生成一个弱分类器的集合，然后用投票方式将它们组合起来。最后的分类器故称为投票分类器。弱分类器是通过序列式训练得到的；第 t 个分类器的生成需要考虑前面已构造的分类器误差，而这需要通过对训练集中每个样本 i 指派一个权重 $D(i)$ 来实现，一个被第 $(t-1)$ 个分类器误分类的样本将被分配一个比正确分类的样本更高的权重。以这种方式，在第 t 步，新的弱分类器将专注于令 $t-1$ 步分类器感到困难的样本分类。算法 9 描述了 AdaBoost 算法的第一个版本，即由 Freund 和 Schapire 提出的二类分类问题算法。

输入：
- 训练集 $S=((\mathbf{x}_1,y_1),\ldots,(\mathbf{x}_m,y_m))$

初始化：
- 最大迭代次数 T
- 初始化权重分配 $\forall i\in\{1,\ldots,m\}, D^{(1)}(i)=\frac{1}{m}$

for $t=1,\ldots,T$ do
- 基于权重分布 $D^{(t)}$ 学习分类器 $f_t:\mathbb{R}^d\rightarrow\{-1,+1\}$
- 计算 $\epsilon_t=\sum_{i:f_t(\mathbf{x}_i)\neq y_i} D^{(t)}(i)$
- 计算 $a_t=\frac{1}{2}\ln\frac{1-\epsilon_t}{\epsilon_t}$
- 更新样本的权重分配 (3.48)

$$\forall i\in\{1,\ldots,m\}, D^{(t+1)}(i)=\frac{D^{(t)}(i)e^{-a_t y_i f_t(\mathbf{x}_i)}}{Z^{(t)}}$$

其中 $Z^{(t)}=\sum_{i=1}^m D^{(t)}(i)e^{-a_t y_i f_t(\mathbf{x}_i)}$ 是使 $D^{(t+1)}$ 成为一个分布的标准化因子

输出： 投票分类器 $\forall\mathbf{x}, F(\mathbf{x})=\operatorname{sign}\left(\sum_{t=1}^T a_t f_t(\mathbf{x})\right)$

算法 9 AdaBoost

在初始化阶段，样本的权重值分布是均匀分布 $(\forall i\in\{1,\ldots,m\}, D^{(1)}(i)=\frac{1}{m})$，并选取一个数字 T 作为最终投票分类所需的分类器个数。在每一次迭代 t，学习一个二类分类器——属于函数类 $\mathcal{F}=\{f:\mathbb{R}^d\rightarrow\{-1,+1\}\}$ 的函数——的方法是，最小化考虑了样本权重 $D^{(t)}$ 的分类经验误差 $(f_t=\operatorname{argmin}_{f\in\mathcal{F}}\sum_{i:f(\mathbf{x}_i)\neq y_i} D^{(t)}(i))$。根据在训练集上习得的这个分类器的经验误差 ϵ_t：

$$\epsilon_t=\sum_{i:f_t(\mathbf{x}_i)\neq y_i} D^{(t)}(i)$$

我们给分类器指派权重 a_t，使得 ϵ_t 越大 a_t 就越大。于是，权重分布的更新法则如下：

$$\forall i\in\{1,\ldots,m\}, D^{(t+1)}(i)=\frac{D^{(t)}(i)e^{-a_t y_i f_t(\mathbf{x}_i)}}{Z^{(t)}} \tag{3.48}$$

其中 $Z^{(t)}=\sum_{i=1}^m D^{(t)}(i)e^{-a_t y_i f_t(\mathbf{x}_i)}$ 是使得 $D^{(t+1)}$ 仍是一个分布的标准化因子。

如果当前分类器 f_t 对样本 $(\mathbf{x}_i, y_i)$ 给出了错误的分类预测，即 $y_i f_t(\mathbf{x}_i) = -1$，那么关联这个样本的系数 $D^{(t+1)}(i)$ 将会大于其上一次迭代的系数 $D^{(t)}(i)$。因此，最终分类器 F 是分类器 $(f_t)_{t=1}^T$ 一个权重为 $(a_t)_{t=1}^T$ 的线性加权组合。对新样本 $\mathbf{x}$ 的预测就基于这些加权分类器的多数投票之上。图 3.10 举例阐释了算法 9 的运行机制。

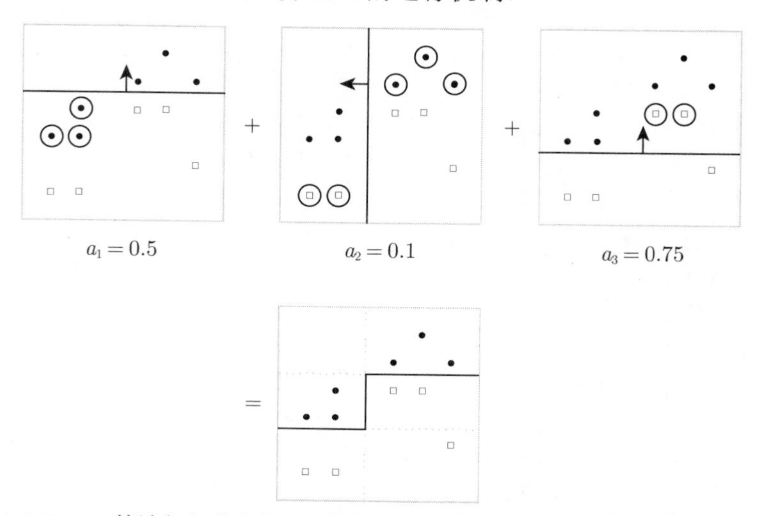

图 3.10 AdaBoost 算法如何将线性弱分类器最终组合为非线性分类器的机制。每个弱分类器的法向量指向正样本的半空间（实心点表示，误分类样本被圈了出来）。在每一次迭代时，当前分类器会更好地对前一次迭代分类器误分类的样本进行分类。而在最终的投票组合中，这些分类器的权重 $\boldsymbol{w}$ 和它们的分类误差成反比

3.5.1 与经验风险最小化原理的联系

Schapire (1999) 证明，算法 9 最小化了最终分类器 $F(\mathbf{x}) = \operatorname{sign}(h(\mathbf{x}))$（其中 $h(\mathbf{x}) = \sum_{t=1}^T a_t f_t(\mathbf{x})$）的经验误差的凸指数损失上界（图 2.1）：

$$\frac{1}{m}\sum_{i=1}^m \mathbb{1}_{y_i \neq F(\mathbf{x}_i)} \leqslant \frac{1}{m}\sum_{i=1}^m e^{-y_i h(\mathbf{x}_i)} \tag{3.49}$$

考虑上述不等式中的指数上界，我们有：

$$\begin{aligned}\frac{1}{m}\sum_{i=1}^m e^{-y_i h(\mathbf{x}_i)} &= \frac{1}{m}\sum_{i=1}^m e^{-y_i \sum_{t=1}^T a_t f_t(\mathbf{x}_i)} \\ &= \sum_{i=1}^m \frac{1}{m} e^{-y_i a_1 f_1(\mathbf{x}_i)} \prod_{t>1} e^{-y_i a_t f_t(\mathbf{x}_i)}\end{aligned}$$

$$=\sum_{i=1}^{m} D^{(1)}(i) e^{-y_i a_1 f_1(\mathbf{x}_i)} \prod_{t>1} e^{-y_i a_t f_t(\mathbf{x}_i)}$$

根据第 2 步迭代中样本权重分布 $D^{(2)}$ (3.48) 的定义，我们有：

$$\frac{1}{m}\sum_{i=1}^{m} e^{-y_i h(\mathbf{x}_i)} = \sum_{i=1}^{m} D^{(2)}(i) Z^{(1)} \prod_{t>1} e^{-y_i a_t f_t(\mathbf{x}_i)}$$

通过递归，得：

$$\frac{1}{m}\sum_{i=1}^{m} e^{-y_i h(\mathbf{x}_i)} = \prod_{t=1}^{T} Z^{(t)} \underbrace{\sum_{i=1}^{m} D^{(T+1)}(i)}_{=1} \tag{3.50}$$

由于弱分类器f_t 的预测值在 $\{-1,+1\}$ 中，将 $Z^{(t)}$ 写成由 f_t 正确分类和错误分类的两部分之和，我们有：

$$Z^{(t)} = \sum_{i:f_t(\mathbf{x}_i)\neq y_i} D^{(t)}(i) e^{a_t} + \sum_{i:f_t(\mathbf{x}_i)=y_i} D^{(t)}(i) e^{-a_t}$$

即：

$$Z^{(t)} = \epsilon_t e^{a_t} + (1-\epsilon_t) e^{-a_t} \tag{3.51}$$

其中 $\epsilon_t = \sum_{i:f_t(\mathbf{x}_i)\neq y_i} D^{(t)}(i)$。第 t 次迭代选取的系数 a_t 的计算方法是，令标准化因子 $Z^{(t)}$ 极小，即令 $Z^{(t)}$ 关于 a_t 的导数为零，于是我们得到系数的解析表达式：

$$a_t = \frac{1}{2}\ln\frac{1-\epsilon_t}{\epsilon_t} \tag{3.52}$$

将这个表达式代入定义 $Z^{(t)}$ (3.51) 中，得：

$$Z^{(t)} = 2\sqrt{\epsilon_t(1-\epsilon_t)} \tag{3.53}$$

现在，利用不等式 $\forall z \in [0,\frac{1}{2}], \sqrt{1-4z^2} \leqslant e^{-2z^2}$，在当 $\epsilon_t < \frac{1}{2}$ 时，我们有：

$$Z^{(t)} \leqslant e^{-2\gamma_t^2} \tag{3.54}$$

其中 $\gamma_t = \frac{1}{2} - \epsilon_t > 0$。当 $\forall t, \epsilon_t < \frac{1}{2}$ 时，我们得到以下关于算法 9 习得的分类器经验误差的指数型上界：

$$\begin{aligned}\frac{1}{m}\sum_{i=1}^{m} \mathbb{1}_{y_i \neq F(\mathbf{x}_i)} &\leqslant \frac{1}{m}\sum_{i=1}^{m} e^{-y_i h(\mathbf{x}_i)} = \prod_{t=1}^{T} Z^{(t)} \\ &\leqslant \prod_{t=1}^{T} e^{-2\gamma_t^2} = e^{-2\sum_{t=1}^{T}\gamma_t^2}\end{aligned}$$

因此，如果弱分类器给出的预测比随机预测要好 ($\forall t, \epsilon_t < \frac{1}{2}$)，那么随着迭代次数的增加，最终分类器 F 的经验误差指数型上界将以指数形式下降。AdaBoost（算法 9）的程序代码在附录 B.4 节中给出。

3.5.2　拒绝法抽样

在第 t 步迭代并根据分布 $D^{(t)}$ 选取样本，这里有一个简单办法，即应用拒绝法抽样技术：同时随机选取一个指标 $U \in \{1,\ldots,m\}$ 和一个实数 $V \in [0,M]$，其中 M 是分布 $D^{(t)}$ 的一个上界，即 $M = \max_{i\in\{1,\ldots,m\}} D^{(t)}(i)$。当 $D^{(t)}(U) > V$ 时，我们抽取指标为 U 的样本，否则拒绝该样本。这个技术（算法 10）如图 3.11 所示。

输入：
- 训练集 $S = ((\mathbf{x}_1, y_1), \ldots, (\mathbf{x}_m, y_m))$
- 概率分布 $D^{(t)}(i), i \in \{1,\ldots,m\}$

初始化：
- $S_t \leftarrow \emptyset, M = \max_{i\in\{1,\ldots,m\}} D^{(t)}(i), i \leftarrow 0$

while $i \leqslant m$ do
- 随机选取指标 $U \in \{1,\ldots,m\}$
- 随机选取实数 $V \in [0,M]$ if $D^{(t)}(U) > V$ then
  - $S_t \leftarrow S_t \cup \{(\mathbf{x}_U, y_U)\}$
  - $i \leftarrow i+1$

输出： 抽样得的训练集 S_t

算法 10　拒绝抽样

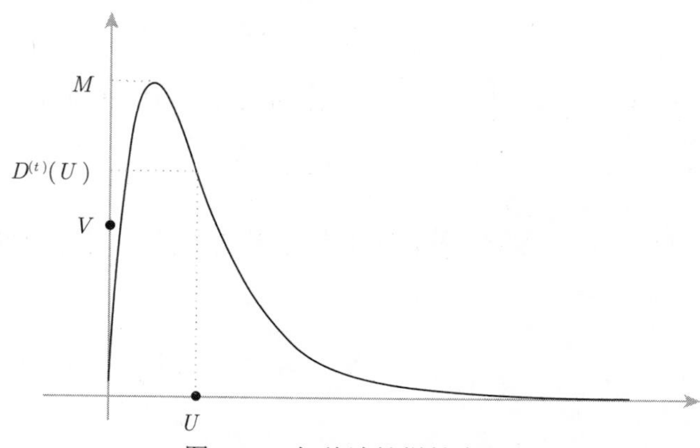

图 3.11　拒绝法抽样技术图示

3.5.3 理论研究

现在，我们来讨论基于由 AdaBoost 算法习得的分类器间隔的泛化误差界。我们将沿用 3.4.3 节给出的分析，并考察算法 9 的泛化性质。投票分类器的间隔是基于 ℓ_1 范数的，这和此前使用的间隔概念 (3.1) 略有些不同。如果考虑算法 9 第 T 步迭代后得到的权重向量 $\boldsymbol{a} = (a_1, \ldots, a_T)^\top$，弱分类器的线性组合$h : \mathbf{x} \mapsto \sum_{t=1}^{T} a_t f_t$ 可以看成是权重向量 $\boldsymbol{a} = (a_1, \ldots, a_T)^\top$ 与弱分类器在给定样本 $\mathbf{x}$ 上的决策向量 $\boldsymbol{f}(\mathbf{x}) = (f_1(\mathbf{x}), \ldots, f_T(\mathbf{x}))$ 的标量积，即 $h(\mathbf{x}) = \langle \boldsymbol{a}, \boldsymbol{f}(\mathbf{x}) \rangle$。对比支持向量机，向量 $\boldsymbol{f}(\mathbf{x})$ 可以看成是 $\mathbf{x}$ 在由弱分类器 $(f_t)_{t=1}^T$ 定义的特征空间中的新表示。而向量 $\boldsymbol{a} = (a_1, \ldots, a_T)^\top$ 与权重 $\boldsymbol{w}$ 在支持向量机中扮演的角色几乎一样，唯一的区别是，这次向量 $\boldsymbol{a}$ 的分量都是严格正的。因此，样本 $(\mathbf{x}, y) \in \mathcal{X} \times \{-1, +1\}$ 关于投票分类器的间隔 L_1 被定义为：

$$\rho_1(\mathbf{x}, y) = \frac{y \sum_{t=1}^{T} a_t f_t(\mathbf{x})}{\sum_{t=1}^{T} a_t} = \frac{y \langle \boldsymbol{a}, \boldsymbol{f}(\mathbf{x}) \rangle}{||\boldsymbol{a}||_1} \tag{3.55}$$

同样，投票分类器在训练集 $S = (\mathbf{x}_i, y_i)_{i=1}^m$ 上的 ℓ_1 间隔被定义为 S 中样本关于该分类器间隔的最小值：

$$\rho_1 = \min_{i \in \{1, \ldots, m\}} \rho_1(\mathbf{x}_i, y_i) = \min_{i \in \{1, \ldots, m\}} \frac{y_i \langle \boldsymbol{a}, \boldsymbol{f}(\mathbf{x}_i) \rangle}{||\boldsymbol{a}||_1} \tag{3.56}$$

基于间隔的经验误差界

对给定的 $\rho > 0$，由 AdaBoost 算法习得的投票分类器基于间隔的经验误差为：

$$\begin{aligned} \hat{\mathfrak{L}}_\rho\left(\frac{h}{||\boldsymbol{a}||_1}, S\right) &= \sum_{i=1}^{m} \mathbb{1}_{y_i \frac{h(\mathbf{x}_i)}{||\boldsymbol{a}||_1} \leqslant \rho} \\ &= \sum_{i=1}^{m} \mathbb{1}_{y_i h(\mathbf{x}_i) - \rho ||\boldsymbol{a}||_1 \leqslant 0} \end{aligned} \tag{3.57}$$

根据不等式 $\forall z \in \mathbb{R}, \mathbb{1}_{z \leqslant 0} \leqslant e^{-z}$，可以写成：

$$\hat{\mathfrak{L}}_\rho\left(\frac{h}{||\boldsymbol{a}||_1}, S\right) \leqslant \sum_{i=1}^{m} e^{-y_i h(\mathbf{x}_i) + \rho ||\boldsymbol{a}||_1} \tag{3.58}$$

于是，由 (3.50)：

$$\begin{aligned} \hat{\mathfrak{L}}_\rho\left(\frac{h}{||\boldsymbol{a}||_1}, S\right) &\leqslant e^{\rho ||\boldsymbol{a}||_1} \prod_{t=1}^{T} Z^{(t)} \\ &= e^{\rho \sum_{t=1}^{T} a_t} \prod_{t=1}^{T} Z^{(t)} \end{aligned}$$

利用系数 $a_t, t \geqslant 1$ 的表达式 (3.52) 以及由算法 9 给出的系数标准化因子 $Z^{(t)}, t \geqslant 1$ (3.54)，有：

$$\hat{\mathfrak{L}}_\rho\left(\frac{h}{||\boldsymbol{a}||_1}, S\right) \leqslant 2^T \prod_{t=1}^{T}\left[(1-\epsilon_t)^{1+\rho}\epsilon_t^{1-\rho}\right]^{1/2} \tag{3.59}$$

对某些间隔 ρ，上述基于间隔的经验误差上界在迭代次数 t 增大时趋近于 0。事实上，函数 $z \mapsto \sqrt{(1-z)^{1+\rho}z^{1-\rho}}$ 在区间 $[0, \frac{1}{2}-\frac{\rho}{2}]$ 上严格递增。令 $\varsigma = \left(\min_{t\in\{1,\dots,T\}}\left[\frac{1}{2}-\epsilon_t\right]\right) > 0$，满足不等式 $0 < \rho \leqslant 2\varsigma$，我们有 $\forall \epsilon_t \in \left[0, \frac{1}{2}-\varsigma\right] \subseteq \left[0, \frac{1}{2}-\frac{\rho}{2}\right]$：

$$\begin{aligned}\sqrt{(1-\epsilon_t)^{1+\rho}\epsilon_t^{1-\rho}} &\leqslant \sqrt{\left(1-\frac{1}{2}+\varsigma\right)^{1+\rho}\left(\frac{1}{2}-\varsigma\right)^{1-\rho}} \\ &= \frac{1}{2}\sqrt{(1+2\varsigma)^{1+\rho}(1-2\varsigma)^{1-\rho}}\end{aligned}$$

即：

$$\hat{\mathfrak{L}}_\rho\left(\frac{h}{||\boldsymbol{a}||_1}, S\right) \leqslant \left[(1+2\varsigma)^{1+\rho}(1-2\varsigma)^{1-\rho}\right]^{T/2} \tag{3.60}$$

最后，由于 $\varsigma > 0$，重写 $(1+2\varsigma)^{1+\rho}(1-2\varsigma)^{1-\rho} = (1-4\varsigma^2)\left(\frac{1+2\varsigma}{1-2\varsigma}\right)^\rho$ 我们有 $\left(\frac{1+2\varsigma}{1-2\varsigma}\right) > 1$，且函数 $z \mapsto (1-4\varsigma^2)\left(\frac{1+2\varsigma}{1-2\varsigma}\right)^z$ 是严格递增的。

因此，通过选取 $0 < \rho < \varsigma < \frac{1}{2}$，有：

$$(1+2\varsigma)^{1+\rho}(1-2\varsigma)^{1-\rho} < (1+2\varsigma)^{1+\varsigma}(1-2\varsigma)^{1-\varsigma} \tag{3.61}$$

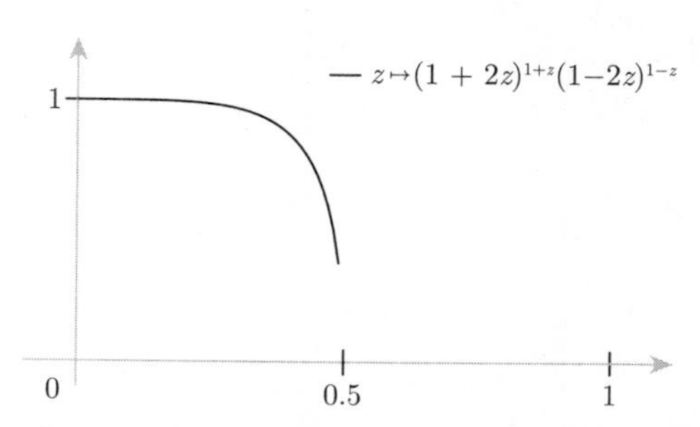

图 3.12　函数 $z \mapsto (1+2z)^{1+z}(1-2z)^{1-z}$ 在区间 $]0, \frac{1}{2}[$ 上的图像

若 $0 < \varsigma < \frac{1}{2}$，$(1+2\varsigma)^{1+\varsigma}(1-2\varsigma)^{1-\varsigma} < 1$，则函数 $z \mapsto (1+2z)^{1+z}(1-2z)^{1-z}$ 在区间 $]0, \frac{1}{2}[$ 上是严格递减的，并且有上界 1。因此，基于间隔的经验误差 (3.60) 上界随着最大迭代次数 T 的增加而呈指数阶下降。

投票分类器基于间隔的泛化误差界

我们现在来讨论由算法 9 习得的投票分类器基于间隔的泛化误差界。首先，考察弱分类器函数类 $\mathcal{F}$ 的凸包和 AdaBoost 算法习得的分类器函数类 $\mathcal{H}=\{\sum_{t=1}^{T}a_t f_t \mid f_t\in\mathcal{F}\}$ 之间的联系。这个凸包由 (1.33)定义为：

$$conv(\mathcal{F})=\left\{\sum_{t=1}^{T}\lambda_t f_t \mid \forall t\in\{1,\dots,T\}, f_t\in\mathcal{F}, \lambda_t\geqslant 0\wedge\sum_{t=1}^{T}\lambda_t=1\right\}$$

根据定理 7，我们看到，对给定的间隔 $\rho>0$ 和任意的 $\delta\in(0,1)$，函数类 $\mathcal{H}$ 中任意函数 h 的泛化误差都至少以概率 $1-\delta$ 被它在训练集 S 上基于间隔的经验误差所界定：

$$\mathfrak{L}(h)\leqslant\hat{\mathfrak{L}}_\rho(h,S)+\frac{2}{\rho}\hat{\mathfrak{R}}_S(\mathcal{H})+3\sqrt{\frac{\ln\frac{2}{\delta}}{2m}} \tag{3.62}$$

现在，以下定理给出了 AdaBoost（算法 9）习得的一个分类器泛化误差界。

定理 8 令 $\mathcal{F}$ 为算法 9 中的弱分类器函数类，T 是算法的最大迭代次数。记 $\varsigma=\left(\min_{t\in\{1,\dots T\}}\left[\frac{1}{2}-\epsilon_t\right]\right)>0$ 并设定 $0<\rho<\varsigma$。令 $S=((\mathbf{x}_i,y_i))_{i=1}^{m}$ 是大小为 m 的独立同分布样本组成的训练集。记 $\boldsymbol{a}=(a_1,\dots,a_T)$ 是线性组合的系数，$\mathcal{H}=\left\{\sum_{t=1}^{T}a_t f_t \mid f_t\in\mathcal{F}\right\}$ 是 AdaBoost 算法习得的分类器函数类。对任意的 $\delta\in(0,1)$ 和任意的函数 $h\in\mathcal{H}$，我们至少以概率 $1-\delta$ 有：

$$\mathfrak{L}(h)\leqslant\left[(1+2\varsigma)^{1+\rho}(1-2\varsigma)^{1-\rho}\right]^{T/2}+\frac{2}{\rho}\hat{\mathfrak{R}}_S(\mathcal{F})+3\sqrt{\frac{\ln(2/\delta)}{2m}} \tag{3.63}$$

证明　定理 8

由于 AdaBoost 算法得出的组合系数都是正的，对系数 $\boldsymbol{a}=(a_1,\dots,a_T)$ 关于范数 L1 进行标准化，我们有 $\mathcal{H}'=\left\{\sum_{t=1}^{T}\frac{a_t}{||\boldsymbol{a}||_1}f_t \mid f_t\in\mathcal{F}\right\}\subseteq conv(\mathcal{F})$。记 $\varsigma=\left(\min_{t\in\{1,\dots T\}}\left[\frac{1}{2}-\epsilon_t\right]\right)>0$，且设定 $0<\rho<\varsigma$。根据 (3.62)，对 $\delta\in(0,1)$ 我们有：

$$\forall h\in\mathcal{H},\frac{h}{||\boldsymbol{a}||_1}\in\mathcal{H}';\mathfrak{L}\left(\frac{h}{||\boldsymbol{a}||_1}\right)\leqslant\hat{\mathfrak{L}}_\rho\left(\frac{h}{||\boldsymbol{a}||_1},S\right)+\frac{2}{\rho}\hat{\mathfrak{R}}_S(\mathcal{H}')+3\sqrt{\frac{\ln\frac{2}{\delta}}{2m}}$$

此外，$\mathcal{H}'\subseteq conv(\mathcal{F})$，根据经验 Rademacher 复杂度的性质 2 和 4(定理 4) 我们有 $\hat{\mathfrak{R}}_S(\mathcal{H}')\leqslant\hat{\mathfrak{R}}_S(conv(\mathcal{F}))=\hat{\mathfrak{R}}_S(\mathcal{F})$。最后利用不等式 (3.60)，我们注意到函数 $\mathbf{x}\mapsto\sum_{t=1}^{T}a_t f_t(\mathbf{x})$ 和 $h:\mathbf{x}\mapsto\sum_{t=1}^{T}\frac{a_t}{||\boldsymbol{a}||_1}f_t(\mathbf{x})$ 有相同的泛化误差，借此得到所需结果。

由上述结果，我们确保对于一个良好选择的间隔值，基于间隔的经验误差以指数阶下降并趋于 0；同时，投票分类器函数类的复杂度等于弱分类器函数类的复杂度，并且不依赖于迭代次数 T。

第4章
多类分类

上一章介绍的二类分类构建了机器学习理论的理想框架。然而，实际生活中的分类问题却大都是多类分类问题，而且其类的数目通常很大。一个典型例子是文本分类问题 (Lewis et al., 2004; Sebastiani, 2004)，它在很长时间里都是发展多类分类模型的优先领域。在这一章里，我们将介绍这类分类问题的形式框架，以及两类处理方法。一类方法是本质上的多类模型，例如多层感知机、多类 AdaBoost 和多类支持向量机；另一类方法是基于二类分类模型的组合模型。

4.1 形式表述

在多类分类问题中，有两种情形。一种情形是单标注，每一个样本只属于一个类，另一种情形则是多标注。在单标注情形中，输出空间是类标注的集合 $\mathcal{Y}=\{1,\ldots,K\}$。对一个输入样本 $\mathbf{x}\in\mathcal{X}$ 的输出通常有两种表示方式，一是直接将它的类标注 $y\in\mathcal{Y}$ 指派给它；二是关联一个类指标向量 $\mathbf{y}\in\{0,1\}^K$，它的每个分量都是二值的，这些分量中样本对应类的分量为 1，其余皆为 0。

$$\forall(\mathbf{x},y)\in\mathcal{X}\times\mathcal{Y}, y=k\Leftrightarrow\mathbf{y}^\top=\left(\underbrace{y_1,\ldots,y_{k-1}}_{\text{均等于 }0},\underbrace{y_k}_{=1},\underbrace{y_{k+1},\ldots,y_K}_{\text{均等于 }0}\right) \tag{4.1}$$

在多标注的情形中，输出空间是 $\mathcal{Y}=\{-1,+1\}^K$，每个样本 $\mathbf{x}\in\mathcal{X}$ 可以属于多个类别，其关联的输出为向量 $\mathbf{y}\in\mathcal{Y}$，它的分量中样本所在类的分量皆为 $+1$，其余分量皆为 -1。

4.1.1 分类误差

类似二类分类情形，我们假设样本对 $(\mathbf{x}, y) \in \mathcal{X} \times \mathcal{Y}$ 是独立同分布的，它们服从一个固定但未知的概率分布 $\mathcal{D}$。学习目标是寻找一个函数空间 $\mathcal{F} = \{f : \mathcal{X} \to \mathcal{Y}\}$ 中的分类函数，使得泛化误差最小：

$$\mathfrak{L}(f) = \mathbb{E}_{(\mathbf{x},y)\sim\mathcal{D}}[\mathbf{e}(f(\mathbf{x}), y)] \tag{4.2}$$

其中 $f(\mathbf{x}) = (f_1(\mathbf{x}), \dots, f_K(\mathbf{x})) \in \mathcal{Y}$ 在多标注情形中是针对样本 $\mathbf{x}$ 的预测输出向量，在单标注情形中则是类别指标，而 $\mathbf{e} : \mathcal{Y} \times \mathcal{Y} \to \mathbb{R}_+$ 则是即时分类误差。在多标注情形中，这个误差通常是基于汉明距离 (1950)的，即计算类别预测向量 $f(\mathbf{x})$ 和真值向量 y 的不同分量个数：

$$\mathbf{e}(f(\mathbf{x}), y) = \frac{1}{2}\sum_{k=1}^{K}(1 - \text{sgn}(y_k f_k(\mathbf{x}))) \tag{4.3}$$

其中 sgn 表示符号函数。在单标注情形中，即时误差则简单定义为：

$$\mathbf{e}(f(\mathbf{x}), y) = \mathbb{1}_{f(\mathbf{x})\neq y} \tag{4.4}$$

类似二类情形，寻找分类函数是通过利用训练集 $S = \{(\mathbf{x}_1, y_1), \dots, (\mathbf{x}_m, y_m)\} \in (\mathcal{X} \times \mathcal{Y})^m$，遵循经验风险最小化原理来实现的。

$$f^* = \underset{f\in\mathcal{F}}{\text{argmin}}\, \hat{\mathfrak{L}}(f, S) = \underset{f\in\mathcal{F}}{\text{argmin}}\, \frac{1}{m}\sum_{i=1}^{m}\mathbf{e}(f(\mathbf{x}_i), y_i) \tag{4.5}$$

在实践中，我们通过最小化经验误差的一个凸的可导上界来学习一个定义如下的函数 $\boldsymbol{h}$：

$$\begin{aligned}\boldsymbol{h} : \mathbb{R}^d &\to \mathbb{R}^K \\ \mathbf{x} &\mapsto (h(\mathbf{x}, 1), \dots, h(\mathbf{x}, K))\end{aligned}$$

其中 $h \in \mathbb{R}^{\mathcal{X}\times\mathcal{Y}}$。于是样本 $\mathbf{x}$ 的预测函数 f 可以通过阈值化输出 $h(\mathbf{x}, k), k \in \{1, \dots, K\}$（多标注），或者选择 h 中分量值最大的指标类（单标注）来得到：

$$\forall \mathbf{x}, f_{\boldsymbol{h}}(\mathbf{x}) = \underset{k\in\{1,\dots,K\}}{\text{argmax}}\; h(\mathbf{x}, k) \tag{4.6}$$

在 4.2 节和 4.3 节，我们将阐述根据单一法或者混合法发展起来学习函数 $h \in \mathbb{R}^{\mathcal{X}\times\mathcal{Y}}$ 的经典模型。

4.1.2 泛化误差界

在单标注情形中，分类函数 $f_{\boldsymbol{h}}$ 的定义是函数 $h \in \mathbb{R}^{\mathcal{X}\times\mathcal{Y}}$ 输出的一种量化方式，它诱导了一个关于样本 $\mathbf{x}$ 的预测 $\boldsymbol{h}(\mathbf{x}) = (h(\mathbf{x}, 1), \dots, h(\mathbf{x}, K))$ 的可信度概念，该概念在单一标注情形下起到了间隔的作用：

$$\forall(\mathbf{x},y), \mu_{\boldsymbol{h}}(\mathbf{x},y) = h(\mathbf{x},y) - \max_{y' \neq y} h(\mathbf{x},y') \tag{4.7}$$

在这种情形下，(4.6) 中定义的分类函数 $f_{\boldsymbol{h}}$ 的即时误差 (4.4) 为：

$$\mathbf{e}(f_{\boldsymbol{h}}(\mathbf{x}),y) = \mathbb{1}_{\mu_{\boldsymbol{h}}(\mathbf{x},y) \leqslant 0} \tag{4.8}$$

于是它的泛化误差是：

$$\mathfrak{L}(f_{\boldsymbol{h}}) = \mathbb{E}_{(\mathbf{x},y)\sim\mathcal{D}}[\mathbb{1}_{\mu_{\boldsymbol{h}}(\mathbf{x},y) \leqslant 0}] \tag{4.9}$$

此外，对任意实数 $\rho > 0$，我们可以利用 3.4.3 节定义的 $1/\rho$- 利普希茨损失函数 $\mathfrak{h}_\rho : \mathbb{R} \to [0,1]$来定义单标注情形下分类函数 $f_{\boldsymbol{h}}(4.6)$ 基于间隔的经验误差：

$$\hat{\mathfrak{L}}_\rho(f_{\boldsymbol{h}}, S) = \frac{1}{m}\sum_{i=1}^{m} \mathfrak{h}_\rho(\mu_{\boldsymbol{h}}(\mathbf{x}_i, y_i)) \tag{4.10}$$

有了这些定义，我们可以很容易地把二类分类情形下得到的结果推广到单标注多类分类情形中某些函数类下基于间隔的泛化误差界。方法是定义如下有有界范数的核：

$$\mathcal{H}_B = \{h : (\mathbf{x},y) \in \mathcal{X} \times \mathcal{Y} \mapsto \langle \phi(\mathbf{x}), \boldsymbol{w}_y \rangle \mid \boldsymbol{W} = (\boldsymbol{w}_1, \ldots, \boldsymbol{w}_K), \|\boldsymbol{W}\|_{\mathbb{H}} \leqslant B\} \tag{4.11}$$

其中 $\phi : \mathcal{X} \to \mathbb{H}$ 是特征空间的一个投影函数，κ 是该空间中对应标量积的一个核，$B \in \mathbb{R}_+^*$ 是一个正实数，$\|\boldsymbol{W}\|_{\mathbb{H}} = \left(\sum_y \|w_y\|^2\right)^{1/2}$。以下定理陈述了这个结果：

定理 9 (Guermeur (2007, 2010)) 令 $S = ((\mathbf{x}_i, y_i))_{i=1}^m \in (\mathcal{X} \times \mathcal{Y})^m$ 为独立同分布且服从概率分布 $\mathcal{D}$ 的样本组成的训练集，该训练集大小为 m，其中 $\mathcal{X} \subseteq \mathbb{R}^d$，$\mathcal{Y} = \{1, \ldots, K\}$。记 $\phi : \mathcal{X} \to \mathbb{H}$ 为特征空间中的一个投影函数，κ 是该空间中一个对应标量积的核。设存在一个实数 $R > 0$，满足 $\forall \mathbf{x} \in \mathcal{X}, \kappa(\mathbf{x},\mathbf{x}) \leqslant R^2$ 并固定 $\rho > 0$，则对任意 $\delta \in (0,1)$ 和任意函数 $h \in \mathcal{H}_B$ (4.11)，函数 $f_{\boldsymbol{h}}(4.6)$ 至少以概率 $1-\delta$ 有上界：

$$\mathfrak{L}(f_{\boldsymbol{h}}) \leqslant \hat{\mathfrak{L}}_\rho(f_{\boldsymbol{h}}, S) + \frac{8BR}{\rho\sqrt{m}}K(K-1) + \sqrt{\frac{\ln(2/\delta)}{2m}} \tag{4.12}$$

证明 定理 9

记 $\Delta = \{(\mathbf{x},y) \mapsto \mu_h(\mathbf{x},y) \mid h \in \mathcal{H}_B\}$。令 $\mathcal{X} \times \mathcal{Y}$ 在 $[0,1]$ 中的函数类定义为：

$$\mathcal{G}_\rho = \{\mathfrak{h}_\rho \circ \mu_h, \mu_h \in \Delta\}$$

根据定理 2 有，对任意 $\delta \in (0,1)$ 和任意函数 $\mu_h \in \Delta$，以下不等式至少以概率 $1-\delta$ 成立：

$$\mathbb{E}_{(\mathbf{x},y)\sim\mathcal{D}}[\mathfrak{h}_\rho(\mu_h(\mathbf{x},y)) - 1] \leqslant \frac{1}{m}\sum_{i=1}^{m}(\mathfrak{h}_\rho(\mu_h(\mathbf{x}_i,y_i)) - 1) + \hat{\mathfrak{R}}_S((\mathfrak{h}_\rho - 1) \circ \Delta) + 3\sqrt{\frac{\ln(2/\delta)}{2m}}$$

其中 $\hat{\mathfrak{R}}_S((\mathfrak{h}_\rho-1)\circ\Delta)$ 是函数类 $(\mathfrak{h}_\rho-1)\circ\Delta$ 的经验 Rademacher 复杂度。函数 $z\mapsto(\mathfrak{h}_\rho-1)(z)$ 为 $1/\rho$- 利普希茨，并且 $(\mathfrak{h}_\rho-1)(0)=0$，根据 Talagrand 引理(定理 4，性质 5)：

$$\hat{\mathfrak{R}}_S((\mathfrak{h}_\rho-1)\circ\Delta)\leqslant\frac{2}{\rho}\hat{\mathfrak{R}}_S(\Delta) \tag{4.13}$$

并且:

$$\begin{aligned}\hat{\mathfrak{R}}_S(\Delta)&=\mathbb{E}_\sigma\left[\sup_{g\in\Delta}\left|\frac{2}{m}\sum_{i=1}^m\sigma_i g(\mathbf{x}_i,y_i)\right|\right]\\&=\mathbb{E}_\sigma\left[\sup_{h\in\mathcal{H}_B}\left|\frac{2}{m}\sum_{i=1}^m\sigma_i\left(h(\mathbf{x}_i,y_i)-\max_{y'\neq y_i}h(\mathbf{x}_i,y')\right)\right|\right]\end{aligned}$$

记 $\pi:\mathbb{H}_B\times\mathcal{X}\times\mathcal{Y}\to\mathcal{Y}\times\mathcal{Y}$，定义如下：

$$\pi(h,\mathbf{x},y)=(k,\ell)\Rightarrow(y=k)\wedge(\ell\neq y)\wedge h(x,\ell)=\max_{y'\neq y}h(\mathbf{x},y')$$

通过该构造，我们于是有：

$$\hat{\mathfrak{R}}_S(\Delta)\leqslant\frac{2}{m}\mathbb{E}_\sigma\left[\sup_{h\in\mathcal{H}_B}\sum_{(k,\ell)\in\mathcal{Y}^2,k\neq\ell}\left|\sum_{i:\pi(h,\mathbf{x},y)=(k,\ell)}\sigma_i\left(h(\mathbf{x}_i,k)-h(\mathbf{x}_i,\ell)\right)\right|\right]$$

根据定义，$h(\mathbf{x}_i,k)-h(\mathbf{x}_i,\ell)=\langle\boldsymbol{w}_k-\boldsymbol{w}_\ell,\phi(\mathbf{x}_i)\rangle$。由柯西–施瓦茨不等式，有：

$$\begin{aligned}\hat{\mathfrak{R}}_S(\Delta)&\leqslant\frac{2}{m}\mathbb{E}_\sigma\left[\sup_{\|\boldsymbol{W}\|_{\mathbb{H}}\leqslant B}\sum_{(k,\ell)\in\mathcal{Y}^2,k\neq\ell}\left|\left\langle\boldsymbol{w}_k-\boldsymbol{w}_\ell,\sum_{i:\pi(h,\mathbf{x},y)=(k,\ell)}\sigma_i\phi(\mathbf{x}_i)\right\rangle\right|\right]\\&\leqslant\frac{2}{m}\mathbb{E}_\sigma\left[\sup_{\|\boldsymbol{W}\|_{\mathbb{H}}\leqslant B}\sum_{(k,\ell)\in\mathcal{Y}^2,k\neq\ell}\|\boldsymbol{w}_k-\boldsymbol{w}_\ell\|_{\mathbb{H}}\left\|\sum_{i:\pi(h,\mathbf{x},y)=(k,\ell)}\sigma_i\phi(\mathbf{x}_i)\right\|_{\mathbb{H}}\right]\\&\leqslant\frac{4B}{m}\sum_{(k,\ell)\in\mathcal{Y}^2,k\neq\ell}\mathbb{E}_\sigma\left[\left\|\sum_{i:\pi(h,\mathbf{x},y)=(k,\ell)}\sigma_i\phi(\mathbf{x}_i)\right\|_{\mathbb{H}}\right]\end{aligned}$$

由于 $\forall i,j\in\{u\mid\pi(h,\mathbf{x}_u,y_u)=(k,\ell)\}^2,\mathbb{E}_\sigma[\sigma_i\sigma_j]=0$，并且根据琴生不等式，我们有：

$$\hat{\mathfrak{R}}_S(\Delta)\leqslant\frac{4B}{m}\sum_{(k,\ell)\in\mathcal{Y}^2,k\neq\ell}\left(\mathbb{E}_\sigma\left[\left\|\sum_{i:\pi(h,\mathbf{x},y)=(k,\ell)}\sigma_i\phi(\mathbf{x}_i)\right\|_{\mathbb{H}}^2\right]\right)^{1/2}$$

$$= \frac{4B}{m} \sum_{(k,\ell)\in\mathcal{Y}^2, k\neq\ell} \left(\sum_{i:\pi(h,\mathbf{x},y)=(k,\ell)} \|\phi(\mathbf{x}_i)\|_{\mathbb{H}}^2 \right)^{1/2}$$

$$= \frac{4B}{m} \sum_{(k,\ell)\in\mathcal{Y}^2, k\neq\ell} \left(\sum_{i:\pi(h,\mathbf{x},y)=(k,\ell)} \kappa(\mathbf{x}_i, \mathbf{x}_i) \right)^{1/2}$$

$$\leqslant \frac{4B}{m} \sum_{(k,\ell)\in\mathcal{Y}^2, k\neq\ell} \left(mR^2\right)^{1/2}$$

$$= \frac{4BR}{\sqrt{m}} K(K-1)$$

根据不等式 (4.13)，并注意到函数 $(\mathbf{x}, y) \mapsto \mu_h(\mathbf{x}, y)$ 被 $(\mathbf{x}, y) \mapsto \mathfrak{h}_\rho(\mu_h(\mathbf{x}, y))$ 所界定，即可得到结果。

以上定理的一个变形可参阅 Mohri et al., 2012, 第 8 章。此外，这个重要结果可以导出单标注多类分类算法，尤其是支持向量机在这种情形下的推广（4.2.1 节）。同样，在这种情形下，间隔 ρ 依然起到核心作用：分类器预测值的可信度越高，ρ 的取值就越大，泛化误差界成比例地越来越紧凑。

对于多标注情形，同样有关于泛化误差界的理论研究 (Allwin et al., 2000)，但这些研究大部分基于 VC 维，以及将多类问题化归为二类分类问题的方法。

4.2 单一法

在这一节里，我们将描述针对单标注多类分类问题的三个算法，分别是支持向量机的多类版本、AdaBoost 算法的多类版本 (AdaBoost M2) 和多层感知机。其中，多层感知机经常用作 AdaBoost M2 中的基础分类器。

4.2.1 多类支持向量机

有许多工作将支持向量机推广到多类情形，其中被引用最多的是 Weston et Watkins (1999); Crammer et Singer (2001); Lee et al. (2004); Guermeur (2007)。接下来，我们将阐述 Crammer et Singer (2001) 提出的推广方法，它并不直接基于 (4.12) 给出的上界理论保证，而是基于其一个直接结果。

我们考虑函数类 $\mathcal{H}_B$(4.11)，对应分类函数 $f_{\boldsymbol{h}}$(4.6) 和 1- 利普希茨即时误差函数：

$$\forall(\mathbf{x}_i, y_i) \in S, \forall h \in \mathcal{H}_B, \xi_i = \mathbf{e}(f_{\boldsymbol{h}}(\mathbf{x}_i), y_i) = \min(1, \max(\mu_h(\mathbf{x}_i, y_i), 0))$$

其中 $\mu_h(\mathbf{x}, y)$ 是函数 h 在样本 $(\mathbf{x}, y)$(4.7) 上的间隔。对任意函数 $h \in \mathcal{H}_B$，函数 $f_{\boldsymbol{h}}$(4.6) 根据

定理 9 有泛化误差上界：

$$\forall\delta\in]0,1[,\mathbb{P}\left(\mathfrak{L}(f_{\boldsymbol{h}})\leqslant\frac{1}{m}\sum_{i=1}^{m}\xi_i+\frac{8BR}{\sqrt{m}}K(K-1)+\sqrt{\frac{\ln(2/\delta)}{2m}}\right)\geqslant 1-\delta \tag{4.14}$$

因此，最小化 $\mathfrak{L}(f_{\boldsymbol{h}})$ 的上界等价于联合最小化 $f_{\boldsymbol{h}}$ 在训练集 S 上的经验误差 $\frac{1}{m}\sum_{i=1}^{m}\xi_i$ 和 $\boldsymbol{W}$ 的范数，或者说 $\sum_{k=1}^{K}\|\mathbf{w}_k\|^2$。这导致了以下通向多类支持向量机算法的最优化问题：

$$\begin{aligned}&\min_{\boldsymbol{W},\boldsymbol{\xi}\in\mathbb{R}^m}\frac{1}{2}\sum_{k=1}^{K}\|\mathbf{w}_k\|^2+C\sum_{i=1}^{m}\xi_i\\ &\text{若}\begin{cases}\xi_i\geqslant 0 & \forall i\in\{1,\ldots,m\};\\ \langle\mathbf{w}_{y_i},\phi(\mathbf{x}_i)\rangle\geqslant\langle\mathbf{w}_k,\phi(\mathbf{x}_i)\rangle+1-\xi_i & \forall i\in\{1,\ldots,m\},\forall k\in\mathcal{Y}\setminus\{y_i\}\end{cases}\end{aligned} \tag{4.15}$$

通过引入样本的类指标向量 $(\mathbf{y}_i)_{i\in\{1,\ldots,m\}}$(4.1)，并记 $\forall i,\boldsymbol{b}_i=C\mathbf{y}_i-\boldsymbol{\alpha}_i$，问题 (4.15) 的对偶问题为：

$$\begin{aligned}&\max_{\boldsymbol{b}\in\mathbb{R}^{m\times K}}\mathcal{Q}(\boldsymbol{b})=\sum_{i=1}^{m}\boldsymbol{b}_i^{\top}\mathbf{y}_i-\frac{1}{2}\sum_{i=1}^{m}\sum_{j=1}^{m}\boldsymbol{b}_i^{\top}\boldsymbol{b}_j\kappa(\mathbf{x}_i,\mathbf{x}_j)\\ &\text{若}\begin{cases}\boldsymbol{b}_i\leqslant C\mathbf{y}_i & \forall i\in\{1,\ldots,m\};\\ \boldsymbol{b}_i^{\top}\mathbf{1}_K=0 & \forall i\in\{1,\ldots,m\}\end{cases}\end{aligned} \tag{4.16}$$

其中 $\delta_{k,\ell}=\begin{cases}1,\ \text{若}\ \ell=k\\ 0,\ \text{否则}\end{cases}$ 是 Kronecker 符号，$\boldsymbol{b}_i\leqslant C\mathbf{y}_i$ 等价于逐项比较 $b_{ik}\leqslant C\delta_{y_i,k};\forall i\in\{1,\ldots,m\},\forall k\in\{1,\ldots,K\}$，$\mathbf{1}_K$ 是分量全部为 1 的 K 维向量。

证明

使用 Kronecker 符号，在 (4.15) 中就只剩一类约束：

$$\begin{aligned}&\min_{\boldsymbol{W},\boldsymbol{\xi}\in\mathbb{R}^m}\frac{1}{2}\sum_{k=1}^{K}\|\mathbf{w}_k\|^2+C\sum_{i=1}^{m}\xi_i\\ &\text{若}\langle\mathbf{w}_{y_i}-\mathbf{w}_k,\phi(\mathbf{x}_i)\rangle+\delta_{y_i,k}\geqslant 1-\xi_i,\forall i\in\{1,\ldots,m\},\forall k\in\mathcal{Y}\end{aligned} \tag{4.17}$$

类似二类情形，约束是仿射并且有效的，目标函数是凸的，Karush-Kuhn-Tucker条件对最优值成立。令 $\boldsymbol{\alpha}\in\mathbb{R}_+^{m\times K}$ 是一个矩阵，它的每一行 i 为 $\boldsymbol{\alpha_i}^{\top}=(\alpha_{i1},\ldots,\alpha_{iK})$，对应于关联样本 i 的 K 个约束的集合。于是，拉格朗日表达式可以定义如下：

$$L_p(\boldsymbol{W},\boldsymbol{\xi},\boldsymbol{\alpha})=\frac{1}{2}\sum_{k=1}^{K}\|\mathbf{w}_k\|^2+C\sum_{i=1}^{m}\xi_i-\sum_{i=1}^{m}\sum_{k=1}^{K}\alpha_{ik}\left[\langle\mathbf{w}_{y_i}-\mathbf{w}_k,\phi(\mathbf{x}_i)\rangle-1+\xi_i+\delta_{y_i,k}\right]$$

拉格朗日表达式关于 $\boldsymbol{\xi}$ 的偏导数给出条件：

$$\forall i, C = \sum_{k=1}^{K} \alpha_{ik} \tag{4.18}$$

此外，令拉格朗日表达式关于向量 $\mathbf{w}_k$，$k \in \mathcal{Y}$ 的偏导数为零，我们有：

$$\begin{aligned}\forall k \in \mathcal{Y}, \mathbf{w}_k &= \sum_{i:y_i=k} \underbrace{\left[\sum_{\ell \neq k} \alpha_{i\ell}\right]}_{=C-\alpha_{ik}} \phi(\mathbf{x}_i) - \sum_{i:y_i \neq k} \alpha_{ik} \phi(\mathbf{x}_i) \\ &= \sum_{i=1}^{m} (C\delta_{y_i,k} - \alpha_{ik}) \, \phi(\mathbf{x}_i)\end{aligned} \tag{4.19}$$

约束 (4.17) 下优化问题的对偶形式可以通过替换拉格朗日表达式中的权重向量并列用 (4.18) 得到。根据后者和类指标向量的定义 (4.1)，有：

$$\begin{aligned}L_p(\boldsymbol{W}, \boldsymbol{\xi}, \boldsymbol{\alpha}) =& \underbrace{\frac{1}{2}\sum_{k=1}^{K} \|\mathbf{w}_k\|^2}_{=S_1} + \sum_{i=1}^{m} \xi_i \underbrace{(C - \sum_{k} \alpha_{ik})}_{=0} - \underbrace{\sum_{i,k} \alpha_{ik} \langle \mathbf{w}_{y_i}, \phi(\mathbf{x}_i) \rangle}_{=S_2} \\ &+ \underbrace{\sum_{i,k} \alpha_{ik} \langle \mathbf{w}_k, \phi(\mathbf{x}_i) \rangle}_{=S_3} + \underbrace{\sum_{i,k} \alpha_{ik}}_{=\sum_{i=1}^{m} C} - \sum_{i=1}^{m} \boldsymbol{\alpha}_i^\top \mathbf{y}_i\end{aligned} \tag{4.20}$$

用 (4.19) 替换上面等式中前三个非零和 S_1、S_2、S_3 中的向量 $(\mathbf{w}_k)_{k \in \{1,\ldots,K\}}$，有：

$$\begin{aligned}S_1 = \frac{1}{2}\sum_{k=1}^{K} \|\mathbf{w}_k\|^2 &= \frac{1}{2}\sum_{k=1}^{K} \left\langle \sum_{i=1}^{m} (C\delta_{y_i,k} - \alpha_{ik}) \phi(\mathbf{x}_i), \sum_{j=1}^{m} (C\delta_{y_j,k} - \alpha_{jk}) \phi(\mathbf{x}_j) \right\rangle \\ &= \frac{1}{2}\sum_{i=1}^{m}\sum_{j=1}^{m} \langle \phi(\mathbf{x}_i), \phi(\mathbf{x}_j) \rangle \sum_{k=1}^{K} (C\delta_{y_i,k} - \alpha_{ik}) \left(C\delta_{y_j,k} - \alpha_{jk}\right) \\ &= \frac{1}{2}\sum_{i=1}^{m}\sum_{j=1}^{m} \kappa(\mathbf{x}_i, \mathbf{x}_j) (C\mathbf{y}_i - \boldsymbol{\alpha}_i)^\top (C\mathbf{y}_j - \boldsymbol{\alpha}_j)\end{aligned}$$

$$\begin{aligned}S_2 = \sum_{i=1}^{m}\sum_{k=1}^{K} \alpha_{ik} \langle \mathbf{w}_{y_i}, \phi(\mathbf{x}_i) \rangle &= \sum_{i=1}^{m}\sum_{k=1}^{K} \alpha_{ik} \left\langle \sum_{j=1}^{m} \left(C\delta_{y_i,y_j} - \alpha_{jy_i}\right) \phi(\mathbf{x}_j), \phi(\mathbf{x}_i) \right\rangle \\ &= \sum_{i=1}^{m}\sum_{j=1}^{m} \kappa(\mathbf{x}_i, \mathbf{x}_j) (C\delta_{y_i,y_j} - \alpha_{jy_i}) \underbrace{\sum_{k=1}^{K} \alpha_{ik}}_{=C}\end{aligned}$$

$$
\begin{aligned}
&= \sum_{i=1}^{m}\sum_{j=1}^{m}\kappa(\mathbf{x}_i,\mathbf{x}_j)\sum_{k=1}^{K}\left(C\delta_{k,y_j}-\alpha_{jk}\right)C\delta y_i,k \\
S_3 &= \sum_{i=1}^{m}\sum_{k=1}^{K}\alpha_{ik}\langle\mathbf{w}_k,\phi(\mathbf{x}_i)\rangle = \sum_{i=1}^{m}\sum_{k=1}^{K}\alpha_{ik}\left\langle\sum_{j=1}^{m}\left(C\delta_{k,y_j}-\alpha_{jk}\right)\phi(\mathbf{x}_j),\phi(\mathbf{x}_i)\right\rangle \\
&= \sum_{i=1}^{m}\sum_{j=1}^{m}\kappa(\mathbf{x}_i,\mathbf{x}_j)\sum_{k=1}^{K}\left(C\delta_{k,y_j}-\alpha_{jk}\right)\alpha_{ik}
\end{aligned}
$$

差值 S_2-S_3 因而是：

$$
\begin{aligned}
S_2-S_3 &= \sum_{i=1}^{m}\sum_{j=1}^{m}\kappa(\mathbf{x}_i,\mathbf{x}_j)\left[\sum_{k=1}^{K}\left(C\delta_{k,y_j}-\alpha_{jk}\right)C\delta y_i,k-\sum_{k=1}^{K}\left(C\delta_{k,y_j}-\alpha_{jk}\right)\alpha_{ik}\right] \\
&= \sum_{i=1}^{m}\sum_{j=1}^{m}\kappa(\mathbf{x}_i,\mathbf{x}_j)(C\mathbf{y}_i-\boldsymbol{\alpha}_i)^\top(C\mathbf{y}_j-\boldsymbol{\alpha}_j)
\end{aligned}
$$

替换等式 (4.20) 中 S_1, S_2-S_3 的表达式，并注意到类指标向量是标准正交的，即 $\forall i, C = C\mathbf{y}_i^\top\mathbf{y}_i$，我们有：

$$
L_p(\boldsymbol{\alpha}) = -\frac{1}{2}\sum_{i=1}^{m}\sum_{j=1}^{m}(C\mathbf{y}_i-\boldsymbol{\alpha}_i)^\top(C\mathbf{y}_j-\boldsymbol{\alpha}_j)\kappa(\mathbf{x}_i,\mathbf{x}_j)+\sum_{i=1}^{m}(C\mathbf{y}_i-\boldsymbol{\alpha}_i)^\top\mathbf{y}_i \tag{4.21}
$$

其中 $\forall i\in\{1,\dots,m\}$ 和 $\forall k\in\{1,\dots,K\},\alpha_{ik}\geqslant 0$ 并且 $\forall i\in\{1,\dots,m\},\sum_{k=1}^{K}\alpha_{ik}=C$。记 $\forall i\in\{1,\dots,m\};\boldsymbol{b}_i=C\mathbf{y}_i-\boldsymbol{\alpha}_i$，我们即得到 (4.16) 陈述的对偶形式。

对偶问题 (4.16) 可以使用标准的二次规划来求解，但困难在于优化算法需要处理的变量太多，其个数为 $m\times K$，所以大规模问题很快变得非常棘手。Crammer et Singer (2001) 提出了一个学习这些参数的有效分解算法，其基础是对 (4.16) 中的约束按 m 个互不相交的集合 $\{\boldsymbol{b}_i \mid \boldsymbol{b}_i^\top\mathbf{1}_K=0,\boldsymbol{b}_i\leqslant C\mathbf{y}_i\}_{i=1,\dots,m}$ 进行分拆。该算法以循环方式进行，在每一次迭代选择一个样本 $(\mathbf{x}_t,y_t)\in S$，优化目标函数 (4.16) 的值并在约束集 $\boldsymbol{b}_t^\top\mathbf{1}_K=0$ et $\boldsymbol{b}_t\leqslant C\mathbf{y}_t$ 下更新变量 $\boldsymbol{b}_t$。通过隔离每一个样本 $(\mathbf{x}_t,y_t)$ 在目标函数 (4.16) 中的贡献，有：

$$
\mathcal{Q}^{(t)}(\boldsymbol{b}_t) = -\frac{1}{2}(\boldsymbol{b}_t^\top\boldsymbol{b}_t)A_t-\boldsymbol{b}_t^\top B_t+C_t \tag{4.22}
$$

其中：

$$
A_t = \kappa(\mathbf{x}_t,\mathbf{x}_t) > 0 \tag{4.23}
$$

$$
B_t = -\mathbf{y}_t+\sum_{i=1,i\neq t}^{m}\kappa(\mathbf{x}_i,\mathbf{x}_t)\boldsymbol{b}_t \tag{4.24}
$$

$$C_t = \sum_{i=1, i\neq t}^{m} \boldsymbol{b}_i^\top \mathbf{y}_i - \frac{1}{2} \sum_{i=1, i\neq t}^{m} \sum_{j=1, j\neq t}^{m} \boldsymbol{b}_i^\top \boldsymbol{b}_j \kappa(\mathbf{x}_i, \mathbf{x}_j) \tag{4.25}$$

函数 C_t(4.25) 不依赖于 $\boldsymbol{b}_t$。最大化 $\mathcal{Q}^{(t)}$(4.22) 因而等价于最小化以下 K 个变量，$K+1$ 个约束的问题：

$$\begin{aligned} &\min_{\boldsymbol{b}_t \in \mathbb{R}^K} \frac{1}{2} (\boldsymbol{b}_t^\top \boldsymbol{b}_t) A_t + \boldsymbol{b}_t^\top B_t \\ &\text{满足条件} \quad \boldsymbol{b}_t^\top \mathbf{1}_K = 0 \text{ 及 } \boldsymbol{b}_t \leqslant C\mathbf{y}_t \end{aligned} \tag{4.26}$$

算法 11 给出了 Crammer et Singer (2001) 提出的多类支持向量机算法的伪代码。两人的论文还讨论了不同的终止条件，以及使算法更有效率的技巧。

输入：
- 训练集 $S = ((\mathbf{x}_1, y_1), \ldots, (\mathbf{x}_m, y_m))$

初始化：
- 最大迭代次数 T
- 初始化 $\forall i \in \{1, \ldots, m\}, \boldsymbol{b}_i \leftarrow 0$

for $t = 1, \ldots, T$ do
- 选取样本 $(\mathbf{x}_t, y_t)$
- 计算对应的变量 A_t 和 B_t：// ▷ (4.24, 4.25)

$$\begin{aligned} A_t &\leftarrow \kappa(\mathbf{x}_t, \mathbf{x}_t) \\ B_t &\leftarrow -\mathbf{y}_t + \sum_{i=1, i\neq t}^{m} \kappa(\mathbf{x}_i, \mathbf{x}_t) \boldsymbol{b}_t \end{aligned}$$

- 求解简化后的优化问题// ▷ (4.26)

$$\begin{aligned} &\min_{\boldsymbol{b}_t \in \mathbb{R}^K} \frac{1}{2} (\boldsymbol{b}_t^\top \boldsymbol{b}_t) A_t + \boldsymbol{b}_t^\top B_t \\ &\text{满足条件} \quad \boldsymbol{b}_t^\top \mathbf{1}_K = 0 \text{ 及 } \boldsymbol{b}_t \leqslant C\mathbf{y}_t \end{aligned}$$

输出： 分类器 $\mathrm{x} \mapsto \underset{k\in\mathcal{Y}}{\operatorname{argmax}} \sum_{i=1}^{m} b_{ik} \kappa(\mathbf{x}, \mathbf{x}_i)$

算法 11　多类支持向量机

4.2.2　多类 AdaBoost

人们提出了 AdaBoost 在多类情形下的推广办法。我们下面讨论的是 Freund et Schapire (1997)描述的 AdaBoost M2 算法。这个算法基于弱分类器 $h \in [0,1]^{\mathcal{X}\times\mathcal{Y}}$ 的输出，并假定对

任意样本对 $(\mathbf{x}, y) \in \mathcal{X} \times \mathcal{Y}$，这些分类器给出的是样本 $\mathbf{x}$ 的标注为 y 的概率。有了这个假设，Freund et Schapire (1997) 定义了一个二元随机变量 $b(\mathbf{x}, y)$，它以概率 $h(\mathbf{x}, y)$ 取值为 1，其余取值为 0。二人进一步假定，如果弱学习器给样本对 $(\mathbf{x}_i, y)$ 和另一个样本对 $(\mathbf{x}_i, y)$ 同样的可信度分数，那么 y 和 y_i 之间将会以均匀分布方式随机选取一个作为样本 $\mathbf{x}_i$ 的标注。弱学习器 h 在样本 $\mathbf{x}_i$ 的分类上犯错误的概率是：

$$\mathbb{P}\left[b(\mathbf{x}_i, y_i) = 0 \wedge b(\mathbf{x}_i, y) = 1\right] + \frac{1}{2}\mathbb{P}\left[b(\mathbf{x}_i, y_i) = b(\mathbf{x}_i, y)\right] = \frac{1}{2}(1 - h(\mathbf{x}_i, y_i) + h(\mathbf{x}_i, y))$$

对于 $(u, v) \in \{0, 1\}^2$，事件 $b(\mathbf{x}_i, y_i) = u$ 与 $b(\mathbf{x}_i, y_i) = v$ 是独立的，并且等式 $b(\mathbf{x}_i, y_i) = b(\mathbf{x}_i, y)$ 等价于事件：

$$(b(\mathbf{x}_i, y_i) = 1 \wedge b(\mathbf{x}_i, y) = 1) \vee (b(\mathbf{x}_i, y_i) = 0 \wedge b(\mathbf{x}_i, y) = 0)$$

概率分布 $q : \{1, \ldots, m\} \times \mathcal{Y} \rightarrow [0, 1]$ 给预测误差除类别 y_i 外的 $k-1$ 个类进行了加权，分类器 h 在样本 $\mathbf{x}_i \in S$ 上关于该概率分布的伪分类误差定义如下：

$$\begin{aligned}\operatorname{ploss}_q(h, i) &= \sum_{y \neq y_i} q(i, y)\left[\frac{1}{2}\left(1 - h(\mathbf{x}_i, y_i) + h(\mathbf{x}_i, y)\right)\right] \\ &= \frac{1}{2}\left(1 - h(\mathbf{x}_i, y_i) + \sum_{y \neq y_i} q(i, y) h(\mathbf{x}_i, y)\right)\end{aligned} \tag{4.27}$$

因而，弱学习器可以通过最小化该伪分类误差在样本上关于分布 D 的期望来习得：

$$\begin{aligned}\epsilon &= \mathbb{E}_{i \sim D}\left[\operatorname{ploss}_q(h, i)\right] \\ &= \frac{1}{2}\sum_{i=1}^{m} D(i)\left(1 - h(\mathbf{x}_i, y_i) + \sum_{y \neq y_i} q(i, y) h(\mathbf{x}_i, y)\right)\end{aligned} \tag{4.28}$$

如同二类情形一样，分布 D 在每一个迭代中进行更新，方式是给分类困难的样本更大的权重。这个 “分类困难” 的概念是，对训练集中的每一个样本 $\mathbf{x}_i \in S$ 此时有权重 $w_{i,y}$，其在类 $y \in \mathcal{Y} \setminus \{y_i\}$ 上的分布 $q(i, y)$ 被定义为：

$$\forall i \in \{1, \ldots, m\}, \forall y \neq y_i; q(i, y) = \frac{w_{i,y}}{W_i} \tag{4.29}$$

其中 $\forall i, W_i = \sum_{y \neq y_i} w_{i,y}$。对于一个样本而言，弱学习器越是难以选择真正的类，其权重就越大。因此，对每一个样本 $\mathbf{x}_i$，权重和 W_i 给出了分类器 h 对该样本分类困难程度的指标，因而分布 D 定义如下：

$$\forall i \in \{1, \ldots, m\}, D(i) = \frac{W_i}{\sum_{i=1}^{m} W_i} \tag{4.30}$$

所以，用分布 q 和 D 对训练集样本进行抽样，然后学习一个新分类器 $h:\mathcal{X}\times\mathcal{Y}\to[0,1]$。这个双重抽样可以鉴别难以分类的样本（由分布 D），以及难以区分的类（由分布 q）。通过我们在 3.5 节介绍的拒绝法抽样技术，就能很容易地来实现抽样。我们在算法 12 里对它进行总结。因此，最小化抽样训练集上的分类误差等价于最小化 (4.28) 定义的伪误差期望。记 $\beta=\frac{\epsilon}{1-\epsilon}$，类别的权重 $w_{i,y},\forall i\in\{1,\ldots,m\}$ 且 $y\in\mathcal{Y}\setminus\{y_i\}$ 被系数 $\beta^{\frac{1}{2}(1+h(\mathbf{x}_i,y_i)+h(\mathbf{x}_i,y))}$ 加权，使得误分类样本的权重更高。和二类分类一样，最终的公式是弱分类器的线性组合。AdaBoost M2 算法的伪代码在算法 13 中给出。

输入：
- 训练集 $S=((\mathbf{x}_1,y_1),\ldots,(\mathbf{x}_m,y_m))$
- 样本的概率分布 $D(i),i\in\{1,\ldots,m\}$ 和样本与其类的概率分布 $q(i,y),i\in\{1,\ldots,m\},y\in\mathcal{Y}\setminus\{y_i\}$

初始化：
- $\tilde{S}\leftarrow\emptyset$, $M_1\leftarrow\max_{i\in\{1,\ldots,m\}}D(i)$, $\ell\leftarrow 0$

while $\ell\leqslant m$ do
    随机选取指标 $U_1\in\{1,\ldots,m\}$
    随机选取实数 $V_1\in[0,M_1]$
    if $D(U_1)>V_1$ then
        $M_2\leftarrow\max_{y\neq y_{U_1}}q(U_1,y)$
        随机选取指标 $U_2\in\{1,\ldots,k-1\}$
        随机选取实数 $V_2\in[0,M_2]$
        if $q(U_1,U_2)>V_2$ then
            $\tilde{S}\leftarrow\tilde{S}\cup\{(\mathbf{x}_{U_1},y_{U_1})\}$
            $\ell\leftarrow\ell+1$

输出：抽样后的训练集 S_t

算法 12 遵循两个分布的拒绝法抽样技术

输入：
- 训练集 $S=((\mathbf{x}_1,y_1),\ldots,(\mathbf{x}_m,y_m))$
- 训练集样本的分布 $D^{(1)}$
- 一个生成分类器 $h:\mathcal{X}\times\mathcal{Y}\to[0,1]$ 的基本学习算法，它按一定可信度给样本指派一个类别

初始化：
- 最大迭代次数 T
- 初始化权重 $w_{i,y}^{(1)}=\frac{D^{(1)}(i)}{k-1}$ 对所有 $i\in\{1,\ldots,m\},y\in\mathcal{Y}\setminus\{y_i\}$

for $t=1,\ldots,T$ do

- 记 $W_i^{(t)} = \sum_{y\neq y_i} w_{i,y}^{(t)}, \forall y \neq y_i; q^{(t)}(i,y) = \frac{w_{i,y}^{(t)}}{W_i^{(t)}}$ 和// ▷ (4.29, 4.30)

$$\forall i \in \{1,\ldots,m\}; D^{(t)}(i) = \frac{W_i^{(t)}}{\sum_{i=1}^m W_i^{(t)}}$$

- 在对应概率分布为 $D^{(t)}$ 和 $q^{(t)}$ 的抽样(算法12) 训练集基础上学习一个分类器 $h_t : \mathcal{X} \times \mathcal{Y} \to [0,1]$
- 计算分类器 h_t 的伪损失：// ▷ (4.28)

$$\epsilon_t = \frac{1}{2}\sum_{i=1}^m D^{(t)}(i)\left(1 - h_t(\mathbf{x}_i, y_i) + \sum_{y\neq y_i} q^{(t)}(i,y) h_t(\mathbf{x}_i, y)\right)$$

- 计算 $\beta^{(t)} = \frac{\epsilon_t}{1-\epsilon_t}$
- 更新样本上的权重

$$\forall i \in \{1,\ldots,m\}, y \in \mathcal{Y}\setminus\{y_i\}; w_{i,y}^{(t+1)} = w_{i,y}^{(t)} \beta_t^{\frac{1}{2}[1+h_t(\mathbf{x}_i,y_i)-h_t(\mathbf{x}_i,y)]}$$

输出： 投票分类器 $\forall \mathbf{x}, H(\mathbf{x}) = \underset{y\in\mathcal{Y}}{\operatorname{argmax}} \sum_{t=1}^T \left(\ln \frac{1}{\beta^{(t)}}\right) h_t(\mathbf{x}, y)$

算法 13 多类 AdaBoost M2

4.2.3 多层感知机

多层感知机（Multilayer Perceptron）是第 3 章中介绍的感知机算法的推广。这个模型在本质上是一个多类模型，它将观测值（输入值）和一个由非线性函数复合而成的多元函数的输出值联系起来。

形式表示

与感知机的形式模型相比，多层感知机表示了一个由前后相继的基础层组成的网络，每一层的节点都和上一层的节点相联系。被研究最多的网络有两类：一是回返网络（recurrent network），其中不同隐藏层之间和层节点之间构成了回路；二是无回路网络（前向反馈网络）。图 4.1 例举了一个无回路网络，它有一个隐藏层、d 个输入节点、ℓ 个隐藏层节点和 k 个输出层节点。

在这个隐藏层，对一个观测输入 $\mathbf{x} = (x_i)_{i=1\ldots d}$，隐藏层第 j 个节点的取值通过以下两部分复合而得。

- 向量 $\mathbf{x}$ 和参数向量 $\boldsymbol{w}_{j.}^{(1)} = (w_{ji}^{(1)})_{i=1,\ldots,d}; j \in \{1,\ldots,\ell\}$ 的标量积 a_j，它将 $\mathbf{x}$ 的特征向

量和第 j 个节点以及偏移参数 $w_{j0}^{(1)}$ 联系起来 (令偏移值为 $x_0 = 1$)：

$$\begin{aligned}\forall j \in \{1, \dots, \ell\}, a_j &= \langle \boldsymbol{w}_{j.}^{(1)}, \mathbf{x} \rangle + w_{j0}^{(1)} \\ &= \sum_{i=0}^{d} w_{ji}^{(1)} x_i\end{aligned} \tag{4.31}$$

- 一个通常可导的传递函数，$\bar{H}(.) : \mathbb{R} \rightarrow \mathbb{R}$：

$$\forall j \in \{1, \dots, \ell\}, z_j = \bar{H}(a_j) \tag{4.32}$$

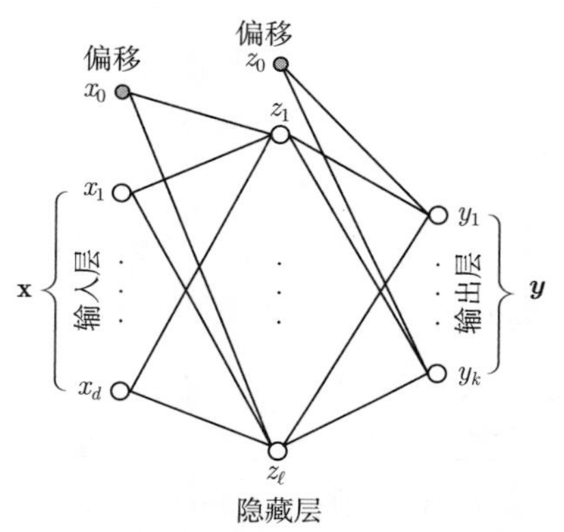

图 4.1 单一隐藏层的多层感知机架构。在这个例子里，偏差参数与输入层和隐藏层补充节点 $x_0 = 1$ 和 $z_0 = 1$ 上的权重相互联系

网络输出层节点的取值 $(h_1, \dots, h_K)$ 也通过同样方式得到，即将隐藏层节点的特征向量 $z_j, j \in \{0, \dots, \ell\}$ 和它们对应的隐藏层和输出层之间的权重值 $\boldsymbol{w}_{k.}^{(2)} = (w_{kj}^{(2)})_{j=1,\dots,\ell}; k \in \{1, \dots, K\}$ 相联系，传递函数为 $\bar{H}(.)$。

因而，一个观测 $\mathbf{x}$ 的预测值是从输入层开始依次经过隐藏层的传递而得到的。对图 4.1 中的例子，观测 $\mathbf{x}$ 的预测值由以下方式复合而成：

$$\forall \mathbf{x}, \forall k \in \{1, \dots, K\}, h(\mathbf{x}, k) = \bar{H}(a_k) = \bar{H}\left(\sum_{j=0}^{\ell} w_{kj}^{(2)} \times \bar{H}\left(\sum_{i=0}^{d} w_{ji}^{(1)} \times x_i\right)\right) \tag{4.33}$$

误差反向传播算法

人们提出了许多学习算法来估计多层感知机中的参数，其中最著名的或许是误差反向传播算法。它由 Werbos (1974)提出，并经 Parker (1985); Rumelhart et al. (1986) 推广而流行起来。这个算法由两个相继阶段组成，即信息正向传播阶段和误差反向传播阶段。

在信息正向传播阶段，算法如前一节所示，计算训练集观察样本的预测值。在误差反向传播阶段，算法通过最小化预测值和实际输出值的偏差来更新网络的参数，并从输出层到输入层依次进行。Rumelhart et al. (1986) 提出了使用批处理模式的梯度下降法来最小化误差，这个误差是训练集 S 样本 $(\mathbf{x}_i)_{i=1,\ldots,m}$ 的预测输出 $(\boldsymbol{h}_i)_{i=1,\ldots,m}$ 与其类指标向量$(\mathbf{y}_i)_{i=1,\ldots,m}$ 之间的平均偏差：

$$\hat{\mathfrak{L}}(f_{\boldsymbol{h}}, S) = \frac{1}{m}\sum_{i=1}^{m}\mathcal{E}(\boldsymbol{h}(\mathbf{x}_i), \mathbf{y}_i) \tag{4.34}$$

其中 $f_{\boldsymbol{h}}$ 是对应网络输出 (4.33) 的分类函数，$\mathcal{E}(\boldsymbol{h}(\mathbf{x}), \mathbf{y})$ 是即时误差 $\mathbf{e}(f_{\boldsymbol{h}}(\mathbf{x}), \mathbf{y})$ 的凸的可导上界，通常使用平方的形式定义：

$$\forall(\mathbf{x}, \mathbf{y}), \mathcal{E}(\boldsymbol{h}(\mathbf{x}), \mathbf{y}) = \frac{1}{2}||\boldsymbol{h}(\mathbf{x}) - \mathbf{y}||^2 = \frac{1}{2} \times \sum_{k=1}^{K}(h_k - y_k)^2 \tag{4.35}$$

对大规模分类问题，人们还提出了其他算法，其中 Bottou (1991) 对在线算法的版本进行了详细研究，我们下面对其进行介绍。在这种情形下，对每一个随机抽取的样本 $(\mathbf{x}, \mathbf{y})$，网络权重参数 w_{ji} 的更新取决于即时误差界 $\mathcal{E}(\boldsymbol{h}(\mathbf{x}), \mathbf{y})$ 关于参数 w_{ji} 的偏导数和学习步长 η，更新法则如下：

$$w_{ji} \leftarrow w_{ji} - \eta\frac{\partial\mathcal{E}(\boldsymbol{h}(\mathbf{x}), \mathbf{y})}{\partial w_{ji}} \tag{4.36}$$

我们记 $\Delta w_{ji} = -\eta\frac{\partial\mathcal{E}(\boldsymbol{h}(\mathbf{x}), \mathbf{y})}{\partial w_{ji}}$ 来简化这个表达式。由于即时误差通过正向传播阶段中第 j 个节点的标量积 a_j 而依赖于权重 w_{ji}，因而偏导数计算可以应用复合函数的偏导数计算法则，或称链式法则：

$$\frac{\partial\mathcal{E}(\boldsymbol{h}(\mathbf{x}), \mathbf{y})}{\partial w_{ji}} = \underbrace{\frac{\partial\mathcal{E}(\boldsymbol{h}(\mathbf{x}), \mathbf{y})}{\partial a_j}}_{=\delta_j}\frac{\partial a_j}{\partial w_{ji}} \tag{4.37}$$

其中 $\frac{\partial a_j}{\partial w_{ji}} = z_i$ 是节点 j 所在层前一层节点 i 的取值，w_{ji} 是这两个节点之间的权重。如果节点 j 位于网络输出层，偏导数 $\delta_j = \frac{\partial\mathcal{E}(\boldsymbol{h}(\mathbf{x}), \mathbf{y})}{\partial a_j} = \bar{H}'(a_j) \times (h_j - y_j)$。如果节点 j 位于隐藏层，我们再一次应用链式法则有：

$$\begin{aligned}\delta_j = \frac{\partial\mathcal{E}(\boldsymbol{h}(\mathbf{x}), \mathbf{y})}{\partial a_j} &= \sum_{l\in Ap(j)}\frac{\partial\mathcal{E}(\boldsymbol{h}(\mathbf{x}), \mathbf{y})}{\partial a_l}\frac{\partial a_l}{a_j} \\ &= \bar{H}'(a_j)\sum_{l\in Ap(j)}\delta_l \times w_{lj}\end{aligned} \tag{4.38}$$

其中 $Ap(j)$ 是节点 j 所在层后一层的所有节点集合。

使用在线模式学习的正向传播阶段和反向传播阶段如图 4.2 所示。

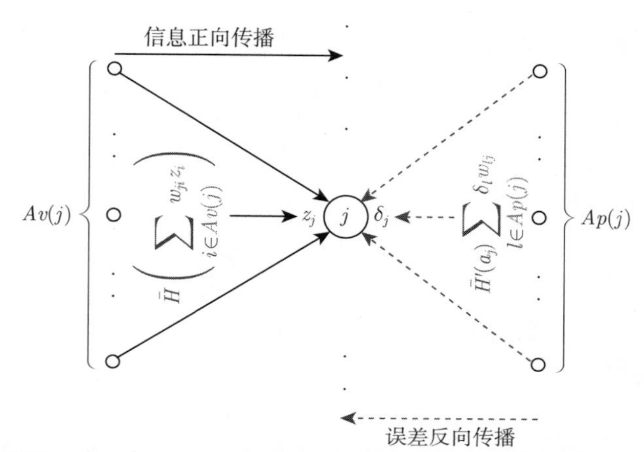

图 4.2　反向传播算法的信息正向传播阶段（实线）和误差反向传播阶段（虚线）图示。对一个输入样本 $\mathbf{x}$，隐藏层节点 j 的取值决定于转移函数 $\bar{H}:\mathbb{R}\rightarrow\mathbb{R}$。它转移的是节点 j 所在层前一层的所有节点 $Av(j)$ 的取值，和节点 j 与这些节点之间参数的标量积：$a_j=\sum_{i\in Av(j)} z_i w_{ji}$（正向传播阶段）。在反向传播阶段，节点 j 所在层后一层的节点 $Ap(j)$ 的误差，通过与节点 j 和这些节点之间的参数相组合，决定了节点 j 的误差：$\delta_j=\bar{H}'(a_j)\sum_{l\in Ap(j)}\delta_l\times w_{lj}$

根据这个原则，图 4.1 中网络隐藏层和输出层之间的参数更新如下：

$$\begin{aligned}\forall q\in\{1,\ldots,k\},\forall j\in\{1,\ldots,l\},\Delta w_{qj}^{(2)}&=-\eta\times\delta_q\times z_j\\&=-\eta\times\bar{H}'(a_q)\times(h_q-y_q)\times z_j\end{aligned}$$

同样，对输入层和隐藏层之间的参数，我们有：

$$\begin{aligned}\forall j\in\{1,\ldots,l\},\forall i\in\{1,\ldots,d\},\Delta w_{ji}^{(1)}&=-\eta\times\delta_j\times x_i\\&=-\eta\times H'(\alpha_j)\times\sum_{q=1}^{k}\delta_q\times w_{qj}^{(2)}\times x_i\end{aligned}$$

一般情形下的多层感知机算法总结见算法 14，它的具体执行在附录 B.4 节中给出。当传递函数是 sigmoid 函数时，Richard et Lippman (1991) 证明，多层感知机的学习化归为找到样本类的后验概率估计。鉴于这种等价性，无隐藏层感知机给出的结果和多类别 Logistic 回归相同 (Hastie et al., 2001, p. 95)，后者通过最大化分类似然的对数，来学习模型参数 (3.14 节)。

输入：

- 训练集 $S=((\mathbf{x}_1,\mathbf{y}_1),\ldots,(\mathbf{x}_m,\mathbf{y}_m))$; 精度 $0<\epsilon<1$; 最大迭代次数 T; 转移函数 $\bar{H}:\mathbb{R}\rightarrow\mathbb{R}$; 学习步长 $\eta>0$
- 隐藏层层数 C; 每一个隐藏层 $c\in\{1,\ldots,C\}$ 的节点数 n_c// 输入层层数为 $c=0$，输出层层数为 $c=C+1$

初始化：
- 随机初始化网络权重
- $t \leftarrow 0$
- $old_e = -1, new_e = 0$

```
while t ⩽ T ∧ |new_e − old_e| > ϵ do
    old_e ← new_e
    随机选取样本 (x, y) ∈ S
    // 正向传播阶段
    for c = 1 ... C + 1 do
        // ∀i, z_i = x_i 对输入层节点
        for j = 1 ... n_c do
            a_j ← Σ_{i∈Av(j)} w_ji z_i
            z_j ← H̄(a_j) // ▷ 图 4.2
        // ∀i, z_i = h_i 对输出层节点
    for q = 1 ... k do
        new_e ← new_e + ½(h_q − y_q)²
        δ_q ← H̄'(a_q) × (h_q − y_q)
    // 反向传播阶段
    for c = C ... 0 do
        for j = 1 ... n_c do
            δ_j = H̄'(a_j) × Σ_{l∈Ap(j)} δ_l × w_lj; // ▷ 图4.2
            // 更新权重
            for l ∈ Ap(j) do
                Δw_lj ← −ηδ_l × z_j; // ▷ (4.36)
    t ← t + 1
```

输出： 多层感知机参数

算法 14 多层感知机

4.3 组合二类分类算法的模型

在这一节里，我们给出将多类分类问题化归为二类分类问题的三种策略。前两种策略是在 4.3.1 节和 4.3.2 节介绍的方法：通过不同策略来学习一个分类器，然后将这些分类器的输出组合起来，共同确定一个多类的分类器。4.3.3 节将说明，这两种策略都是一个更一般框架的特殊情形。

4.3.1 一对全

一对全（one vs all）策略指的是训练 K 个二类分类器 $f_k : \mathcal{X} \rightarrow \{-1, +1\}; k \in \{1, \ldots, K\}$，

每一个分类器将 K 类中某一个类和其他所有类区分开。从一个训练集 $S = \{(\mathbf{x}_i, y_i), i \in \{1, \ldots, m\}\} \in (\mathcal{X} \times \mathcal{Y})^m$ 出发，我们有诱导训练集 $S_k \in (\mathcal{X} \times \{-1, +1\})^m$。它的构成方式是：对属于类 k 的样本标注为 $+1$，对所有属于其它类的样本都标注为 -1。我们需要在这些诱导训练集上构造分类器 $f_k, k \in \{1, \ldots, K\}$，方法是学习一个函数 $h_k : \mathcal{X} \to \mathbb{R}$，它的输出可以诱导出二类函数 f_k (第 3 章)。多类决策函数 $f : \mathcal{X} \to \{-1, +1\}$ 由下式可得：

$$\forall \mathbf{x} \in \mathcal{X}, f(\mathbf{x}) = \underset{k \in \{1, \ldots, K\}}{\operatorname{argmax}} \; h_k(\mathbf{x}) \tag{4.39}$$

算法 15 总结了这个流程。

输入：

- 训练集 $S = \{(\mathbf{x}_1, \mathbf{y}_1), \ldots, (\mathbf{x}_m, \mathbf{y}_m)\} \in (\mathcal{X} \times \mathcal{Y})^m$

```
for k = 1 ... K do
    S̃ ← ∅
    for i = 1 ... m do
        if y_i = k then
            S̃ ← (x_i, +1)
        else
            S̃ ← (x_i, -1)
    学习 S̃ 上的分类器 h_k : X → R // ▷ 第三章
```

输出： $\forall \mathbf{x} \in \mathcal{X}, f(\mathbf{x}) = \underset{k \in \{1, \ldots, K\}}{\operatorname{argmax}} \; h_k(\mathbf{x})$

算法 15　多类分类问题的一对全策略

这个策略虽然简单，但有一些缺点。首先，各分类器输出值的变动范围往往并不在同一个区间，但规则 (4.39) 却假设了相反情况。第二，即使初始训练集的类别分布是平衡的，但当类别数目 K 较大时，诱导训练集中正样本的数目将变得很小，这可能对学习函数 $h_k : \mathcal{X} \to \mathbb{R}$ 构成问题。

4.3.2　一对一

另一种策略称为一对一策略 (one vs one)，需要对所有类别对 $(y, y') \in \mathcal{Y}^2, y \neq y'$，学习二类分类器 $f_{yy'} : \mathcal{X} \to \{-1, +1\}$。对每一个类别对 $(y, y') \in \mathcal{Y}^2, y < y'$，构造一个新的训练集，该训练集只包含这两个类别的样本，属于类别 y 的样本标注为 $+1$，属于类别 y' 的样本则标注为 -1。在该训练集上可习得分类函数 $h_{yy'} : \mathcal{X} \to \mathbb{R}$。因而总共有 $\binom{K}{2} = \frac{K(K-1)}{2}$ 个分类器需要学习，它们以下面的规则组合起来：

$$\forall \mathbf{x} \in \mathcal{X}, \forall (y, y') \in \mathcal{Y}^2, y \neq y', f_{yy'}(\mathbf{x}) = \begin{cases} \operatorname{sgn}(h_{yy'}(\mathbf{x})), & 若\ y < y' \\ -f_{y'y}(\mathbf{x}), & 若\ y' < y \end{cases} \tag{4.40}$$

最终的多类分类函数则通过对二类分类器的输出结果进行多数投票来得到，方法是将类别 y 指派给样本 $\mathbf{x}$，而二类分类函数 $f_{yy'}(\mathbf{x}), y' \neq y$ 取值为 $+1$ 的数目最多：

$$\forall \mathbf{x} \in \mathcal{X}, f(\mathbf{x}) = \underset{y' \in \mathcal{Y}, y' \neq y}{\operatorname{argmax}} |\{y \mid f_{yy'}(\mathbf{x}) = +1\}| \tag{4.41}$$

输入：

- 训练集 $S = \{(\mathbf{x}_1, \mathbf{y}_1), \ldots, (\mathbf{x}_m, \mathbf{y}_m)\} \in (\mathcal{X} \times \mathcal{Y})^m$

for $k = 1 \ldots K - 1$ do
  for $\ell = k + 1 \ldots K$ do
    $\tilde{S} \leftarrow \emptyset$;
    for $i = 1 \ldots m$ do
      if $y_i = k$ then
        $\tilde{S} \leftarrow (\mathbf{x}_i, +1)$;
      else if $y_i = \ell$ then
        $\tilde{S} \leftarrow (\mathbf{x}_i, -1)$;
    在 $\tilde{S}$ 上学习分类器 $h_{k\ell} : \mathcal{X} \rightarrow \mathbb{R}$ // ▷ 第 3 章

输出： $\forall \mathbf{x} \in \mathcal{X}, f(\mathbf{x}) = \underset{y' \in \mathcal{Y}, y' \neq y}{\operatorname{argmax}} |\{y \mid f_{yy'}(\mathbf{x}) = +1\}|$ // ▷ (4.41)

其中，

$$\forall \mathbf{x} \in \mathcal{X}, \forall (y, y') \in \mathcal{Y}^2, y \neq y', f_{yy'}(\mathbf{x}) = \begin{cases} \operatorname{sgn}(h_{yy'}(\mathbf{x})), & \text{若 } y < y' \\ -f_{y'y}(\mathbf{x}), & \text{若 } y' < y \end{cases}$$

算法 16 多类分类的一对一策略

虽然这个策略没有一对全策略中提到的类别不平衡问题，但在大规模多类分类问题中，当有许多类别包含的样本很少时，分类器 h 依然面临着在小样本集上训练的风险，并对其性能造成影响。不过，这个策略的主要问题还是在分类器的数目上：该数目关于类别数目是呈平方增加的，这在大规模问题中会很快变成障碍。

4.3.3 纠错码

第三类流行的技术包含了前两类技术，称为纠错码技术（Error Correction Code，简称 ECOC），由 Dietterich et Bakiri (1995) 提出。

这个技术由两步组成。第一步，对每个类 k 用一个固定长度为 n 的二进位串进行编码（表示）——后者称为字码，表示了类的内在特征。由此得到编码矩阵 $\mathfrak{D} \in \{-1, +1\}^{K \times n}$，再利用在基础训练集 $\mathfrak{D}$ 上创建的 n 个诱导训练集 $\tilde{S}_j$ 即可学习 n 个二类分类器。每个诱导训练集 $\tilde{S}_j$ 的组成方法是，考虑矩阵 $\mathfrak{D}$ 的第 j 列，并将每个样本的新标注设置为原标注在该列的对应元素。

$$\forall(\mathbf{x},y)\in\mathcal{X}\times\mathcal{Y},\forall j\in\{1,\ldots,n\},\ \text{观测样本的对应编码为}\ (\mathbf{x},\mathfrak{D}_y(j)) \tag{4.42}$$

这个流程在算法 17 中进行了阐释。

输入：
- 训练集 $S=\{(\mathrm{x}_1,\mathbf{y}_1),\ldots,(\mathrm{x}_m,\mathbf{y}_m)\}\in(\mathcal{X}\times\mathcal{Y})^m$
- 类编码矩阵 $\mathfrak{D}\in\{-1,+1\}^{K\times n}$

for $j=1\ldots n$ do
  $\tilde{S}_j\leftarrow\emptyset$;
  for $i=1\ldots m$ do
    $\tilde{S}_j\leftarrow(\mathrm{x}_i,\mathfrak{D}_{y_i}(j))$ // $\rhd$ (4.42)
  在 $\tilde{S}_j$ 上学习分类器 $h_j:\mathcal{X}\rightarrow\mathbb{R}$ // $\rhd$ 第3章

输出： $\forall\mathrm{x}\in\mathcal{X},\mathbf{h}(\mathrm{x})=(h_1(\mathrm{x}),\ldots,h_n(\mathrm{x}))^\top$

算法 17 多类分类问题的纠错码策略

第二步称为预测，即给每一个样本按 $\mathfrak{D}$ 中的编码指派一个类。该类与该样本在上一步通过二类分类器习得的编码有最近的汉明距离 (1950)：

$$\forall\mathbf{x}\in\mathcal{X},f(\mathbf{x})=\underset{k\in\{1,\ldots,K\}}{\operatorname{argmin}}\ \frac{1}{2}\sum_{j=1}^{n}(1-\operatorname{sgn}(\mathfrak{D}_k(j)h_j(\mathbf{x}))) \tag{4.43}$$

Allwin et al. (2000) 将编码矩阵推广到三元组编码情形 $\mathfrak{D}\in\{-1,0,+1\}^{K\times n}$，以便在学习二类分类函数时，不考虑编码后的输出值有类别 0 的样本。利用这种编码方式，一对全和一对一策略就变成了纠错码的特殊情形。事实上，一对全策略的编码矩阵是一个 $K\times K$ 的方阵，其对角线元素均为 $+1$，其余元素均为 -1。而一对一策略的编码矩阵则是一个 $K\times n$ 矩阵，其中 $n=\frac{K(K-1)}{2}$，该矩阵每一列都关联一个类别对 $(k,\ell),k<\ell$，其中第 k 行元素等于 $+1$，第 ℓ 行元素等于 -1，其余元素皆为 0。

第 5 章

半监督学习

构建协调一致的数据集，通常需要在国际协作的框架下做出巨大努力。这项工作的一个重要部分是数据标注，其精确度按照实现的问题不同而处于不同的水平。出于时间或资源的因素，完成这种枯燥的标注工作通常是难以想象的。有标注数据难以获得，而无标注数据不但数量丰富，而且包含了待解决问题的信息。基于这种共识，机器学习社群自 20 世纪 90 年代末期便开始关注针对判别任务和建模的半监督学习概念。这个范式指向两个经典学习框架，一是我们已经在第 1 章介绍的监督学习，另一个是无监督学习。而半监督学习框架同时使用一小部分有标注数据和一大部分无标注数据。在这一章里，我们将给出半监督学习框架下的不同方法，以及它们的潜在假设。

5.1 无监督框架和基本假设

在无监督学习中，我们尝试从没有标注的数据来学习其内部结构，这些数据 $\mathbf{X}_{1:u} = \{\mathbf{x}_1, \dots, \mathbf{x}_u\}$ [①]来源于一个未知分布 $\mathbb{P}(\mathbf{x})$，并组成一个大小为 u 的观测集。我们的目标是，通过对组成成分形式加以不同假设，对数据的概率密度$\mathbb{P}(\mathbf{x})$ 进行建模。通常，参加混合的每一个成分对应着观察样本属于某个分类（或群体）的条件概率，后者可以部分地解释研究现象。这个假设一般是问题或数据的相关先验信息。在缺失这个信息的情况下，我们使用研究文献中经典而简单的概率密度。

① 我们接下来也记这个集合为 $X_{\mathcal{U}}$。

5.1.1　混合密度模型

这个模型的基本假设是，每个观测样本都属于且仅属于分划 $\{G_k\}_{k=1,\ldots,K}$ 的一个类。在此假设和上述其他假设下，生成数据的分布是一个定义如下的混合密度：

$$\mathbb{P}(\mathbf{x} \mid \Theta) = \sum_{k=1}^{K} \pi_k \mathbb{P}(\mathbf{x} \mid G_k, \theta_k) \tag{5.1}$$

其中 K 是混合成分的数目，$\forall k$ 和 π_k 是不同的比例（先验概率），$\forall k$ 和 $\mathbb{P}(\mathbf{x} \mid G_k, \theta_k)$ 是由参数 θ_k 定义的条件概率。在最流行的版本里，条件密度 $\{\mathbb{P}(\mathbf{x} \mid G_k, \theta_k)\}_{k=1,\ldots,K}$ 的解析形式是已知的，而决定这些密度的参数和先验概率 $\{\pi_k\}_{k=1,\ldots,K}$ 则是未知的，即：

$$\Theta = \{\theta_k, \pi_k \mid k = \{1, \ldots, K\}\}$$

于是，我们的目标是估计参数 Θ，令其最适合观测值。这个过程可以化归为最大化数据的似然（likelihood），其实也就是观测值在互相独立的基本假设下的联合概率分布，即：

$$\mathbb{P}(\mathbf{X}_{1:u} \mid \Theta) = \mathbb{P}(\mathbf{x}_1, \ldots, \mathbf{x}_u \mid \Theta) = \prod_{i=1}^{u} \mathbb{P}(\mathbf{x}_i \mid \Theta) = \prod_{i=1}^{u} \sum_{k=1}^{K} \pi_k \mathbb{P}(\mathbf{x}_i \mid G_k, \theta_k) \tag{5.2}$$

优化问题可以通过似然对数 $\mathcal{L}_M(\Theta) = \ln \mathbb{P}(\mathbf{X}_{1:u} \mid \Theta)$ 来解决。这个转换并不改变最大值，但它正好把表达式（5.2）中的乘积转化为求和，于是更便于处理。因而，我们现在需要最大化关于 Θ 的混合密度（或 $\mathcal{L}_M$）的对数似然。Duda et al. (2001) 阐明了可以实现这个估计的情形。他们引入了可识别性（identifiability）概念。如果对任意 $\Theta \neq \Theta'$，存在 $\mathbf{x}$，使得 $\mathbb{P}(\mathbf{x} \mid \Theta) \neq \mathbb{P}(\mathbf{x} \mid \Theta')$，$\mathbb{P}(\mathbf{x} \mid \Theta)$ 可识别。如果 $\mathbb{P}(\mathbf{x} \mid \Theta)$ 可识别，那么我们就可对该密度进行估计。一般而言，不可识别性对应于离散分布，所以当待混合的成分数目很多时，未知元的个数可能大于独立方程的个数，可识别性就有可能真正成为问题。在连续分布的情形中，可识别性问题通常都已解决。

5.1.2　估计混合参数

为了找寻最大化对数似然函数的参数 Θ，显式求解

$$\frac{\partial \mathcal{L}_M}{\partial \Theta} = 0$$

通常是不行的。原因是，此处对数似然函数的形式是一个和的对数和，而其偏导数通常没有简单的解析表达式。

EM 算法

解决这个优化问题的一个办法是使用 EM 算法（Expectation-Maximisation）(Dempster et al., 1977)一类通用迭代流程。这个算法是统计分析的一个强有力工具，并且是许多其他算法，如作为半监督学习基石的 CEM 算法基础。EM 算法的原理如下：在每一步迭代中增大 $\mathcal{L}_M$ 直

到达到最大值，以此来重新估计 Θ 的值。这个算法的主要想法是，引入隐变量 Z，使得如果 Z 已知，则可以轻松得到 Θ 的值。利用这些引入的隐变量，我们有：

$$\mathcal{L}_M(\Theta) = \ln \mathbb{P}(\mathbf{X}_{1:u} \mid \Theta) = \ln \sum_Z \mathbb{P}(\mathbf{X}_{1:u}, Z \mid \Theta) \tag{5.3}$$

$$= \ln \sum_Z \mathbb{P}(\mathbf{X}_{1:u} \mid Z, \Theta)\mathbb{P}(Z \mid \Theta) \tag{5.4}$$

我们注意到，有了第 t 步迭代的参数 $\Theta^{(t)}$ 后，第 $t+1$ 步迭代需要找到参数 Θ 的新值，使其最大化 $\mathcal{L}_M(\Theta) - \mathcal{L}_M(\Theta^{(t)})$：

$$\mathcal{L}_M(\Theta) - \mathcal{L}_M(\Theta^{(t)}) = \ln \frac{\mathbb{P}(\mathbf{X}_{1:u} \mid \Theta)}{\mathbb{P}(\mathbf{X}_{1:u} \mid \Theta^{(t)})}$$

根据 (5.4) 有：

$$\mathcal{L}_M(\Theta) - \mathcal{L}_M(\Theta^{(t)}) = \ln \frac{\sum_Z \mathbb{P}(\mathbf{X}_{1:u} \mid Z, \Theta)\mathbb{P}(Z \mid \Theta)}{\mathbb{P}(\mathbf{X}_{1:u} \mid \Theta^{(t)})}$$

对等式右边的求和式中的每一项乘以 $\frac{\mathbb{P}(Z|\mathbf{X}_{1:u},\Theta^{(t)})}{\mathbb{P}(Z|\mathbf{X}_{1:u},\Theta^{(t)})}$，有：

$$\mathcal{L}_M(\Theta) - \mathcal{L}_M(\Theta^{(t)}) = \ln \sum_Z \mathbb{P}(Z \mid \mathbf{X}_{1:u}, \Theta^{(t)}) \frac{\mathbb{P}(\mathbf{X}_{1:u} \mid Z, \Theta)\mathbb{P}(Z \mid \Theta)}{\mathbb{P}(Z \mid \mathbf{X}_{1:u}, \Theta^{(t)})\mathbb{P}(\mathbf{X}_{1:u} \mid \Theta^{(t)})}$$

利用对数函数的凹性和琴生不等式得：

$$\mathcal{L}_M(\Theta) - \mathcal{L}_M(\Theta^{(t)}) \geqslant \sum_Z \mathbb{P}(Z \mid \mathbf{X}_{1:u}, \Theta^{(t)}) \ln \frac{\mathbb{P}(\mathbf{X}_{1:u} \mid Z, \Theta)\mathbb{P}(Z \mid \Theta)}{\mathbb{P}(\mathbf{X}_{1:u} \mid \Theta^{(t)})\mathbb{P}(Z \mid \mathbf{X}_{1:u}, \Theta^{(t)})}$$

利用 $\mathcal{L}_M(\Theta) \geqslant Q(\Theta, \Theta^{(t)})$，可以写成：

$$Q(\Theta, \Theta^{(t)}) = \mathcal{L}_M(\Theta^{(t)}) + \sum_Z \mathbb{P}(Z \mid \mathbf{X}_{1:u}, \Theta^{(t)}) \ln \frac{\mathbb{P}(\mathbf{X}_{1:u} \mid Z, \Theta)\mathbb{P}(Z \mid \Theta)}{\mathbb{P}(\mathbf{X}_{1:u} \mid \Theta^{(t)})\mathbb{P}(Z \mid \mathbf{X}_{1:u}, \Theta^{(t)})}$$

因此，当 $\Theta = \Theta^{(t)}$ 时，$\mathcal{L}_M(\Theta)$ 等于 $Q(\Theta, \Theta^{(t)})$；在其他情况下，则严格大于 $Q(\Theta, \Theta^{(t)})$。在第 $t+1$ 步，我们寻找最大化 $Q(\Theta, \Theta^{(t)})$ 的 Θ 新值，即 $\Theta^{(t+1)} = \operatorname{argmax}_\Theta Q(\Theta, \Theta^{(t)})$。去掉与 Θ 相独立的项后，我们有：

$$\Theta^{(t+1)} = \underset{\Theta}{\operatorname{argmax}} \left[\sum_Z \mathbb{P}(Z \mid \mathbf{X}_{1:u}, \Theta^{(t)}) \ln \mathbb{P}(\mathbf{X}_{1:u}, Z \mid \Theta) \right]$$

$$= \underset{\Theta}{\operatorname{argmax}}\, \mathbb{E}_{Z|\mathbf{X}_{1:u}} \left[\ln \mathbb{P}(\mathbf{X}_{1:u}, Z \mid \Theta) \mid \Theta^{(t)} \right]$$

因而对给定的参数值，算法迭代地估计对数似然函数的下界，并对其最大化。在下一步迭代中，我们使用新参数值，并重复估计和最大化这两步过程。图 5.1 给出了示意图，算法 18 总结了两步流程。参数的初始值通常是随机的，并且很容易看到，该算法收敛到函数 $\mathcal{L}_M(\Theta)$ 的局部极值。

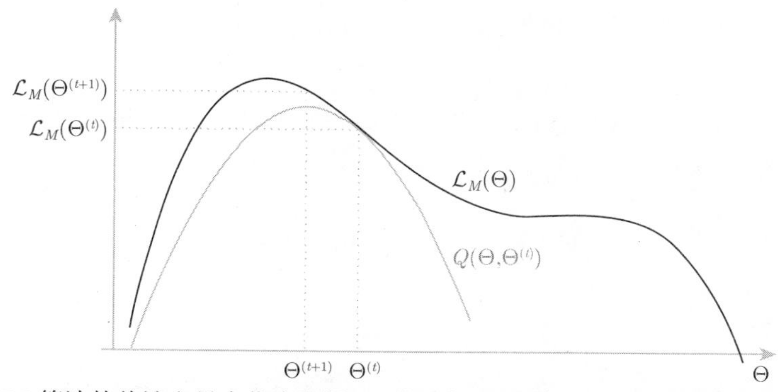

图 5.1　EM 算法的估计和最大化步骤图示。横坐标表示参数 Θ 的可能取值，纵坐标表示数据的对数似然。EM 算法通过使用当前估计值 $\Theta^{(t)}$ 来计算函数 $Q(\Theta,\Theta^{(t)})$，并给出最大化 $Q(\Theta,\Theta^{(t)})$ 的点 $\Theta^{(t+1)}$

输入：观测集 $\mathbf{X}_{1:u}=\{\mathbf{x}_1,\cdots,\mathbf{x}_u\}$
初始化: 参数 $\Theta^{(0)}$
for $t\geqslant 0$ do
　步骤 E：计算期望 $\mathbb{E}_{Z|\mathbf{X}_{1:u}}\left[\ln\mathbb{P}(\mathbf{X}_{1:u},Z\mid\Theta)\mid\Theta^{(t)}\right]$
　步骤 M：寻找参数 $\Theta^{(t+1)}$ 使其最大化 $Q(\Theta,\Theta^{(t)})$
输出：模型参数 Θ^*

算法 18　EM 算法

实际上，根据前面的公式：

- $\mathcal{L}_M(\Theta^{(t+1)})\geqslant Q(\Theta^{(t+1)},\Theta^{(t)})\geqslant Q(\Theta^{(t)},\Theta^{(t)})$
- $\mathcal{L}_M(\Theta^{(t)})=Q(\Theta^{(t)},\Theta^{(t)})$

因而在每一步迭代，我们有 $\mathcal{L}_M(\Theta^{(t+1)})\geqslant\mathcal{L}_M(\Theta^{(t)})$，由于函数 $\mathcal{L}_M$ 是凹的，因此算法保证会收敛到对数似然函数的一个局部极大值。这个算法的一个应用是聚类（clustering）任务，它要求自动找到 K 类中样本组成的集合的分拆 $P=\{G_k;k\in\{1,\ldots,K\}\}$。这个任务使用了贝叶斯决策法则，根据这个法则，指派给样本的类别为后验概率最大的类：

$$\forall\mathbf{x},\mathbf{x}\in G_k\Leftrightarrow\mathbb{P}(G_k\mid\mathbf{x},\Theta^*)=\underset{k'\in\{1,\ldots,K\}}{\operatorname{argmax}}\ \mathbb{P}(G_{k'}\mid\mathbf{x},\Theta^*)\tag{5.5}$$

其中的后验概率、分拆的条件密度估计和混合的参数 Θ^*，可以通过使用贝叶斯公式（附录 A）得到 (Titterington et al., 1985)。

CEM 算法

另一个更直接的分拆法是利用极大分类似然的技术。在这个办法中，隐变量 $(\tilde{\mathbf{z}}_i)_{i=1}^u$ 是类指标向量，我们的目标是利用贝叶斯决策法则找到数据的最佳分拆和混合的参数。和第 4 章中的分类一样，这些隐变量是定义如下的二值向量：

$$\forall i, \mathbf{x}_i \text{ 属于类} G_k \Leftrightarrow \tilde{\mathbf{z}}_i = (\underbrace{\tilde{z}_{i1}, \ldots, \tilde{z}_{ik-1}}_{\text{皆为 } 0}, \underbrace{\tilde{z}_{ik}}_{=1}, \underbrace{\tilde{z}_{ik+1}, \ldots, \tilde{z}_{iK}}_{\text{皆为 } 0}) \tag{5.6}$$

数据的对数分类似然在这种情形下是：

$$\mathcal{L}_C(P, \Theta) = \ln \prod_{i=1}^{u} \prod_{k=1}^{K} (\mathbb{P}(\mathbf{x}_i, G_k, \Theta))^{\tilde{z}_{ik}} = \sum_{i=1}^{u} \sum_{k=1}^{K} \tilde{z}_{ik} \ln \mathbb{P}(\mathbf{x}_i, G_k, \Theta) \tag{5.7}$$

这个函数可以使用分类 EM 算法（Classification EM，简称 CEM）(Celeux et Govaert, 1992) 来极大化。这个算法类似于 EM 算法，两者的不同点在于分类步骤 C，CEM 算法中每一个数据都被标注一个类且只标注一个类。

CEM 算法的收敛性由分类步骤 (**C**) 和算法 19 的极大化步骤 (**M**) 来得到。

- 在步骤 **C**，我们利用贝叶斯最优化法则，基于当前参数 $\Theta^{(t)}$，选择一个分划 $P^{(t+1)}$，即：

$$\mathcal{L}_C(P^{(t+1)}, \Theta^{(t)}) \geqslant \mathcal{L}_C(P^{(t)}, \Theta^{(t)})$$

- 在步骤 **M**，我们寻找新的参数 $\Theta^{(t+1)}$ 使其最大化 $\mathcal{L}_C(P^{(t+1)}, \Theta^{(t)})$，即：

$$\mathcal{L}_C(P^{(t+1)}, \Theta^{(t+1)}) \geqslant \mathcal{L}_C(P^{(t+1)}, \Theta^{(t)})$$

所以，在每一步迭代 t，我们有 $\mathcal{L}_C(P^{(t+1)}, \Theta^{(t+1)}) \geqslant \mathcal{L}_C(P^{(t)}, \Theta^{(t)})$，由于未标注数据的分划数目是有限的，因而算法保证收敛到分类似然函数的局部极大值。

输入： 观测集 $\mathbf{X}_{1:u} = \{\mathbf{x}_1, \ldots, \mathbf{x}_u\}$
初始化： 参数 $\Theta^{(0)}$ 和数据的分划 $P^{(0)} = \{G_k^{(0)}; k \in \{1, \ldots, K\}\}$
for $t \geqslant 0$ do
　步骤 E: 基于当前参数 $\Theta^{(t)} = \{\pi^{(t)}, \theta^{(t)}\}$，估计指标向量的条件期望
　$\mathbb{E}[\tilde{z}_{ik}^{(t)} \mid \mathbf{x}_i; P^{(t)}, \pi^{(t)}, \theta^{(t)}]$。由于这些指标向量都是二值向量 (5.6)，
　对任意 $i \in \{1, \ldots, u\}$ 和任意 $k \in \{1, \ldots, K\}$，我们有：

$$\mathbb{E}\left[\tilde{z}_{ik}^{(t)} \mid \mathbf{x}_i; P^{(t)}, \Theta^{(t)}\right] = \mathbb{P}(G_k^{(t)} \mid \mathrm{x}_i, \Theta^{(t)}) = \frac{\pi_k^{(t)}\mathbb{P}(\mathbf{x}_i \mid G_k^{(t)}, \theta_k^{(t)})}{\sum_{k=1}^{K}\pi_k^{(t)}\mathbb{P}(\mathbf{x}_i \mid G_k^{(t)}, \theta_k^{(t)})}$$

步骤 C: 给每个样本 x_i 指派类，该类是后验概率最大的。记 $P^{(t+1)} = \{G_k^{(t+1)} \mid k \in \{1,\ldots,K\}\}$ 为样本的新分划

步骤 M: 寻找新参数 $\Theta^{(t+1)}$ 使其最大化 $\mathcal{L}_C(P^{(t+1)}, \Theta^{(t)})$

输出：模型参数 Θ^*，以及数据的分划 $P^* = \{G_k^*; k \in \{1,\ldots,K\}\}$

算法 19 CEM 算法

要点回顾

极大似然法和极大分类似然法的本质区别是，在后者中，未标注数据的类指标向量本身构成模型的参数，并和混合参数一起被估计。

特殊情形：K-均值算法

我们考虑下面情形，每一个混合密度服从正态分布，协方差矩阵为单位矩阵，每个混合类的占比是等概率的，即：

$$\forall k \in \{1,\ldots,K\}, \mathbb{P}(\mathbf{x} \mid G_k, \Theta) = \frac{1}{(2\pi)^{d/2}} \exp^{-\frac{1}{2}||\mathbf{x}-\boldsymbol{\mu}_k||^2}$$

$$\pi_k = \frac{1}{K}$$

其中 $||.||^2$ 表示欧氏距离。于是需要估计的混合参数为 $\Theta = \{\boldsymbol{\mu}_k \mid k \in \{1,\ldots,K\}\}$。在这种情形下，对数分类似然 (5.7) 为：

$$\begin{aligned}\mathcal{L}_C(P,\Theta) &= -\frac{1}{2}\sum_{i=1}^{u}\sum_{k=1}^{K}\tilde{z}_{ik}||\mathbf{x}_i - \boldsymbol{\mu}_k||^2 + r \\ &= -\frac{1}{2}\sum_{k=1}^{K}\sum_{\mathbf{x}\in G_k}||\mathbf{x} - \boldsymbol{\mu}_k||^2 + r\end{aligned}$$

其中 r 是一个不依赖于参数 Θ 的常数。因而，最大化关于 Θ 的对数分类似然等价于最大化距离的和：

$$SSR(G_1,\ldots,G_K;\boldsymbol{\mu_1},\ldots,\boldsymbol{\mu_K}) = \frac{1}{2}\sum_{k=1}^{K}\sum_{\mathbf{x}\in G_k}||\mathbf{x} - \boldsymbol{\mu}_k||^2 \tag{5.8}$$

记号 SSR 来自英语 Sum of Squared Residuals。它的梯度等于：

$$\nabla_\Theta SSR = \left(\sum_{\mathbf{x}\in G_1}(\mathbf{x} - \boldsymbol{\mu}_1),\ldots,\sum_{\mathbf{x}\in G_K}(\mathbf{x} - \boldsymbol{\mu}_K)\right)^\top \tag{5.9}$$

于是 SSR 在 $\nabla_{\Theta}SSR = 0$ 时取得局部极小值，换句话说，当参数 $\{\boldsymbol{\mu}_k \mid k \in \{1,\ldots,K\}\}$ 定义为该类的重心时，SSR 取局部极小值：

$$\forall k \in \{1,\ldots,K\}, \boldsymbol{\mu}_k = \frac{1}{|G_k|}\sum_{\mathbf{x}\in G_k}\mathbf{x}_k \tag{5.10}$$

其中 $|G_k|$ 表示类 G_k 的势（集合元素的个数）。

算法 19 的步骤 **C** 也给每个未标注样本指派了后验概率最大的类，由于前面的假设，步骤 **C** 变成了给该样本指派类中心与该样本的欧氏距离最短的类。因此，与之相联系的标准算法是，从一个初始类代表的集合出发，重复以下两个步骤：

- 给每个样本标注其距离最近的类 (标注阶段)；
- 更新每个类的代表向量 (计算重心阶段)。

这两个步骤在算法 20 中体现，算法的输入是观测集、类别数目和最大迭代次数。这个算法是 K-均值算法的标准形式，注记中列出了几点注意事项。

输入：
- $X_{\mathcal{U}} = \{\mathrm{x}_1,\ldots,\mathrm{x}_u\}$, 一个无标注样本集
- K, 类别数目
- T, 最大迭代次数

初始化：
- $(\boldsymbol{\mu}_1^{(0)},\ldots,\boldsymbol{\mu}_K^{(0)})$, 初始类代表
- $t \leftarrow 0$

while $(t < T)$ 或 (SSR 的局部极小值) do
  foreach $\mathrm{x} \in X_{\mathcal{U}}$ do
    // 分划步骤 (步骤 E 和 C，算法19)
    $G_k^{(t+1)} \leftarrow \{\mathbf{x} : ||\mathrm{x} - \boldsymbol{\mu}_k^{(t)}||^2 \leqslant ||\mathbf{x} - \boldsymbol{\mu}_l^{(t)}||^2, \forall l \neq k, 1 \leqslant l \leqslant K\}$
  foreach $k, 1 \leqslant k \leqslant K$ do
    // 计算重心步骤 (步骤 M，算法19)
    $\boldsymbol{\mu}_k^{(t+1)} \leftarrow \frac{1}{|G_k^{(t+1)}|}\sum_{\mathbf{x}\in G_k^{(t+1)}}\mathrm{x}$
    // (5.10)
  $t \leftarrow t+1$

输出： $P^* = \{G_1^*,\ldots,G_K^*\}$，一个 $X_{\mathcal{U}}$ 的 K 类分划

算法 20 K-均值算法

注记

1. 初始代表向量的选择。初始代表向量的选择有多种方式，其中最流行的有两种：一是随机无放回选取集合中的 K 个样本；二是先应用一次简单的分划，比如随机分配一次类。在第二种方法里，如果我们事先指定的类别数目要多于随机分配一次后的类别数目，可能需要其他代表向量来计算某个类的重心。重要的是，问题最终的解依赖于初始代表向量的选择，并且，这样的随机选择使得该算法不是确定性的。为了修正这个问题，在实践中，我们通常运行多次 K-均值算法，并选取能最小化残差平方和 (5.8) 的分划。当然我们也必须确保初始代表向量的选择是随机的。注意，不要对大多数程序语言都提供的函数 rand() 系统、重复地使用相同的随机种子。
2. 收敛和终止条件。如我们已经看到的 CEM 算法，K-均值算法确保残差平方和会收敛到一个局部极小值。然而，从算法角度看，在标注阶段，当某一个样本到两个类的距离相同时，应当尽量不迁移样本。终止条件同时与迭代次数和所得类别的稳定性有关。有时，由于计算机本身的舍入误差问题，很难强制实现分划的稳定性（由于存在舍入误差，因而稳定性通常通过一个类的组成样本，而不是该类的重心来验证）。最大迭代次数的选择应当以能够避免舍入误差为宜。在实践中，几十次迭代一般已足够。
3. 复杂度。在每一次迭代，需要对 u 个样本与 K 个类代表进行比较，于是复杂度为 $O(uK)$——此处我们忽略计算两个长度为 d 的向量之间的距离和相似度的复杂度 $O(d)$。更新类代表向量的复杂度至多为 $O(u)$，因此，最终的总复杂度为 $O(uKT)$，其中 T 是总迭代次数。

算法的程序代码在附录 B.4 节中给出。

5.1.3　半监督学习的基本假设

半监督学习，也称在部分标注数据集上的学习，是同时在有标注数据和无标注数据上进行的监督学习。一般情况下，假定有标注样本的数量太少，以至于无法对所研究相关性进行好的估计，那么我们就想借助无标注样本来获得更好的估计。为此，我们假定有来自联合分布 $\mathbb{P}(\mathbf{x}, y)$(也记为 $\mathcal{D}$) 的有标注样本 $S = \{(\mathbf{x}_i, y_i) \mid i = 1, \ldots, m\}$，以及来自边缘分布 $\mathbb{P}(\mathbf{x})$ 的无标注样本 $X_{\mathcal{U}} = \{\mathbf{x}_i \mid i = m+1, \ldots, m+u\}$。如果 $X_{\mathcal{U}}$ 是空的，那么我们回到了有监督学习问题；如果 S 是空的，那么我们面对的是无监督学习问题。在学习的过程中，半监督算法会估计无标注样本的类。我们记 $\tilde{y}$ 和 $\tilde{\mathbf{z}}$ 分别是算法对无标注样本 $\mathbf{x} \in X_{\mathcal{U}}$ 估计的类和类指标向量。当 $u = |X_{\mathcal{U}}| >> m = |S|$ 时，半监督学习体现出价值，我们通过所有无标注样本得到的边际分布 $\mathbb{P}(\mathbf{x})$ 相关知识能指出 $\mathbb{P}(y \mid \mathbf{x})$ 中的有用信息。如果达不到目标，那半监督学习的

表现就次于有监督学习，甚至使用无标注数据会降低习得的预测函数的表现 (Zhang et Oles, 2000; Cozman et Cohen, 2002)。因而，有必要对有监督学习预测函数中的无标注数据进行一些假设。

连续性假设

半监督学习的基本假设称为连续性假设（也称光滑性假设），其规定如下。

> **假设**
> 如果样本 $\mathbf{x}_1$ 和 $\mathbf{x}_2$ 在一个高密度区域相近，那么它们的类别标注 y_1 和 y_2 也应该相似。

这个假设意味着，如果两个点本身属于同一个类，那么它们的标注输出很有可能是相同的。相反，如果它们被一个低密度区域分隔开，那么其标注输出将是不同的。

聚类假设

现在假设同类样本一起组成一个分划。于是，补充使用无标注样本应该比只使用有标注样本能更有效地帮助我们找到分划的边界。那么，使用无标注数据的一个办法就是利用混合模型找到分划，然后，用类包含的有标注数据给这些分划标注类。以上做法的潜在假设是：

> **假设**
> 如果样本 $\mathbf{x}_1$ 和 $\mathbf{x}_2$ 位于同样的聚类（cluster），那么它们很可能属于同样的类别（class）y。

此假设可以这样来理解：如果存在一个由稠密样本组成的聚类，那么这些样本各自属于不同类别的可能性很小。这并不等于说，一个类别的元素仅由唯一一个聚类的样本组成，只是，属于不同类别的两个样本位于相同聚类的可能性很小。根据前面的连续性假设，如果我们将样本的聚类看作高密度区域，那么聚类假设的另一种表述是：分划决策的边界经过低密度区域（图 5.2(a)）。这个假设是半监督学习生成法（5.2 节）和判别法（5.3 节）的基础。

流形假设

对于高维问题，前面的两个假设就会显现出瑕疵，因为这里对密度的讨论往往基于距离概念，而此时的距离已经失去意义。于是，在一些半监督学习模型中会用到第三个假设，即流形假设，规定如下。

> **假设**
> 对高维问题，样本应位于低维的局部欧式拓扑空间（或称几何流形）中（图 5.2(b)）。

接下来，我们将介绍源于这三个假设的三类半监督学习方法的一些经典模型。

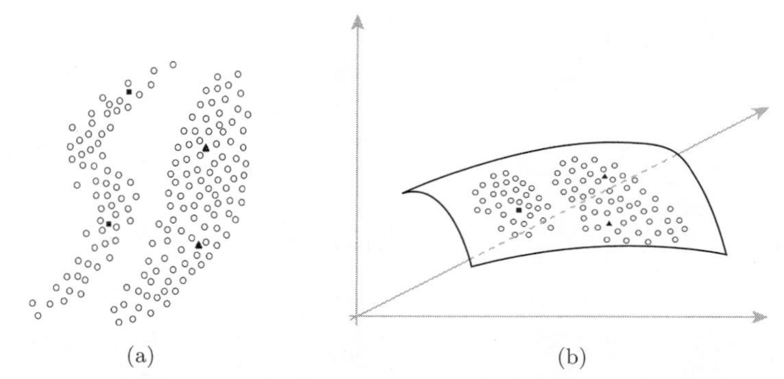

图 5.2　聚类假设和流形假设图示。无标注样本用空心圆圈表示，不同类的有标注样本分别用实心正方形和实心三角形表示。样本的聚类为高密度区域，决策边界因而经过低密度区域（聚类假设，图 (a)）。对一个给定问题，样本应位于一个低维的几何流形上，图中例子为一个二维流形，或称给定数据上的曲面（流形假设，图 (b)）

5.2　生成法

使用生成法的半监督学习需要估计条件概率 $\mathbb{P}(\mathbf{x} \mid y, \Theta)$，与无监督学习类似，这时也通过 EM 或 CEM 算法来估计模型参数 Θ。然而，生成法与无监督聚类的主要区别是，比如在 EM（5.1.2 节）算法中，与有标注样本相关联的隐变量是预先知道的，并与这些样本的类别标注相对应。因此，这类办法的基本假设是聚类假设（5.1.3 节），因为在此情况下，每个无标注样本的聚类对应一个类别 (Seeger, 2001)。于是，我们可以将使用生成法的半监督学习看成是 (a) 一个有监督分类，其中我们有关于数据的概率密度 $\mathbb{P}(\mathbf{x})$ 的额外信息；或者 (b) 一个聚类，但我们有观测集一个子集的类别标注的额外信息。在已知生成数据的假设情况下，生成法可以变得非常有效。在 5.2.3 节，我们将给出一个用于文本分类的生成模型，其中文档用其词汇出现的次数来表示，这也就是多项分布假设成立的情况。接下来，我们首先将数据的似然判据推广到半监督学习（5.2.1 节）的情形，并给出 CEM 算法在这种情形中的推广（5.2.2 节）。

5.2.1　似然准则在半监督学习情形的推广

Machlachlan (1992) 推广了分类似然准则：为进行分类，我们不仅利用无标注数据，还利用有标注数据，来估计生成模型的参数。此时，有标注样本的类别标注向量$(\mathbf{z}_i)_{i=1}^{m}$ 是已知的，并且在估计和分类阶段保持不变。与此同时，无标注数据的聚类标注向量$(\tilde{\mathbf{z}}_i)_{i=m+1}^{m+u}$ 的估计方法与在无监督情形中一样。半监督学习数据的对数分类似然为：

$$\mathcal{L}_{ssC}(P, \Theta) = \sum_{i=1}^{m} \sum_{k=1}^{K} z_{ik} \ln \mathbb{P}(\mathbf{x}_i, y = k, \Theta) + \sum_{i=m+1}^{m+u} \sum_{k=1}^{K} \tilde{z}_{ik} \ln \mathbb{P}(\mathbf{x}_i, \tilde{y} = k, \Theta) \tag{5.11}$$

这个和式的第一项涵盖有标注数据，第二项则涵盖无标注数据。有研究提出，通过在第二项前面添加一个实数 $\lambda \in [0,1]$ 来控制无标注样本对学习的影响 (Grandvalet et Bengio, 2005; Chapelle et al., 2006, ch.9)。经过比较，极大似然准则的半监督学习版本是：

$$\mathcal{L}_{ssM}(\Theta) = \sum_{i=1}^{m} \ln \mathbb{P}(\mathbf{x}_i, y_i, \Theta) + \sum_{i=m+1}^{m+u} \ln \left(\sum_{k=1}^{K} \pi_k \mathbb{P}(\mathbf{x}_i \mid \tilde{y} = k, \theta_k) \right) \tag{5.12}$$

利用这个准则，Nigam et al. (2000) 推广了 EM 算法，在朴素贝叶斯多类分类器的参数估计中考虑了有标注样本，提出了应用于文本分类任务的一种半监督学习算法。接下来，我们将介绍 CEM 算法在半监督学习中的推广，它在这种学习多类分类器的任务中表现得更好。

5.2.2 半监督 CEM 算法

CEM 算法通过最大化等式 (5.11) 而非等式 (5.7)，可以很容易地应用到半监督情形中。此时，聚类被吸收到类别中，初始的成分密度 $\mathbb{P}(\mathbf{x} \mid \tilde{y}^{(0)} = k, \theta^{(0)}), k \in \{1, \ldots, K\}$ 则使用有标注数据估计。在算法的分类步骤（步骤 **C**）中，无标注数据的聚类（或类别）指标向量 $(\tilde{\mathbf{z}}_i)_{i=m+1}^{m+u}$ 就这样被估计，而有标注样本的类别指标向量则固定为它们的已知向量（算法 21）。不难看出，后者最终收敛到似然的局部最大值 (5.11)。半监督 CEM 算法与无监督 CEM 算法的一个重大区别是习得模型的归纳性质，它被用来推断新样本的类别输出（如同我们已研究过的监督学习模型），而聚类的目标仅仅是发现样本的聚类，而不是得出一个一般规则。

输入： 有标注样本集 $S = \{(\mathbf{x}_i, y_i) \mid i \in \{1, \ldots, m\}\}$，无标注样本集 $X_{\mathcal{U}} = \{\mathbf{x}_i \mid i \in \{m+1, \ldots, m+u\}\}$

初始化： 有标注样本 S 上的参数 $\Theta^{(0)}$

for $t \geqslant 0$ do

  步骤 E：由当前参数 $\Theta^{(t)} = \{\pi^{(t)}, \theta^{(t)}\}$，估计无标注样本的聚类的指标向量的条件期望 $\mathbb{E}[\tilde{z}_{ik}^{(t)} \mid \mathbf{x}_i; P^{(t)}, \pi^{(t)}, \theta^{(t)}]$。即 $\forall \mathbf{x}_i \in X_{\mathcal{U}}$，

$$\mathbb{E}\left[\tilde{z}_{ik}^{(t)} \mid \mathrm{x}_i; P^{(t)}, \Theta^{(t)}\right] = \mathbb{P}(\tilde{y}^{(t)} = k \mid \mathbf{x}_i, \Theta^{(t)}) = \frac{\pi_k^{(t)} \mathbb{P}(\mathbf{x}_i \mid \tilde{y}^{(t)} = k, \theta_k^{(t)})}{\sum_{k=1}^{K} \pi_k^{(t)} \mathbb{P}(\mathbf{x}_i \mid \tilde{y}^{(t)} = k, \theta_k^{(t)})}$$

  步骤 C：给每个无标注样本 $\mathbf{x}_i \in X_{\mathcal{U}}$ 指派一个类别，使得其后验概率最大。记 $P^{(t+1)}$ 为新的聚类分划

  步骤 M：寻找新的 $\Theta^{(t+1)}$，使其最大化数据的对数似然 (5.11)

输出： 模型参数 Θ^*

算法 21 半监督 CEM 算法

在下一节，我们介绍使用最多的生成模型，即文本自动分类模型。这个模型假设，在不同类别下，各单词之间是条件独立的（*朴素贝叶斯假设*）。由此，该模型在文献中通常称为*朴素贝叶斯模型*。

5.2.3 应用：朴素贝叶斯分类器的半监督学习

在这种情形中，我们将一个长度为 l_{x_i} 的文档 x_i 看成是一个有序的单词序列 $x_i = \langle w_1, \dots, w_{l_{x_i}} \rangle$，它由一个大小为 d 的词库 $\mathcal{V} = \{w_1, \dots, w_d\}$ 生成。由*朴素贝叶斯假设*，我们假定混合文档中的每一个成分（或一个类别）生成某个单词的概率独立于上下文和该单词在文档中的位置，概率密度函数为：

$$\forall k \in \{1, \dots, K\}, \mathbb{P}(x_i = \langle w_1, \dots, w_{l_{x_i}} \rangle \mid y = k) = \prod_{w_j \in x_i} \theta_{j|k} \tag{5.13}$$

其中 $\forall j \in \{1, \dots, d\}, \theta_{j|k} = \mathbb{P}(w_j \mid y = k)$ 表示混合模型的第 k 个成分生成词库中单词 w_j 的概率。这些概率满足 $0 \leqslant \theta_{j|k} \leqslant 1$ 和 $\sum_{j=1}^{d} \theta_{j|k} = 1$。利用朴素贝叶斯模型，我们抓住了文档中词库中单词词频的信息。因而，如果我们用一个 d 维向量表示文档 x_i，即 $\mathbf{x}_i = (n_{i,1}, \dots, n_{i,d})^\top$，其中 $n_{i,j}, j \in \{1, \dots, d\}$ 表示词库中指标为 j 的单词在文档 x_i 中出现的频数，概率密度函数 (5.14) 变为：

$$\forall k \in \{1, \dots, K\}, \mathbb{P}(\mathbf{x}_i \mid y = k) = \frac{n_{x_i}\,!}{n_{i,1}! \dots n_{i,d}!} \prod_{j=1}^{d} \theta_{j|k}^{n_{i,j}} \tag{5.14}$$

其中 $n_{x_i} = n_{i,1} + \dots + n_{i,d}$ 是词库中单词在文档 x_i 中出现的总频数。

证明

给定第 k 个类别，词库中指标为 1 的单词在 x_i 中出现 $n_{i,1}$ 次的概率为 $\binom{n_{x_i}}{n_{i,1}} \theta_{1|k}^{n_{i,1}} \left[1 - \theta_{1|k}\right]^{n_{x_i} - n_{i,1}}$。我们将该单词从生成过程中拿走并继续。此时，词库中指标为 2 的单词在 x_i 中出现 $n_{i,2}$ 次的概率为 $\binom{n_{x_i} - n_{i,1}}{n_{i,2}} \left[\frac{\theta_{2|k}}{1-\theta_{1|k}}\right]^{n_{i,2}} \left[1 - \frac{\theta_{2|k}}{1-\theta_{1|k}}\right]^{n_{x_i} - n_{i,1} - n_{i,2}}$（因为 $n_{i,2} + \dots + n_{i,d} = n_{x_i} - n_{i,1}$ 以及 $\frac{\theta_{2|k}}{1-\theta_{1|k}} + \dots + \frac{\theta_{d|k}}{1-\theta_{1|k}} = 1$）。由于生成步骤是独立的，因而有：

$$\begin{aligned}\mathbb{P}(\mathbf{x}_i = (n_{i,1}, \dots, n_{i,d}) \mid y = k) = \binom{n_{x_i}}{n_{i,1}} \times \dots \times \binom{n_{x_i} - n_{i,1} - \dots - n_{i,d-1}}{n_{i,d}} \times \\ \theta_{1|k}^{n_{i,1}} [1 - \theta_{1|k}]^{n_{x_i} - n_{i,1}} \times \left[\frac{\theta_{2|k}}{1-\theta_{1|k}}\right]^{n_{i,2}} \left[1 - \frac{\theta_{2|k}}{1-\theta_{1|k}}\right]^{n_{x_i} - n_{i,1} - n_{i,2}} \times \dots\end{aligned}$$

考虑乘积的第一项：

$$\binom{n_{x_i}}{n_{i,1}} \times \dots \times \binom{n_{x_i} - n_{i,1} - \dots - n_{i,d-1}}{n_{i,d}} = \frac{n_{x_i}!}{n_{i,1}! \cancel{(n_{x_i} - n_{i,1})!}} \times \frac{\cancel{(n_{x_i} - n_{i,1})!}}{n_{i,2}! \cancel{(n_{x_i} - n_{i,1} - n_{i,2})!}} \dots$$

经过简化，我们得到多项式系数：

$$\binom{n_{x_i}}{n_{i,1}} \times \ldots \times \binom{n_{x_i} - n_{i,1} - \ldots - n_{i,d-1}}{n_{i,d}} = \frac{n_{x_i}!}{n_{i,1}! \ldots n_{i,d}!}$$

再简化第二项即得所需结果。

因此我们说，文档 x_i 是由代表类别 k 的多项分布（记为 $Mult(n_{x_i}; \theta_{1|k}, \ldots, \theta_{d|k})$）生成的。其支撑集为由正整数或零组成的 d 元组，满足 $n_{i,1} + n_{i,2} + \ldots + n_{i,d} = n_{x_i}$。这个生成模型的参数是：

$$\Theta = \{\theta_{j|k} : j \in \{1, \ldots, d\}, k \in \{1, \ldots, K\}; \pi_k : k \in \{1, \ldots, K\}\}$$

忽略与参数 Θ 相独立的多项式系数，极大化数据的对数分类似然 (5.11) 问题转化为求解以下带约束优化问题，其中有超参数$\lambda \in [0, 1]$ 对冲无标注样本的影响：

$$\max_{\Theta} \sum_{i=1}^{m} \sum_{k=1}^{K} z_{ik} \left(\ln \pi_k + \sum_{j=1}^{d} n_{i,j} \ln \theta_{j|k} \right) + \lambda \sum_{i=m+1}^{m+u} \sum_{k=1}^{K} \tilde{z}_{ik} \left(\ln \pi_k + \sum_{j=1}^{d} n_{i,j} \ln \theta_{j|k} \right)$$

$$\text{满足条件} \forall k \in \{1, \ldots, K\}, \sum_{j=1}^{d} \theta_{j|k} = 1 \quad \text{et} \quad \sum_{k=1}^{K} \pi_k = 1$$

使用拉格朗日变量 $\boldsymbol{\beta} = (\beta_1, \ldots, \beta_K)$ 和 γ，它们关联 $K+1$ 个约束条件，该优化问题的拉格朗日表达式为：

$$L_p(\Theta, \boldsymbol{\beta}, \gamma) = \mathcal{L}_{ssC}(P, \Theta) + \sum_{k=1}^{K} \beta_k \sum_{j=1}^{d} \left(1 - \theta_{j|k}\right) + \gamma \left(1 - \sum_{k=1}^{K} \pi_k\right) \tag{5.15}$$

令表达式关于变量 $\theta_{j|k}; \forall j, \forall k$ 和 $\pi_k; \forall k$ 的偏导数为 0，我们有：

$$\forall j, \forall k, \frac{\partial L_p}{\partial \theta_{j|k}} = \sum_{i=1}^{m} z_{ik} n_{i,j} \frac{1}{\theta_{j|k}} + \lambda \sum_{i=m+1}^{m+u} \tilde{z}_{ik} n_{i,j} \frac{1}{\theta_{j|k}} - \beta_k = 0$$

$$\forall k, \frac{\partial L_p}{\partial \pi_k} = \sum_{i=1}^{m} z_{ik} \frac{1}{\pi_k} + \lambda \sum_{i=m+1}^{m+u} \tilde{z}_{ik} \frac{1}{\pi_k} - \gamma = 0$$

并且，利用等式约束，有：

$$\forall j, \forall k, \theta_{j|k} = \frac{\sum_{i=1}^{m} z_{ik} n_{i,j} + \lambda \sum_{i=m+1}^{m+u} \tilde{z}_{ik} n_{i,j}}{\sum_{i=1}^{m} z_{ik} \sum_{j=1}^{d} n_{i,j} + \lambda \sum_{i=m+1}^{m+u} \tilde{z}_{ik} \sum_{j=1}^{d} n_{i,j}} \tag{5.16}$$

$$\forall k, \pi_k = \frac{\sum_{i=1}^{m} z_{ik} + \lambda \sum_{i=m+1}^{m+u} \tilde{z}_{ik}}{m + \lambda u} \tag{5.17}$$

有或无标注样本的类别指标向量的二值分量中，只有一项等于 1（对应该样本的类别）。因此，我们有 $\forall \mathbf{x}_i \in S, \sum_{k=1}^{K} z_{ik} = 1$ 和 $\forall \mathbf{x}_i \in X_{\mathcal{U}}, \sum_{k=1}^{K} \tilde{z}_{ik} = 1$。(5.17) 的分母来自这些等式。另外，我们在实践中会遇到一个问题：某些单词没有出现在给定类别中的任何文档里，因而会导致出现概率为 0，并在传递给对数后出现计算错误。为解决这个问题，我们通常借助拉普拉斯平滑化来进行概率平滑化，即增加一个该类别中包含该单词的文档：

$$\forall j, \forall k, \theta_{j|k} = \frac{\sum_{i=1}^{m} z_{ik} n_{i,j} + \lambda \sum_{i=m+1}^{m+u} \tilde{z}_{ik} n_{i,j} + 1}{\sum_{i=1}^{m} z_{ik} \sum_{j=1}^{d} n_{i,j} + \lambda \sum_{i=m+1}^{m+u} \tilde{z}_{ik} \sum_{j=1}^{d} n_{i,j} + d} \tag{5.18}$$

最后，步骤 **E** 和 **C** 可以总结为，在当前模型参数下，对每个无标注样本，计算联合分布的概率的对数，并将令该联合概率最大的类别指派给该样本。

$$\forall \mathbf{x}_i \in X_{\mathcal{U}}, \mathbf{x}_i\text{属于类别}k \Leftrightarrow k = \underset{k' \in \{1,\dots,K\}}{\operatorname{argmax}} \ln \mathbb{P}(\mathbf{x}_i, \tilde{y} = k', \Theta) \tag{5.19}$$

忽略多项式系数，它对给定样本而言总是一样的，且不影响最后决策，我们有：

$$\forall k' \ln \mathbb{P}(\mathbf{x}_i, \tilde{y} = k', \Theta) \approx \ln \pi_{k'} + \sum_{j=1}^{d} n_{i,j} \ln \theta_{j|k'} \tag{5.20}$$

我们会在后面给出半监督 CEM 算法在假定样本类别服从多项分布的情形下的具体实现。在这个程序里，我们选择了这样一个数据结构来代表和操作样本：它能储存非空属性的指标和其对应值。这个数据结构适用于高维问题中稀疏向量的表示；其中，向量只有一小部分属性是非空的。一个例子是文档分类问题，其维数可能数以千计，但在通常情况下，文档 99% 的属性是空的 (Amini et Gaussier, 2013, 第 2 章)。针对稀疏向量的数据结构和程序代码在附录 B.4 节中给出。

5.3 判别法

生成法的缺点在于，在关于分布的假设不再有效时，使用生成法来学习模型的表现会比只使用有标注样本更糟糕 (Cohen et al., 2004)。这个问题激发了许多人研究如何摆脱这些假设。第一批工作使用判别模型来估计输入样本类别的后验概率，比如应用 Logistic 回归（3.3 节），并证明极大化半监督分类似然等价于最小化有标注样本和伪标注样本上的经验风险。在判别情形下，半监督 CEM 算法的推广等价于“有导向决策”技术，或称自训练算法。它在自适应信号处理的框架中被提出，方法是利用系统对无标注样本的预测输出，来构建进一步的输出 (Fralick, 1967; Patrick et al., 1970)。不断重复这个伪标注和模型学习过程，直到样本的标注不再变化为止。当将类别的伪标注指派给无标注样本时，通过阈值化这些样本上分类器的输出，我们可以证明自训练算法是基于聚类假设的。在以下章节里，我们将给出这个算法针对二类分类问题的版本。在连同其相关模型的半监督学习中，二类分类问题已被大量研究过。我们还将介绍近年文献中出现的其他类似技术。

5.3.1 自训练算法

当我们显式假定判别形式的分类器输出可以估计类别的后验概率时，我们可以改写准则 (5.11)，以便突出这些概率。事实上，根据贝叶斯公式，我们有：

$$\begin{aligned}\mathcal{L}_{ssC}(P,\Theta) = &\sum_{i=1}^{m}\sum_{k=1}^{2} z_{ik}\ln\mathbb{P}(y=k\mid \mathbf{x}_i,\Theta) + \sum_{i=1}^{m}\mathbb{P}(\mathbf{x}_i,\Theta) + \\ &\sum_{i=m+1}^{m+u}\sum_{k=1}^{2}\tilde{z}_{ik}\ln\mathbb{P}(\tilde{y}=k\mid \mathbf{x}_i,\Theta) + \sum_{i=1}^{m}\mathbb{P}(\mathbf{x}_i,\Theta)\end{aligned}$$

由于在判别法中没有对数据生成方式进行任何分布假设，即没有对 $\mathbb{P}(\mathbf{x})$ 进行估计，因而最优化以上表达式等价于优化如下表达式 (Machlachlan, 1992, p. 261)：

$$\mathcal{L}_{ssD}(P,\Theta) = \sum_{i=1}^{m}\sum_{k=1}^{2} z_{ik}\ln\mathbb{P}(y=k\mid \mathbf{x}_i,\Theta) + \sum_{i=m+1}^{m+u}\sum_{k=1}^{2}\tilde{z}_{ik}\ln\mathbb{P}(\tilde{y}=k\mid \mathbf{x}_i,\Theta) \tag{5.21}$$

在使用 3.3 节介绍的推理方式来应用 Logistic 判别形式进行后验概率估计时，不难看到，最大化表达式 (5.21) 等价于最小化一个经验风险的上界，它使用线性函数 $h_{\boldsymbol{w}}:\mathcal{X}\to\mathbb{R}$ 在有标注和伪标注样本集上的 Logistic 损失。

$$\hat{\mathcal{L}}(\boldsymbol{w}) = \frac{1}{m}\sum_{i=1}^{m}\ln(1+e^{-y_i h_{\boldsymbol{w}}(\mathbf{x}_i)}) + \frac{1}{u}\sum_{i=m+1}^{m+u}\ln(1+e^{-\tilde{y}_i h_{\boldsymbol{w}}(\mathbf{x}_i)}) \tag{5.22}$$

用自训练算法对表达式 (5.22) 进行优化。首先，在有标注样本集 S 上训练分类器 $h_{\boldsymbol{w}}$。然后，算法给未标注样本 $\mathbf{x}_i\in X_{\mathcal{U}}$ 指派该分类器的输出所给出的类的伪标注（步骤 **C**）。利用初始有标注数据和进而获得的有伪标注的样本集，通过最小化使用 Logistic 损失的经验风险上界，以此来训练一个新分类器。获得的新参数值则用来对未标注数据进行新的聚类分划。在判别法中，步骤 **E** 是平凡的，因而后验概率的估计可以直接通过分类器的输出来导出。因此，步骤 **E** 与步骤 **M** 融合了。算法不断在步骤 **C** 和 **M** 上迭代，直到满足收敛准则 (5.22) 为止。

自训练算法使用了习得分类器输出给出的伪标准，但与仅使用有标注数据的监督算法相比，却无法保证成功 (Chapelle et al., 2006)。这主要是因为，自训练算法在利用习得分类器给出的预测值来指派类的伪标注时没有受到任何约束：它没有保证遵循半监督学习的几个假设（5.1.3 节）。为解决这一问题，一个办法是修改指派类的伪标注的步骤，在分类器预测值的基础上，考虑一个固定阈值 $\rho > 0$，并假设当前分类器的大部分错误都集中在小间隔样本上 (Tür et al., 2005)：

$$\forall \mathbf{x}_i \in X_{\mathcal{U}}, \tilde{y}_i = \begin{cases} 1, & 若 h(\mathbf{x}_i) \geqslant \rho \\ -1, & 若 h(\mathbf{x}_i) \leqslant -\rho \end{cases} \tag{5.23}$$

因此这个假设规定，决策边界将经过低密度区域，该区域也是分类器可能犯错的区域。在这个变种算法里，我们对一部分未标注样本指派了类别的伪标注，使得分类器在这些样本上最可信（根据阈值 ρ）。我们储存好这部分伪标注样本，记为 $\tilde{S}_{\mathcal{U}}$，它在剩下的迭代过程中都保持不变。接下来，重复分类和学习步骤，直到再没有可以进行伪标注的未标注样本。这个优化问题的目标函数和经验误差上界 (5.22) 略有不同，函数表达式为：

$$\hat{\mathcal{L}}(\boldsymbol{w}) = \frac{1}{m}\sum_{i=1}^{m} \ln(1 + e^{-y_i h_{\boldsymbol{w}}(\mathbf{x}_i)}) + \frac{1}{|\tilde{S}_{\mathcal{U}}|}\sum_{\mathbf{x}_i \in \tilde{S}_{\mathcal{U}}} \ln(1 + e^{-\tilde{y}_i h_{\boldsymbol{w}}(\mathbf{x}_i)}) \tag{5.24}$$

这个变形算法的一个实现在附录 B.4 节中给出，图示见图 5.3。此时的阈值被设定为监督模式习得的分类器在有标注样本上预测的、无符号值的间隔平均值。我们使用共轭梯度法（2.4 节）对表达式 (5.24) 进行最优化。注意，相对于之前介绍的 Logistic 分类器学习（3.3 节），这里的目标函数及其梯度的定义都不同。

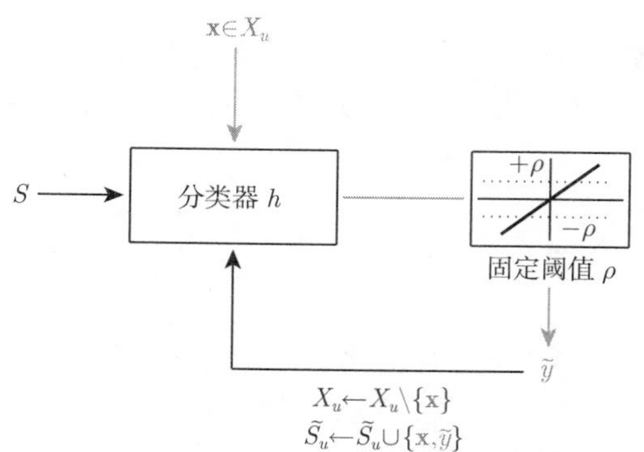

图 5.3　带间隔条件的自训练算法图示 (Tür et al., 2005)。首先在有标注训练集 S 上学习分类器 $h: \mathcal{X} \to \mathbb{R}$。接下来，算法给未标注样本集 $X_{\mathcal{U}}$ 中的样本指派类别的伪标注，方法是对分类器 h 在这些样本上（灰色）的输出进行阈值化。从集合 $X_{\mathcal{U}}$ 中抽取出的有伪标注的样本组成一个集合 $\tilde{S}_{\mathcal{U}}$，使用集合 S 和 $\tilde{S}_{\mathcal{U}}$ 来学习新的分类器。这个学习过程和伪标注过程不断重复，直到收敛为止

一个变形：一次性自训练算法

自训练算法有一个变形：只执行一次伪标注步骤，也只执行一次在有标注样本和伪标注样本上学习分类器的学习步骤。这个变形算法称为一次性自训练算法。这个算法的可靠性在以下情形中得到研究：在伪标注步骤中，使用算法 1 给出的最近邻法，它给距离（这里的距离是欧氏距离 (Urner et al., 2011)）训练集有标注样本的类别标注，并给最近的无标注样本指派了同样的类别标注。这个变形的代码在附录 B.4 节中给出。

5.3.2 转导支持向量机

转导（transductive）学习由 Vapnik (1999) 提出，致力于生成一个只针对固定数目的无标注样本 $X_{\mathcal{U}} = \{\mathbf{x}_i \mid i = m+1, \ldots, m+u\}$ 的预测函数。这个框架的动机是，考虑在一些实际应用中，并不一定要像归纳法那样得到一般性规则，而仅仅需要以一定精度预测某个无标注样本，或者说测试集的输出 [①]。因此，此类学习的转导误差被定义为预测输出 $\{\tilde{y}_i \mid \mathbf{x}_i \in X_{\mathcal{U}}, i \in \{m+1, \ldots, m+u\}\}$ 与真实输出 $\{y_i \mid \mathbf{x}_i \in X_{\mathcal{U}}, i \in \{m+1, \ldots, m+u\}\}$ 不同的无标注样本的平均个数：

$$R_u(\mathfrak{A}_T) = \frac{1}{u} \sum_{i=m+1}^{m+u} \mathbb{1}_{y_i \neq \tilde{y}_i} \tag{5.25}$$

其中，$\mathfrak{A}_T : \mathcal{X} \to \mathcal{Y}$ 是在无标注样本集上预测样本 $\mathbf{x}_i \in X_{\mathcal{U}}$ 的转导学习算法，该样本的输出为 $\tilde{y}_i \in \mathcal{Y}$。由于这个集合的大小是有限的，因而我们需要考虑的转导预测函数 $\mathfrak{A}_T$ 所在的函数类 $\mathcal{F} = \{-1, +1\}^{m+u}$ 也有限。根据结构风险最小化原理（1.2.3 节），$\mathcal{F}$ 可以按以下嵌套结构方式定义：

$$\mathcal{F}_1 \subset \mathcal{F}_2 \subset \ldots \subset \mathcal{F} = \{-1, +1\}^{m+u} \tag{5.26}$$

这个结构通常会将学习问题的先验知识转化为待处理状态，并且必须按以下方式构建：它必须使有标注和无标注学习样本类别的标注预测以较大概率被包含在小尺寸函数类 $\mathcal{F}_k$ 中。特别地，Derbeko et al. (2003) 证明，对任意 $\delta \in (0,1)$，我们有：

$$\mathbb{P}\left(R_u(\mathfrak{A}_T) \leqslant R_m(\mathfrak{A}_T) + \Gamma(m, u, |\mathcal{F}_k|, \delta)\right) \geqslant 1 - \delta \tag{5.27}$$

其中 $R_m(\mathfrak{A}_T)$ 是训练集上的转导误差（或分类经验误差），$\Gamma(m, u, |\mathcal{F}_k|, \delta)$ 是依赖于有标注样本数目 m、无标注样本数目 u 和函数类 $\mathcal{F}_k$ 的大小 $|\mathcal{F}_k|$ 表示复杂度的项。为找到最优的函数类，转导算法通常利用无标注样本的无符号间隔的分布，来指导预测函数的搜索，使其遵守在半监督学习（5.1.3 节）假设下的数据聚类。根据结构风险最小化原理，学习算法变为给无标注样本选择标注 $\{\tilde{y}_i \mid \mathbf{x}_i \in X_{\mathcal{U}}\} \in \mathcal{F}_k$，使得分类经验误差 $R_m(\mathfrak{A}_T)$ 和函数类的大小 $|\mathcal{F}_k|$ 最小化表达式 (5.27) 中的上界。在经验误差为零的特殊情形中，最小化上界等价于寻找无标注样本的标注，并使其间隔最大化。

① 由于这些无标注样本是事先已知的，并在训练阶段被学习算法观察到，所以转导学习是半监督学习的一种特殊情形。

转导支持向量机（SVMT）源于这个范式，它找寻在特征空间中间隔意义上的最佳超平面，使其能最好地分隔有标注样本，而且不经过高密度区。为此，转导支持向量机构造了函数类 $\mathcal{F}$ 上的一个结构，方法是对所有无标注样本的输出按其间隔进行排序。与这个范式相关的第一个优化问题称为硬间隔转导支持向量机，有如下形式 (Vapnik, 1999)：

$$\min_{\bar{\boldsymbol{w}},w_0,\tilde{y}_{m+1},\ldots,\tilde{y}_{m+u}} \frac{1}{2}||\bar{\boldsymbol{w}}||^2 \tag{5.28}$$

$$\begin{aligned} \text{满足约束} \quad & \forall i \in \{1,\ldots,m\}, y_i\left(\langle \bar{\boldsymbol{w}}, \mathbf{x}_i\rangle + w_0\right) - 1 \geqslant 0 \\ & \forall i \in \{m+1,\ldots,m+u\}, \tilde{y}_i\left(\langle \bar{\boldsymbol{w}}, \mathbf{x}_i\rangle + w_0\right) - 1 \geqslant 0 \\ & \forall i \in \{m+1,\ldots,m+u\}, \tilde{y}_i \in \{-1,+1\} \end{aligned} \tag{5.29}$$

这个问题的解是无标注样本的标注 $\tilde{y}_{m+1},\ldots,\tilde{y}_{m+u}$，使得参数超平面 $\{\bar{\boldsymbol{w}}, w_0\}$ 以最大间隔方式分隔由有标注和无标注样本组成的样本集。图 5.4 展示了在一个二类分类问题上由 SVM 和 SVMT 分别找到的解。这两个算法的根本区别是，虽然 SVM 也找到能分隔训练集中有标注样本且间隔最大的分隔超平面，但它完全没有考虑无标注样本的存在。通过引入与有标注样本和无标注样本相关的偏差变量，Joachims (1999b) 将优化问题 (5.28) 推广到不可分情形：

$$\min_{\bar{\boldsymbol{w}},w_0,\tilde{y}_{m+1},..,\tilde{y}_{m+u},\xi_1,..,\xi_m,\tilde{\xi}_1,..,\tilde{\xi}_u} \frac{1}{2}||\bar{\boldsymbol{w}}||^2 + C\sum_{i=1}^{m}\xi_i + \tilde{C}\sum_{i=1}^{u}\tilde{\xi}_i \tag{5.30}$$

$$\begin{aligned} \text{满足} \quad & \forall i \in \{1,\ldots,m\}, y_i\left(\langle \bar{\boldsymbol{w}}, \mathbf{x}_i\rangle + w_0\right) \geqslant 1 - \xi_i \\ & \forall i \in \{m+1,\ldots,m+u\}, \tilde{y}_i\left(\langle \bar{\boldsymbol{w}}, \mathbf{x}_i\rangle + w_0\right) \geqslant 1 - \tilde{\xi}_{i-m} \\ & \forall i \in \{m+1,\ldots,m+u\}, \tilde{y}_i \in \{-1,+1\} \\ & \forall i \in \{1,\ldots,m\}, \xi_i \geqslant 0 \\ & \forall i \in \{1,\ldots,u\}, \tilde{\xi}_i \geqslant 0 \end{aligned} \tag{5.31}$$

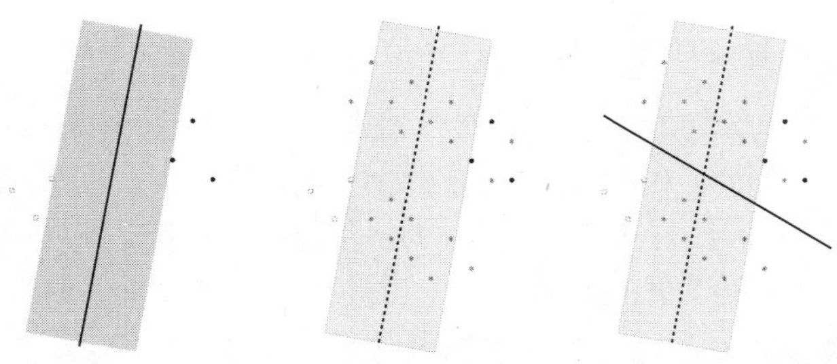

图 5.4　支持向量机（左图和中图）和转导支持向量机（右图）给出的分隔超平面。对一个二类分类问题，有标注样本用圆形和正方形表示（左图），无标注样本用星形表示。支持向量机算法给出的超平面完全忽略无标注样本（中图），而转导支持向量机给出的解则不仅分隔两个类别，还不会穿过密集区域（右图）

对这两个问题 (5.28) 和 (5.30)，无标注样本的伪标注被视作一个整体，根据约束 (5.29) 和 (5.31)，这两个问题可以写成目标函数为二次函数、约束为线性约束的优化问题。目前，还没有有效的算法能够找到此问题的全局最优解。不过，(Joachims, 1999b, 2002) 提出了使用坐标下降法(Luo et Tseng, 1992) 的近似办法来解决此问题。这个办法在每次迭代中随机选取一个坐标，并对目标函数在该坐标方向使用简单技术进行最小化，比如线搜索（2.3 节）。

5.3.3 贝叶斯分类器误差的转导界

在这一节里，我们将介绍贝叶斯分类器转导风险（5.25）的另一个上界，它被定义在无标注训练集的样本上，并考虑了分类器在这些样本上的无符号间隔的分布。函数类 $\mathcal{F}$ 上后验概率分布为 Q 的贝叶斯分类器被定义为：

$$\begin{aligned} B_Q : \mathcal{X} &\rightarrow \{-1, +1\} \\ \mathbf{x} &\mapsto \operatorname{sgn}\left[\mathbb{E}_{f\sim Q} f(\mathbf{x})\right] \end{aligned} \tag{5.32}$$

B_Q 将 $\mathcal{F}$ 中分类器在一个样本上的多数投票连同它们的关联权重，转化为类别标注。使用标准化权重的投票分类器算法 AdaBoost （3.5 节）就是一个例子。因此，贝叶斯分类器在无标注训练集 $X_{\mathcal{U}}$ 样本集合上的转导风险被定义为：

$$R_u(B_Q) = \frac{1}{u} \sum_{\mathbf{x}\in X_{\mathcal{U}}} \mathbb{1}_{B_Q(\mathbf{x})\neq y} \tag{5.33}$$

类似地，我们把关联 Gibb 分类器G_Q 定义为在集合 $\mathcal{F}$ 上根据分布 Q 随机抽样而得的预测函数，它的转导风险为：

$$R_u(G_Q) = \frac{1}{u} \sum_{\mathbf{x}\in X_{\mathcal{U}}} \mathbb{E}_{f\sim Q}\left[\mathbb{1}_{f(\mathbf{x})\neq y}\right] \tag{5.34}$$

考虑无标注样本的无符号间隔分布：

$$\forall \mathbf{x} \in \mathcal{X}, m_Q(\mathbf{x}) = \left|\mathbb{E}_{f\sim Q} f(\mathbf{x})\right| \tag{5.35}$$

我们可以界定贝叶斯分类器在无符号间隔大于给定阈值 ρ 的样本上的转导风险：

$$R_{u\wedge\rho}(B_Q) = \frac{1}{u} \sum_{\mathbf{x}\in X_{\mathcal{U}}} \mathbb{1}_{B_Q(\mathbf{x})\neq y \wedge m_Q(\mathbf{x})>\rho} \tag{5.36}$$

定理 10 (Amini et al. (2009)) 令贝叶斯分类器 B_Q 如 (5.32) 中定义。对任意 Q、任意 $\rho \geqslant 0$ 和任意 $\delta \in (0, 1]$，我们至少以概率 $1-\delta$ 有：

$$R_{u\wedge\rho}(B_Q) \leqslant \inf_{\gamma\in(\rho,1]} \left\{ \mathbb{P}_u(\rho < m_Q(\mathbf{x}) < \gamma) + \frac{1}{\gamma} \left\lfloor K_u^\delta(Q) + M_Q^{\leqslant}(\rho) - M_Q^{<}(\gamma) \right\rfloor_+ \right\} \tag{5.37}$$

其中 $\mathbb{P}_u(C)$ 是无标注样本的一个部分，满足条件 $C, K_u^\delta(Q) = R_u^\delta(G_Q) + \frac{1}{2}(\mathbb{E}_u\left[m_Q(\mathbf{x})\right] - 1), M_Q^{\lhd}(z) = \mathbb{E}_u\left[m_Q(\mathbf{x})\mathbb{1}_{m_Q(\mathbf{x})\lhd z}\right]$，其中 $\lhd$ 表示 $<$ 或 $\leqslant$，$\lfloor z \rfloor_+ = \mathbb{1}_{z>0} z$。

证明　定理 (10)

1. 设无标注数据的无符号间隔集合大小为 N：

$$\{\gamma_i, i=1,\ldots,N\} = \{m_Q(\mathbf{x}) \mid \mathbf{x} \in X_{\mathcal{U}} \wedge m_Q(\mathbf{x}) > 0\}$$

记 $k = \max\{i \mid \gamma_i \leqslant \rho\}$ 为小于等于 ρ 的间隔的指标最大值，$b_i = \mathbb{P}_u(B_Q(\mathbf{x}) \neq y \wedge m_Q(\mathbf{x}) = \gamma_i), \forall i \in \{1,\ldots,N\}$ 是无标注样本中被贝叶斯分类器误分类且无符号间隔等于 γ_i 的样本部分。于是，贝叶斯分类器在无符号间隔大于某个阈值 ρ (5.36) 的样本上的转导误差为：

$$\forall \rho \in [0,1], R_{u\wedge\rho}(B_Q) = \sum_{i=k+1}^{N} b_i \tag{5.38}$$

2. 鉴于无符号间隔的定义，同时函数 $f \in \mathcal{F}$ 的取值位于 $\{-1,+1\}$ 中，我们有：

$$\forall \mathbf{x} \in X_{\mathcal{U}}, m_Q(\mathbf{x}) = |\mathbb{E}_{f\sim Q} f(\mathbf{x})| = |1 - 2\mathbb{E}_{f\sim Q}[\mathbb{1}_{f(\mathbf{x})\neq y}]| \tag{5.39}$$

此外，当且仅当 $\mathbb{E}_{f\sim Q}[\mathbb{1}_{f(\mathbf{x})\neq y}] > \frac{1}{2}$ 时，贝叶斯分类器对一个无标注样本 $\mathbf{x} \in X_{\mathcal{U}}$ 误分类，根据 (5.39)：

$$\mathbb{E}_{f\sim Q}[\mathbb{1}_{f(\mathbf{x})\neq y}] = \frac{1}{2}(1 + m_Q(\mathbf{x}))\mathbb{1}_{B_Q(\mathbf{x})\neq y} + \frac{1}{2}(1 - m_Q(\mathbf{x}))\mathbb{1}_{B_Q(\mathbf{x})= y} \tag{5.40}$$

通过对上式在所有无标注样本上取平均，Gibbs 分类器 (5.34) 的风险可以写成关于 b_i 和 γ_i 的表达式：

$$\begin{aligned} R_u(G_Q) &= \frac{1}{u}\sum_{\mathbf{x}\in X_{\mathcal{U}}} m_Q(\mathbf{x})\mathbb{1}_{B_Q(\mathbf{x})\neq y} + \frac{1}{2}(1 - \mathbb{E}_u[m_Q(\mathbf{x})]) \\ &= \sum_{i=1}^{N} b_i\gamma_i + \frac{1}{2}(1 - \mathbb{E}_u[m_Q(\mathbf{x})]) \end{aligned} \tag{5.41}$$

3. 设 Gibbs 分类器 $R_u(G_Q)$ 至少以概率 $1-\delta$ 有上界 $R_u^{\delta}(G_Q)$。根据 (5.38) 和 (5.41)，并考虑到最坏的情形，我们可以建立联合风险的一个上界：

$$R_{u\wedge\rho}(B_Q) \leqslant \max_{b_1,\ldots,b_N} \sum_{i=k+1}^{N} b_i$$

$$\text{s.c. } \forall i, 0 \leqslant b_i \leqslant \mathbb{P}_u(m_Q(\mathbf{x}) = \gamma_i) \text{ et } \quad \sum_{i=1}^{N} b_i\gamma_i \leqslant \underbrace{R_u^{\delta}(G_Q) - \frac{1}{2}(1 - \mathbb{E}_u[m_Q(\mathbf{x})])}_{K_u^{\delta}(Q)}$$

它涉及一个线性优化问题 (Dantzig, 1951)，在凸多面体上最大化线性函数 $\sum_{i=k+1}^{N} b_i$ 的解为：

$$b_i = \begin{cases} 0, & \text{若} i \leqslant k \\ \min\left(\mathbb{P}_u(m_Q(\mathbf{x}) = \gamma_i), \left\lfloor \dfrac{K_u^\delta(Q) - \sum_{k<j<i} \gamma_j \mathbb{P}_u(m_Q(\mathbf{x}) = \gamma_j)}{\gamma_i} \right\rfloor_+ \right), & \text{否则} \end{cases}$$

记 $I = \max\left\{i \mid K_u^\delta(Q) - \sum_{k<j<i} \gamma_j \mathbb{P}_u(m_Q(\mathbf{x}) = \gamma_j) > 0\right\}$，我们有：

- 若 $i < I$, 则 $b_i = \mathbb{P}_u(m_Q(\mathbf{x}) = \gamma_i)$
- 若 $i = I$, 则 $b_I = \frac{K_u^\delta(Q) - \sum_{k<j<I} \gamma_j \mathbb{P}_u(m_Q(\mathbf{x}) = \gamma_j)}{\gamma_I}$
- 若 $i > I$, 则 $b_i = 0$

即：

$$R_{u\wedge\rho}(B_Q) \leqslant \mathbb{P}_u(\rho < m_Q(\mathbf{x}) < \gamma_I) + \frac{K_u^\delta(Q) + M_Q^{\leqslant}(\rho) - M_Q^{<}(\gamma_I)}{\gamma_I} \tag{5.42}$$

其中 $M_Q^{<}(\gamma_i) = \sum_{j=1}^{j<i} \gamma_j \mathbb{P}_u(m_Q(\mathbf{x}) = \gamma_j)$。在证明的最后一步，我们注意到以下函数在 $\gamma < \gamma_I$ 时是递减的：

$$\Psi : \gamma \mapsto \mathbb{P}_u(\theta < m_Q(\mathbf{x}) < \gamma) + \frac{K_u^\delta(Q) + M_Q^{\leqslant}(\rho) - M_Q^{<}(\gamma)}{\gamma}$$

当 $\rho = 0$ 时，由于 $M_Q^{\leqslant}(0) = 0$ 以及：

$$R_u(B_Q) = R_{u\wedge 0}(B_Q) + \mathbb{P}_u(B_Q(\mathbf{x}) \neq y \wedge m_Q(\mathbf{x}) = 0) \leqslant R_{u\wedge 0}(B_Q) + \mathbb{P}_u(m_Q(\mathbf{x}) = 0)$$

我们有以下推论，它给出了贝叶斯分类器转导误差 (5.33) 的一个上界。

推论 3 令贝叶斯分类器 B_Q 如 (5.32) 中定义。对任意 Q，任意 $\delta \in (0,1]$，我们至少以概率 $1-\delta$ 有：

$$R_u(B_Q) \leqslant \inf_{\gamma \in (\rho,1]} \left\{ \mathbb{P}_u(m_Q(\mathbf{x}) < \gamma) + \frac{1}{\gamma} \left\lfloor K_u^\delta(Q) - M_Q^{<}(\gamma) \right\rfloor_+ \right\} \tag{5.43}$$

$K_u^\delta(Q) = R_u^\delta(G_Q) + \frac{1}{2}(\mathbb{E}_u[m_Q(\mathbf{x})] - 1), M_Q^{<}(z) = \mathbb{E}_u\left[m_Q(\mathbf{x})\mathbb{1}_{m_Q(\mathbf{x})<z}\right]$ 以及 $\lfloor z \rfloor_+ = \mathbb{1}_{z>0} z$。

这个上界的意义在于，当我们将间隔作为可信度的一个指标时，我们可以根据 5.1.3 节介绍的聚类假设来获得贝叶斯分类器转导误差的一个良好估计。这个结果叙述在下面的命题中。

命题 2 假设 $\forall \mathbf{x} \in X_{\mathcal{U}}, m_Q(\mathbf{x}) > 0$，$\delta \in (0,1]$ 以及 $\exists L \in (0,1]$ 满足 $\forall \gamma > 0$:

$$\mathbb{P}_u(B_Q(\mathbf{x}) \neq y \wedge m_Q(\mathbf{x}) = \gamma) \neq 0 \Rightarrow \mathbb{P}_u(B_Q(\mathbf{x}) \neq y \wedge m_Q(\mathbf{x}) < \gamma) \geqslant L\mathbb{P}_u(m_Q(\mathbf{x}) < \gamma)$$

我们至少以概率 $1-\delta$ 有：

$$F_u^\delta(Q) - R_u(B_Q) \leqslant \frac{1-L}{L} R_u(B_Q) + \frac{R_u^\delta(G_Q) - R_u(G_Q)}{\gamma^*} \tag{5.44}$$

其中 $\gamma^* = \sup\{\gamma \mid \mathbb{P}_u(B_Q(\mathbf{x}) \neq y \wedge m_Q(\mathbf{x}) = \gamma) \neq 0\}$ 并且 $F_u^\delta(Q) = \inf_{\gamma\in(\rho,1]} \left\{\mathbb{P}_u(m_Q(\mathbf{x}) < \gamma) + \frac{1}{\gamma}\left\lfloor K_u^\delta(Q) - M_Q^<(\gamma)\right\rfloor_+\right\}$ 是贝叶斯分类器转导误差的上界 (5.43)。

证明　命题 2

假设：

$$R_u(B_Q) \geqslant \mathbb{P}_u(B_Q(\mathbf{x}) \neq y \wedge m_Q(\mathbf{x}) < \gamma^*) + \frac{1}{\gamma^*}\left\lfloor K_u(Q) - M_Q^<(\gamma^*)\right\rfloor_+ \tag{5.45}$$

其中 γ^* 是贝叶斯分类器犯错误的最大间隔，$\gamma^* = \sup\{\gamma \mid \mathbb{P}_u(B_Q(\mathbf{x}) \neq y \wedge m_Q(\mathbf{x}) = \gamma) \neq 0\}$，并且 $K_u(Q) = R_u(G_Q) + \frac{1}{2}(\mathbb{E}_u[m_Q(\mathbf{x})] - 1)$。由命题假设，我们有：

$$R_u(B_Q) \geqslant L\mathbb{P}_u(B_Q(\mathbf{x}) < \gamma^*) + \frac{1}{\gamma^*}\left\lfloor K_u(Q) - M_Q^<(\gamma^*)\right\rfloor_+ \tag{5.46}$$

对任意 $\delta \in (0,1]$，我们根据定义有不等式 $F_u^\delta(Q) \leqslant \mathbb{P}_u(B_Q(\mathbf{x}) < \gamma^*) + \frac{1}{\gamma^*}\left\lfloor K_u(Q) - M_Q^<(\gamma^*)\right\rfloor_+$ 至少以概率 $1-\delta$ 成立。因而以同样概率，我们有：

$$F_u^\delta(Q) - R_u(B_Q) \leqslant (1-L)\mathbb{P}_u(m_Q(\mathbf{x}) < \gamma^*) + \frac{R_u^\delta(G_Q) - R_u(G_Q)}{\gamma^*} \tag{5.47}$$

这是由于 $\left\lfloor K_u^\delta(Q) - M_Q^<(\gamma^*)\right\rfloor_+ - \left\lfloor K_u(Q) - M_Q^<(\gamma^*)\right\rfloor_+ \leqslant R_u^\delta(G_Q) - R_u(G_Q)$。根据不等式 (5.46)，我们还有 $\mathbb{P}_u(B_Q(\mathbf{x}) < \gamma^*) \leqslant \frac{1}{L}R_u(B_Q)$，将它代入 (5.46) 即得最后结果。

上界 (5.44) 的解释是，由聚类假设，贝叶斯分类器诱导的分隔超平面不会穿过高密度区域，并且分类器犯的错误大部分都在低间隔区域。此时，常数 B 将靠近 1，而我们则得到了贝叶斯分类器 (5.32) 一个非常好的误差估计。

5.3.4　基于伪标注的多视角学习

实际应用中的数据可能来自多个信息源，比如由图像和文本共同描述的图片，或者由多种语言写成的文档。我们可以基于与每一个信息源相关联的分类器预测创建样本的伪标注。对应每一个信息源的样本表示提供了样本的一个视角，利用所有视角来学习分类器的范式即称为多视角（multi-view）学习。

从这个想法出发有三类办法，它们利用了数据不同表示的额外信息，尝试减少对应不同视角的分类器预测之间的不一致，从而改善它们的表现。为达到这个目标，这些算法要么将不同视角的具体表示投影到一个共同的典范（canonic）空间 (Bach et al., 2004) 中；要么在目标函数中增加一个能估计不一致程度的项，让不同分类器有相似结果 (Sindhwani et al., 2005)；要么根据每一个分类器的结果对无标注样本进行伪标注 (Blum et Mitchell, 1998)。

最后一个办法始于 Blum et Mitchell (1998) 具有先驱性的工作，他们为有两类模态[1]的多视角问题提出了共同训练（co-training）算法。这个模型假设，当有标注样本的数量足够多时，每一种表示都足够丰富，使我们能学习两个分类器的参数。这两个分类器首先在有标注样本上分别进行训练。我们随机抽取无标注样本集的一个部分 $X_{\mathcal{U}}$，再让两个分类器都对该部分进行标注，第一个分类器的估计输出将作为第二个分类器的预期输出，反之亦然。

原作者提出的执行办法属于简单的导向决策算法，区别是有两个分类器，每一个都轮流提供标注，作为另一个分类器的预期输出。Blum et Mitchell (1998) 使用这个算法，针对某一个给定任务将网页分成两类——相关和不相关。他们从每个网页的两类表示出发，即网页本身包含的单词袋（bag of words），以及指向该网页的超链接所包含的单词袋。然后，算法在这两类表示上应用朴素贝叶斯模型。

这个算法在网页分类问题上十分有效，但它也有一些局限。首先，算法不对所有而只对一部分未标注样本进行伪标注，这会使两个分类器只能缓慢地在各自必须有的标注上达成一致。然而后来的研究表明，与不同视角相关联的分类器输出的一致性是多视角学习范式的基石 (Sindhwani et al., 2005; Leskes, 2005)。尤其 Leskes (2005) 证明了，通过强制不同视角的分类器在无标注样本上有相似的输出，可以限制相关函数类的搜索空间，因此更好地估计了这些函数的泛化误差界，因为这减小了误差界表达式中复杂度项的取值。

算法 22 是带自动阈值选择的导向决策算法在多视角学习上的一个简单推广。此时，首先在有标注样本上训练得到每个视角对应的分类器，而伪标注的阈值则根据它们在无标注样本上算得的无符号间隔的分布，自动估计得到。接下来，每个分类器都根据上一步的阈值对无标注样本指派类别标注，然后，这些类别标注将以多数投票的方式保持一致。下一步，在有标注样本和伪标注样本上训练一个新的分类器。这个指派伪标注和学习的过程不断重复，直到不再存在需要进行伪标注的样本为止，如同导向决策算法一样。

输入： 学习算法: $\mathfrak{A}$
有标注训练集 S 和无标注训练集 $X_{\mathcal{U}}$
初始化： $t \leftarrow 0; \tilde{S}_U \leftarrow \emptyset$; 对每个模态 v，在 S 上用算法 $\mathfrak{A}$ 训练一个分类器 $h_v^{(0)}$
repeat
  $U \leftarrow \emptyset$
  估计间隔参数 $(\rho_v^{(t)})_{v=1}^V$
  for $\mathbf{x} = (x^1, \ldots, x^V) \in X_{\mathcal{U}}$ do

---

[1] 即两类不同类型的数据，如文本和图片。——译者注

$$\forall v, \tilde{y}_v^{(t)} \leftarrow \begin{cases} \mathrm{sgn}(h_v^{(t)}), \text{若 } h_v^{(t)}(x^v) > \rho_v^{(t)} \\ 0, \text{其他} \end{cases}$$

if $\sum_{v=1}^{V} \tilde{y}_v^{(t)} > \frac{V}{2}$ then

　$\tilde{S}_U \leftarrow \tilde{S}_U \cup \{(\mathbf{x}, +1)\}$

　$U \leftarrow U \cup \{\mathbf{x}\}$

else if $\sum_{v=1}^{V} \tilde{y}_v^{(t)} < -\frac{V}{2}$ then

　$\tilde{S}_U \leftarrow \tilde{S}_U \cup \{(\mathbf{x}, -1)\}$

　$U \leftarrow U \cup \{\mathbf{x}\}$

$X_{\mathcal{U}} \leftarrow X_{\mathcal{U}} \setminus U$

$t \leftarrow t + 1$

对每个模态 v，在 $S \cup \tilde{S}_U$ 上用算法 $\mathfrak{A}$ 训练分类器 $h_v^{(t)}$

until $U = \emptyset \vee X_{\mathcal{U}} = \emptyset$

输出： 分类器 $(h_v^{(t)})_{v=1}^{V}$

算法 22　多视角自学习

5.4　图法

我们看到，半监督学习中的生成法和判别法分别使用密度估计和样本无符号间隔来探索数据的几何结构。半监督学习的最后一类方法——图法，则通过使用在有标注和无标注样本上建立的经验图 $G = (V, E)$ 来探究数据的几何结构。图的结点 $V = 1, \ldots, m+u$ 表示学习样本，图的边 E 表示样本间的相似度。这个相似度通常由一个正的对称矩阵 $\boldsymbol{W} = [W_{ij}]_{i,j}$ 来表示，其中 $\forall (i,j) \in \{1, \ldots, m+u\}^2$，当且仅当指标为 i 和 j 的样本是连通的，或者 $(i,j) \in E \times E$ 是图 G 的一条边时，权重 W_{ij} 值不为 0。文献中通常使用的两个相似度矩阵分别是：

- k-最近邻 0-1 矩阵：

$$\forall (i,j) \in \{1, \ldots, m+u\}^2; W_{ij} = 1 \text{ 当且仅当样本 } \mathbf{x}_i \text{ 位于样本} \mathbf{x}_j \text{的 } k\text{-最近邻中}$$

- 参数为 σ 的高斯相似度矩阵：

$$\forall (i,j) \in \{1, \ldots, m+u\}^2; W_{ij} = e^{-\frac{\|\mathbf{x}_i - \mathbf{x}_j\|^2}{2\sigma^2}} \tag{5.48}$$

通常，$W_{ii} = 0$。在下一节，我们将介绍一类基于图上标注传播（propagation）的半监督学习技术。

5.4.1 标注的传播

一个利用建立在样本上的图 G 的简单想法是让标注在整个图上传播。给有标注样本相联系的结点 $1,\ldots,m$ 的类别标注为 $+1$ 或 -1，和无标注样本相联系的节点类别则标注为 0。在这个框架下提出的算法称为标注传播算法，它们都非常类似，都将图的每个结点的标注传播到其邻居结点上 (Zhu et Ghahramani, 2002; Zhu et al., 2003; Zhou et al., 2004)。算法的目标是，其给出的标注 $\tilde{Y}=(\tilde{Y}_m,\tilde{Y}_u)$ 既与有标注样本的类别标注 $Y_m=(y_1,\ldots,y_m)$ 一致，又与由图 G 引入的、通过矩阵 $\boldsymbol{W}$ 表达的数据几何结构一致。

有标注样本的初始标注 Y_m，与算法在该样本上的估计标注 $\tilde{Y}_m$ 之间的一致性，由下式度量：

$$\begin{aligned}\sum_{i=1}^{m}(\tilde{y}_i-y_i)^2&=\|\tilde{Y}_m-Y_m\|^2\\&=\|\boldsymbol{S}\tilde{Y}-\boldsymbol{S}Y\|^2\end{aligned}\tag{5.49}$$

其中 $\boldsymbol{S}$ 是对角分块矩阵，其前 m 个对角块等于 1，其余则等于 0。

与样本几何结构的一致性则遵循连续性假设（或流形假设）。在给定矩阵 $\boldsymbol{W}$ 的情况下，它通过惩罚相近样本的标注 $\tilde{Y}$ 的过快变化得以实现，给定矩阵 $\boldsymbol{W}$ 可以度量如下：

$$\begin{aligned}\frac{1}{2}\sum_{i=1}^{m+u}\sum_{j=1}^{m+u}W_{ij}(\tilde{y}_i-\tilde{y}_j)^2&=\frac{1}{2}\left(2\sum_{i=1}^{m+u}\tilde{y}_i^2\sum_{j=1}^{m+u}W_{ij}-2\sum_{i,j=1}^{m+u}W_{ij}\tilde{y}_i\tilde{y}_j\right)\\&=\tilde{Y}(\boldsymbol{D}\ominus\boldsymbol{W})\tilde{Y}\end{aligned}\tag{5.50}$$

其中 $\boldsymbol{D}=[D_{ij}]$ 是对角矩阵，对角线元素 $D_{ii}=\sum_{j=1}^{m+u}W_{ij}$。$\ominus$ 表示逐项相减的矩阵减法，$(\boldsymbol{D}\ominus\boldsymbol{W})$ 称为未标准化的拉普拉斯矩阵。

因而，目标函数的表达式是这两项 (5.49 和 5.50) 的一个妥协：

$$\Delta(\tilde{Y})=\|\boldsymbol{S}\tilde{Y}-\boldsymbol{S}Y\|^2+\lambda\tilde{Y}(\boldsymbol{D}\ominus\boldsymbol{W})\tilde{Y}\tag{5.51}$$

其中 $\lambda\in(0,1)$ 度量了这个妥协。因此，目标函数的导函数是：

$$\begin{aligned}\frac{\partial\Delta(\tilde{Y})}{\partial\tilde{Y}}&=2\left[\boldsymbol{S}(\tilde{Y}-Y)+\lambda(\boldsymbol{D}\ominus\boldsymbol{W})\tilde{Y}\right]\\&=2\left[(\boldsymbol{S}\oplus\lambda(\boldsymbol{D}\ominus\boldsymbol{W}))\,\tilde{Y}-\boldsymbol{S}Y\right]\end{aligned}$$

其中 $\oplus$ 是逐项相加的矩阵加法。此外，目标函数的黑塞矩阵

$$\frac{\partial^2\Delta(\tilde{Y})}{\partial\tilde{Y}\partial\tilde{Y}^\top}=2\left(\boldsymbol{S}\oplus\lambda(\boldsymbol{D}\ominus\boldsymbol{W})\right)$$

是一个正定矩阵，这保证了 $\Delta(\tilde{Y})$ 的极小值在其导数为 0 的点达到，即：

$$\tilde{Y}^* = (\boldsymbol{S} \oplus \lambda(\boldsymbol{D} \ominus \boldsymbol{W}))^{-1}\boldsymbol{S}Y \tag{5.52}$$

我们注意到无分布样本的伪标注是通过一个简单的矩阵求逆得到的，并且这个矩阵仅仅依赖于未标准化的拉普拉斯矩阵。其他基于标注传播的算法则是以上算法的变种。我们重点指出由 (Zhou et al., 2004) 提出的一种迭代算法（算法 23）。在它的每一步迭代，图的结点 j 接收到其所有邻居的一个分布（以边 (i,j) 的标准化权重的形式）及其初始标注的一点小贡献。更新公式为：

$$\tilde{Y}^{(t+1)} = \alpha\boldsymbol{N}\tilde{Y}^{(t)} + (1-\alpha)\tilde{Y}^{(0)} \tag{5.53}$$

其中 $\tilde{Y}^{(0)} = (\underbrace{y_1,\dots,y_m}_{=Y_m},\underbrace{0,0,\dots,0}_{=Y_u})$ 是初始标注向量，$\boldsymbol{D}$ 是对角矩阵，对角线元素 $D_{ii} = \sum_j W_{ij}$，$\boldsymbol{N} = \boldsymbol{D}^{-1/2}\boldsymbol{W}\boldsymbol{D}^{-1/2}$ 是标准化权重矩阵，α 是位于 $(0,1)$ 中的一个实数值。算法 23 的收敛性证明可以由更新法则 (5.53) 得到。事实上，在 t 步迭代后，我们有：

$$\tilde{Y}^{(t+1)} = (\alpha\boldsymbol{N})^t\tilde{Y}^{(0)} + (1-\alpha)\sum_{l=0}^{t}(\alpha\boldsymbol{N})^l\tilde{Y}^{(0)} \tag{5.54}$$

输入： 有标注训练集 S 和无标注训练集 $X_{\mathcal{U}}$
初始化： $t \leftarrow 0$
估计相似度矩阵 $\boldsymbol{W}$ (5.48) (对 $i \neq j, W_{ii} \leftarrow 0$)
构造矩阵 $\boldsymbol{N} \leftarrow \boldsymbol{D}^{-1/2}\boldsymbol{W}\boldsymbol{D}^{-1/2}$ 其中 $\boldsymbol{D}$ 是对角矩阵，对角元素为 $D_{ii} \leftarrow \sum_j W_{ij}$
记 $\tilde{Y}^{(0)} \leftarrow (y_1,\dots,y_m,0,0,\dots,0)$
选择参数 $\alpha \in (0,1)$
repeat
  $\tilde{Y}^{(t+1)} \leftarrow \alpha\boldsymbol{N}\tilde{Y}^{(t)} + (1-\alpha)\tilde{Y}^{(0)}$
  $t \leftarrow t+1$
until 收敛
输出： 令 $\tilde{Y}^* = (y_1^*,\dots,y_{m+u}^*)$ 是收敛后的向量。根据 y_i^* 的符号，给每个样本 $\mathrm{x}_i \in X_{\mathcal{U}}$ 指派类别标注

算法 23 半监督学习的标注传播

由对角矩阵 $\boldsymbol{D}$ 的定义，方阵 $\boldsymbol{N}$ 是一个标准化拉普拉斯矩阵，其元素都是 0 和 1 之间的正实数，并且每一行的元素之和都为 1。因此，矩阵 $\boldsymbol{N}$ 是一个随机矩阵（或称马尔可夫矩阵），而特征值都小于等于 1 (Latouche et Ramaswami, 1999, 第 2 章)。由于 α 是严格小于 1 的正实数，矩阵 $\alpha\boldsymbol{N}$ 的特征值总是严格小于 1，并且我们有 $\lim\limits_{t\to\infty}(\alpha\boldsymbol{N})^t = 0$。此外，$(\alpha\boldsymbol{N})^l; l \in \mathbb{N}$ 是一个公比为 $\alpha\boldsymbol{N}$ 的矩阵等比序列，因而 $\lim\limits_{t\to\infty}\sum_{l=0}^{t}(\alpha\boldsymbol{N})^l = (\boldsymbol{I} \ominus \alpha\boldsymbol{N})^{-1}$，其中 $\boldsymbol{I}$ 是单位矩阵。

根据这些结果，我们于是有样本的伪标注向量 $\tilde{Y}^{(t)}$ 是收敛的：

$$\lim_{t\to\infty}\tilde{Y}^{(t+1)}=\tilde{Y}^{*}=(1-\alpha)(\boldsymbol{I}\ominus\alpha\boldsymbol{N})^{-1}\tilde{Y}^{(0)} \tag{5.55}$$

对应该问题的目标函数如下：

$$\begin{aligned}\Delta_n(\tilde{Y})&=\|\tilde{Y}-\boldsymbol{S}Y\|^2+\frac{\lambda}{2}\sum_{i=1}^{m+u}\sum_{j=1}^{m+u}W_{ij}\left(\frac{\tilde{y}_i}{\sqrt{D_{ii}}}-\frac{\tilde{y}_j}{\sqrt{D_{jj}}}\right)^2 \\ &=\|\tilde{Y}_m-Y_m\|^2+\|\tilde{Y}_u\|^2+\lambda\tilde{Y}^{\top}(\boldsymbol{I}\ominus\boldsymbol{N})\tilde{Y} \\ &=\|\tilde{Y}_m-Y_m\|^2+\|\tilde{Y}_u\|^2+\lambda\left(\boldsymbol{D}^{-1/2}\tilde{Y}\right)^{\top}(\boldsymbol{D}\ominus\boldsymbol{W})\left(\boldsymbol{D}^{-1/2}\tilde{Y}\right)\end{aligned} \tag{5.56}$$

事实上，该函数关于伪标注 $\tilde{Y}$ 的导数为：

$$\frac{\partial\Delta_n(\tilde{Y})}{\partial\tilde{Y}}=2\left[\tilde{Y}-\boldsymbol{S}Y+\lambda\left(\tilde{Y}-\boldsymbol{N}\tilde{Y}\right)\right]$$

令其为 0，得：

$$\tilde{Y}=\left((1+\lambda)\boldsymbol{I}\ominus\lambda\boldsymbol{N}\right)^{-1}\boldsymbol{S}Y$$

当 $\lambda=\alpha/(1-\alpha)$ 时，它和算法 23 收敛后得到的解相同。比照 (5.51)，两个主要区别是：(*a*) 标准化拉普拉斯矩阵；(*b*) 项 $\|\tilde{Y}_m-Y_m\|^2+\|\tilde{Y}_u\|^2$ 不仅要求伪标注在有标注样本上和标注保持一致，还要求无标注样本上的伪标注不会取值过大。

5.4.2　马尔可夫随机游动

标注传播算法（算法 23）的一个变种由 Szummer et Jaakkola (2002) 引入。他们考虑图 G 上的一个马尔可夫随机游动，其中图 G 中结点 i 和 j 的转移概率是由相似度矩阵定义的：

$$\forall(i,j),p_{ij}=\frac{W_{ij}}{\sum_l W_{il}} \tag{5.57}$$

相似度 W_{ij} 在邻居结点 i 和 j 处用高斯核 (5.48) 定义，其余则为 0。算法首先使用 EM 算法初始化图中所有结点属于类别 +1 的概率 $\mathbb{P}(y=1\mid i),i\in V$，然后对每一个样本 $\mathbf{x}_j$，估计从一个类别为 $y_s=1$ 的样本出发，经过 t 步随机游动后到达样本 $\mathbf{x}_j$ 的概率，即如下定义：

$$\mathbb{P}^{(t)}(y_s=1\mid j)=\sum_{i=1}^{m+u}\mathbb{P}(y=1\mid i)\mathbb{P}_{1\to t}(i\mid j) \tag{5.58}$$

其中 $\mathbb{P}_{1\to t}(i\mid j)$ 是从结点 i 出发，经过 t 步随机游动后到达结点 j 的概率。当 $\mathbb{P}^{(t)}(y_s=1\mid j)>\frac{1}{2}$ 时，结点 j 的类别伪标注指派为 +1，否则为 −1。在实践中，数值 t 的选择对随机游动算法的表现有巨大影响，而且不是一项容易的工作。一个由 Zhu et Ghahramani (2002); Zhu et al. (2003) 提出的备选办法是，对结点 i，根据从结点 i 出发、经过一次随机游动到达标注为 $+1$ 的结点的概率 $\mathbb{P}(y_e=1\mid i)$ 来指派标注。在样本 $\mathbf{x}_i$ 有标注的情形，我们有：

$$\mathbb{P}(y_e=1\mid i)=\begin{cases}1, & \text{若 } y_i=1\\ 0, & \text{其他}\end{cases}$$

如果 $\mathbf{x}_i$ 是无标注的，我们有以下关系：

$$\mathbb{P}(y_e=1\mid i)=\sum_{j=1}^{m+u}\mathbb{P}(y_e=1\mid j)p_{ij} \tag{5.59}$$

其中 p_{ij} 是 (5.57) 中定义的转移概率。记 $\forall\ i,\ \tilde{z}_i=\mathbb{P}(y_e=1\mid i)$，且 $\tilde{Z}=(\tilde{Z}_m\ \ \tilde{Z}_u)$ 是由有标注和无标注两部分组成的对应向量，将矩阵 $\boldsymbol{D}$ 和 $\boldsymbol{W}$ 写成四个部分：

$$\boldsymbol{D}=\begin{pmatrix}\boldsymbol{D}_{mm} & 0\\ 0 & \boldsymbol{D}_{uu}\end{pmatrix},\qquad \boldsymbol{W}=\begin{pmatrix}\boldsymbol{W}_{mm} & \boldsymbol{W}_{mu}\\ \boldsymbol{W}_{um} & \boldsymbol{W}_{uu}\end{pmatrix}$$

(5.59) 可以写成：

$$\begin{aligned}\tilde{Z}_u&=\left(\boldsymbol{D}_{uu}^{-1}\boldsymbol{W}_{um}\ \ \boldsymbol{D}_{uu}^{-1}\boldsymbol{W}_{uu}\right)\begin{pmatrix}\tilde{Z}_m\\ \tilde{Z}_u\end{pmatrix}\\ &=\boldsymbol{D}_{uu}^{-1}\left(\boldsymbol{W}_{um}\tilde{Z}_m+\boldsymbol{W}_{uu}\tilde{Z}_u\right)\end{aligned} \tag{5.60}$$

(5.60) 导向以下线性方程组：

$$(\boldsymbol{D}\ominus\boldsymbol{W})_{uu}\tilde{Z}_u=\boldsymbol{W}_{um}\tilde{Z}_m \tag{5.61}$$

我们注意到如果 $(\tilde{Z}_m\tilde{Z}_u)$ 是上面方程的解，那么定义如下的 $(\tilde{Y}_m\tilde{Y}_u)$ 也是一个解：

$$\begin{aligned}\tilde{Y}_m&=2\tilde{Z}_m-\mathbf{1}_m=Y_m\\ \tilde{Y}_u&=2\tilde{Z}_u-\mathbf{1}_u\end{aligned}$$

其中 $\mathbf{1}_m$ 和 $\mathbf{1}_u$ 分别是分量全为 1 的 m 维和 u 维向量。最后的等式让我们可以用样本的标注和伪标注向量来表示线性方程组，即：

$$\tilde{Y}_u=(\boldsymbol{D}\ominus\boldsymbol{W})_{uu}^{-1}\boldsymbol{W}_{um}Y_m$$

要点回顾

在这一章里我们看到：

1. 半监督学习通过探索数据的几何结构来学习预测函数；
2. 在数据不满足分布假设时，使用生成法的效果不好；
3. 判别法利用数据的无符号间隔来探索数据的几何结构；
4. 图法基于在数据上构建的经验图来表示数据的几何结构。

第 6 章

排序学习

近年来随着信息技术的发展，人们又有了新动力设计新的自动学习框架。排序学习 (learning to rank) 就是一个例子。排序学习涉及如何在一个巨大的数据库中对信息体进行排序，此类任务大多用于信息检索 (information retrieval) 领域，尤其是搜索引擎。在这种情况下，对于一个给定的查询 (query)，一个固定文档集合将被排序，让与查询相关的文档显示在排序列表上方。另一个例子是文档路由 (document routing)，即按特定信息需求，对一个进入的文档流进行排序。每一个新文档都与用户尚未阅读的其他文档进行比较，然后被插入一个排序列表中，该列表需要将未阅读的相关文档排在前面。在这一章，我们将阐述排序学习的框架，并将信息检索作为应用领域，用来举例说明。

6.1 形式表述

在形式上，学习排序函数可被看作学习一个实值函数，也称打分函数（scoring function），它以待排序集合的一个元素作为输入，然后依照集合元素的得分是增加还是降低，来对元素进行排序。与分类情形不同，此处重要的不再是预测给定输入的分数值，而是元素之间的相对分数，是它们决定了排序。为了学习打分函数，应当定义新的误差公式，探讨优化误差的算法，并建立理论，确保习得的打分函数在未来观测到的数据上能有良好表现。近来，许多工作尝试建立不同的排序框架，并就如何给出集合元素的全部序或者部分序，提出了几种算法和理论框架。在这一节里，我们介绍排序误差函数，以及前面提到的两种排序任务。

6.1.1 排序误差函数

对一个给定的信息需求或查询 q，假定在一个输入集或称样本集 $\Im = (\mathbf{x}_1, \ldots, \mathbf{x}_n)$ 上的预期排序由效用向量 $\boldsymbol{y} = (y_1, \ldots, y_n) \in \mathbb{R}^n$ 表示。因此，对查询 q 而言，序 $y_i > y_j$ 表示相对于样本 $\mathbf{x}_j \in \Im$，我们更倾向于样本 $\mathbf{x}_i \in \Im$（记为 $\mathbf{x}_i \succ \mathbf{x}_j$）。类比信息检索，我们通常使用相关性判定项 [①]来指派样本关联的效用值（utility value）。在信息检索的情况中，相关性判定通常用二值 $\{-1, +1\}$ 中的取值来表示：若对于 q 来说，$\mathbf{x}_i$ 是相关的，那么 $y_i = +1$，否则 $y_i = -1$。

给定查询 q，我们想要学习的打分函数 $h : \mathcal{X} \to \mathbb{R}$ 用分配在样本上的实值输出在输入集上诱导了一个排序。而排序误差函数则衡量了排序与样本关于 q 的相关性判定之间的不一致程度。对一个有 n 个样本的集合 X，误差函数形式为：

$$\mathbf{e}_o : \mathbb{R}^n \times \mathbb{R}^n \to \mathbb{R}^+ \tag{6.1}$$

精确率和召回率

在相关性判定是二值的情形（即 $y_i \in \{-1, 1\}$）中，常用的两种误差度量方式是 k 阶的精确率（Precision）和召回率（Recall）。对于 $k \leqslant n$，二者定义在由 f 在 $\Im$ 上对查询 q 给出的下降得分排序列表上，记 $h(\Im, q) = (h(\mathbf{x}_{i,q}))_{i=1}^n$ [②]（阶数 1 表示得分最高的输入样本的阶），于是：

$$\mathbf{e}_{r@k}(h(\Im, q), \boldsymbol{y}) = \frac{1}{n_+^q} \sum_{i:y_i=1} \mathbb{1}_{rg_i^q \leqslant k} \tag{6.2}$$

$$\mathbf{e}_{p@k}(h(\Im, q), \boldsymbol{y}) = \frac{1}{k} \sum_{i:y_i=1} \mathbb{1}_{rg_i^q \leqslant k} \tag{6.3}$$

其中 $n_+^q = \sum_{i=1}^m \mathbb{1}_{y_i=1}$ 是查询 q 的相关样本总个数，rg_i^q 则是样本 $\mathbf{x}_i$ 在由 f 针对查询 q 给出的打分所诱导出的排序列表中的阶 [③]。因此，k 阶召回率 $\mathbf{e}_{r@k}$ 衡量了相关样本在前 k 个元素中的比例，而 k 阶精确率 $\mathbf{e}_{p@k}$ 则衡量了列表中前 k 个元素是相关样本的比例。

平均精确率

打分函数 f 对给定查询 q 的平均精确率（average precision），记为 $\mathbf{e}_{pm}(h(\Im, q), \boldsymbol{y})$，是由 f 给出的打分诱导出的排序列表中 q 的相关文档精确率平均值。

$$\mathbf{e}_{pm}(h(\Im, q), \boldsymbol{y}) = \frac{1}{n_+^q} \sum_{i:y_i=1} \mathbf{e}_{p@rg_i^q}(h(\Im, q), \boldsymbol{y}) \tag{6.4}$$

① 这里的相关性指的是 pertinence，不是线性代数中的相关性。——译者注

② 在 6.1.3 节，我们将介绍用来表示由样本和查询组成的偶对 (x, q) 的表示向量 $\mathbf{x}_q \in \mathcal{X}$。

③ 按作者的记号体系，rg_i^q 是一个整体，没有乘积和乘方的含义。rg 来自法语单词 rang，意为阶、秩，即英语中的 rank。——译者注

当有查询集合 $Q = \{q_1, \ldots, q_{|Q|}\}$ 时，我们可以将前面的计算推广到计算查询集合上平均精确率的平均值，简称为 MAP（Mean Average Precision），即：

$$MAP(h) = \frac{1}{|Q|}\sum_{j=1}^{|Q|}\mathbf{e}_{pm}(h(\Im, q_j), \boldsymbol{y}) = \frac{1}{|Q|}\sum_{j=1}^{|Q|}\frac{1}{n_+^{q_j}}\sum_{i:y_i=1}\mathbf{e}_{p@rg_i^{q_j}}(h(\Im, q_j), \boldsymbol{y}) \tag{6.5}$$

在许多评估场合，MAP度量因出色的判别能力和稳定性而被大量应用。

核心对分类错误

对给定查询 q，(Cohen et al., 1998) 引入了满足 $\mathbf{x}_i \succ \mathbf{x}_j$（或 $y_i > y_j$）的样本对 $(\mathbf{x}_i, \mathbf{x}_j)$ 的排序错误，称为核心对分类错误。核心对分类错误在研究以训练集为基础的排序函数中，起到了关键作用。对给定查询 q，这个度量即为预测序不是预期序的核心对比例：

$$\mathbf{e}_{pc}(h(\Im, q), \boldsymbol{y}) = \frac{1}{\sum_{j,\ell}\mathbb{1}_{y_j>y_\ell}}\sum_{j,\ell:y_j>y_\ell}\mathbb{1}_{h(\mathbf{x}_{j,q})\leqslant h(\mathbf{x}_{\ell,q})} \tag{6.6}$$

在二值相关性判定的情形中，大量排序学习的研究都考虑这个误差 (Rudin et al., 2005; Agarwal et al., 2005)，其目的是将排序视为构造二元偏序关系 (Cortes et Mohri, 2004)。事实上，由相关性判定 $y_i \in \{-1, +1\}$ 诱导的严格偏序是定义在输入集 $\Im$ 上的一个二元关系。而打分函数同样也能定义一个 $\Im$ 上的二元关系。于是，对比由二值的相关性判定给出的二元关系和由打分函数给出的二元关系，很自然就能衡量打分函数的误差。打分函数还将一些排序问题转化成了核心对的二类分类问题，并在这些问题的理论研究中具有特别意义。我们将在下一节回到这点上来。

ROC 曲线下方面积

受试者工作特征曲线，通常称为 ROC（Receiver Operating Characteristics）曲线，展示了打分函数在有无关文档的情况下，相对查询 q 而给相关文档进行排序的能力。ROC 曲线的构建方式是，从文档的一个排序列表出发，对列表中的每个阶 k，计算相关文档的占比（召回率），并视其为排在第 k 阶前的无关文档的占比函数。ROC 曲线下方面积是衡量打分函数的一个指标，展示了在有无关联样本的情形下，针对查询 q，打分函数 f 对相关样本的排序能力，可以定义如下：

$$\mathbf{e}_{auc}(h(\Im, q), \boldsymbol{y}) = \frac{1}{n_+^q n_-^q}\sum_{i:y_i=1}\sum_{j:y_j=-1}\left(\mathbb{1}_{rg_i^q<rg_j^q} + \frac{1}{2}\mathbb{1}_{rg_i^q=rg_j^q}\right) \tag{6.7}$$

其中 n_-^q 是关于 q 的无关文档个数。我们注意到，在二值相关性判定的情形下，$\mathbf{e}_{pc}(h(\Im, q), \boldsymbol{y})$ 和 $\mathbf{e}_{auc}(h(\Im, q), \boldsymbol{y})$ 是互补的：

$$\mathbf{e}_{pc}(h(\Im, q), \boldsymbol{y}) = \frac{1}{n_+^q n_-^q}\sum_{i:y_i=1}\sum_{j:y_j=-1}\mathbb{1}_{h(\mathbf{x}_{i,q})\leqslant h(\mathbf{x}_{j,q})}$$

$$= \frac{1}{n_+^q n_-^q} \sum_{i:y_i=1} \sum_{j:y_j=-1} \mathbb{1}_{rg_i^q \geqslant rg_j^q}$$

$$= 1 - \mathbf{e}_{auc}(h(\Im, q), \boldsymbol{y})$$

图 6.1 给出了如何计算上述度量的一个例子。

k	$h(.)$	y	$\mathbf{e}_{p@k}$	$\mathbf{e}_{r@k}$	τ_k
1	1.0	1	1	1/4	0
2	0.9	0	1/2	1/4	1/6
3	0.8	0	1/3	1/4	1/3
4	0.7	1	1/2	1/2	1/3
5	0.6	1	3/5	3/4	1/3
6	0.5	0	1/2	3/4	1/2
7	0.4	0	3/7	3/4	2/3
8	0.3	1	1/2	1	2/3
9	0.2	0	4/9	1	5/6
10	0.1	0	2/5	1	1

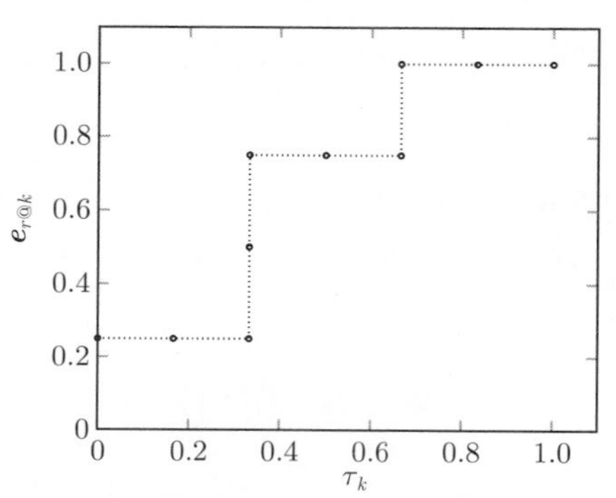

图 6.1　计算打分函数 f 关于给定查询 q 的各类误差度量的一个例子，以及对应的 ROC 曲线（右图）。τ_k 是排在第 k 阶前的无关文档比例。在这个例子中，平均精确率 $\mathbf{e}_{pm}(h(\Im, q), \boldsymbol{y}) = \frac{1}{4}(1 + \frac{1}{2} + \frac{3}{5} + \frac{1}{2}) = \frac{13}{20}$，ROC 曲线下方面积为 $\mathbf{e}_{auc}(h(\Im, q), \boldsymbol{y}) = 1 - \frac{8}{4 \times 6} = \frac{2}{3}$。我们注意到，为计算这些误差度量，采用的是在打分诱导的排序列表中相关文档的阶，而不是它们的预测值

贴现累积收益

贴现累积收益（Discounted Cumulative Gain，简称 DCG）衡量的是打分函数的效率，适用于文档相关性判定的取值不是二值，而是在 $\mathbb{N}$ 的一个离散子集中取值的情形。此度量作为文档相关性得分的函数，计算了该文档的效用（或称收益）。在排序函数返回的文档列表中，对从开头到所需位置的所有文档的收益进行求和，就得到了这一效用。然而，我们对获取列表中排在顶部而非尾部的相关文档更感兴趣，于是，每个出现的文档会按其位置对收益进行加权（或称贴现）。实际上，这里使用了位置的对数 $\log_2$，以免赋予的权重过高。正如精确率 $\mathbf{e}_{p@k}$ 是从列表头开始计算的；同样，对给定查询 q，DCG 度量也是从头到 k 阶进行计算的（k 通常取和计算精确率一样的值：5、10、20 或 25）。

$$\mathbf{e}_{dcg@k}(h(\Im, q), \boldsymbol{y}) = \sum_i \mathbb{1}_{rg_i^q \leqslant k} \left[\frac{2^{y_i} - 1}{\log_2(1 + rg_i^q)} \right] \tag{6.8}$$

在实践中，上述度量需要被标准化，方法是：将度量乘以一个合适的标准化因子，使得在理想情况下获得的收益等于 1。为此，要将贴现累积收益除以一个理想且完美系统的收益，该系统将最相关的文档排在列表头，比如，最相关的文档得分为 5，其次得分为 4，末位得分为 0。

6.1.2 样例排序

样例排序（instance ranking）的目标是类比分类的框架，按给定信息 q^*，对输入或观察进行排序。在这里，给定信息 q^* 表达为一个搜索主题，而不一定要以查询方式显式表达出来。因此，接下来的目标是对文档输入流进行排序，使得与给定检索信息相关的文档能够被排在无关文档之上。此时，偶对的向量表示（文档，检索信息）退化为文档的向量表示，后者通常用 Salton (1975) 提出的向量空间模型（Vector Space Model）来定义。在这个表示下，我们将集合类 $\mathcal{C}$ 中的每一个文档 x，与一个维数为词库大小的向量 $\mathbf{x}$ 相联系。这个词库是通过对集合类中的项进行只保留有用信息部分的一系列预处理操作来得到的 (Amini et Gaussier, 2013, ch.1 & 2)。于是，我们考虑的向量空间的向量的每个分量都关联一个该词库中的项。

$$\forall x \in \mathcal{C}, \mathbf{x} = (w_{ix})_{i \in \{1,\ldots,d\}} \tag{6.9}$$

在此情形下，w_{ix} 是词库中指标为 i 的项在文档 x 中的权重。我们将看到，有很多种方法可以计算这一权重。但需要注意的是，所有方法都将文档中缺失项的权重赋值为 0。在这种表示方法中，文档中项的出现顺序不纳入考虑。正因如此，这种表示法也被称为单词袋表示法。在信息检索中，文档最常用的编码，称为 tf-idf的编码，其定义如下：

$$\forall i \in \{1,\ldots,d\}; w_{ix} = \mathrm{tf}_{\theta_i,x} \times \ln \frac{m}{\mathrm{df}_{\theta_i}} \tag{6.10}$$

其中 $\mathrm{tf}_{\theta_i,x}$（term frequency）是词库的项 θ_i 在文档 x 中的出现次数；m 是集合类中的文档数目；df_{θ_i} 是出现过词库中指标为 i 的项的文档数目，称为 document frequency；$\ln \frac{m}{\mathrm{df}_{\theta_i}}$ 则通常用 idf_{θ_i}（inverse document frequency）来表示：

$$\mathrm{idf}_{\theta_i} = \ln \frac{m}{\mathrm{df}_{\theta_i}} \tag{6.11}$$

利用文档的向量表示，在样例排序的情形中，训练集、测试集和样本就有了和分类或回归同样的形式（根据空间 $\mathcal{Y}$）。而分类和回归的主要区别是泛化误差的定义，前者考虑的是两个观测值之间的相对分数，而不是预测值与预期值是否一致。

对于根据一个固定但未知的概率分布 $\mathcal{D}$，按独立同分布方式抽样得到的集合 $S = \{(\mathbf{x}_1, y_1), \ldots, (\mathbf{x}_m, y_m)\}$，以及一个给定的打分函数 $h : \mathcal{X} \to \mathbb{R}$，经验误差可以定义为一个排序误差函数：

$$\hat{R}_{oi}(h, S) = \mathbf{e}_o(h(\Im, q^*), \boldsymbol{y}) \tag{6.12}$$

其中 $\Im = (\mathbf{x}_1, \ldots, \mathbf{x}_m)$，$\boldsymbol{y} = (y_1, \ldots, y_m)$，且 $h(\Im, q^*) = (h(\mathbf{x}_1), \ldots, h(\mathbf{x}_m))$。当相关性判定为简单的二值判定 $\boldsymbol{y} \in \{-1,+1\}^m$ 时，这个框架被称为二分排序（bipartite ranking）。正如前面提到的，机器学习社群通常在样例排序的理论研究中考虑误差 $\mathbf{e}_{pc}$(6.6)。因为在这种情形下，定义在一个随机核心对上，并且与一个误差函数相关联的泛化误差

$$R_{oi}(h) = \mathbb{E}\left[\mathbb{1}_{h(\mathbf{x}_i) \leqslant h(\mathbf{x}_j)} | y_i > y_j\right] \tag{6.13}$$

满足 $R_{oi}(h) = \mathbb{E}\left[\mathbf{e}_{pc}(h(\Im, q^*), \boldsymbol{y})\right]$。类比二类分类的框架（第 1 章），可以建立该框架下经验风险最小化原理的一致性。唯一值得注意的例外是 Hill et al. (2002)，它根据一个概率分布，以独立同分布抽样出两个样本集 S，并建立了两个样本集的平均精确率 ($\mathbf{e}_{pm}$) 的差的概率性上界。

6.1.3 备择排序

在信息检索中，备择排序（alternative ranking）框架的应用最为广泛，包括文档检索、文本自动总结等任务。在备择排序中，我们不对系统的输入，而是对它们的关联备择进行排序，使得备择的排序预测能反映出每一个输入的相关性判定（图 6.2）。例如，在文档检索中，输入是一个查询，目标是对一个给定的数据集合类中的文档（备择）进行排序，令每一个输入的相关文档都排在无关文档之上。形式上，对每个输入 q_i，记 $\mathcal{A}_{q_i} = (x_1^{(i)}, \ldots, x_{m_i}^{(i)})$ 是其 m_i 个备择的集合。在文档检索中，这化归为确定初始的文档集合关于给定查询的一个子集。

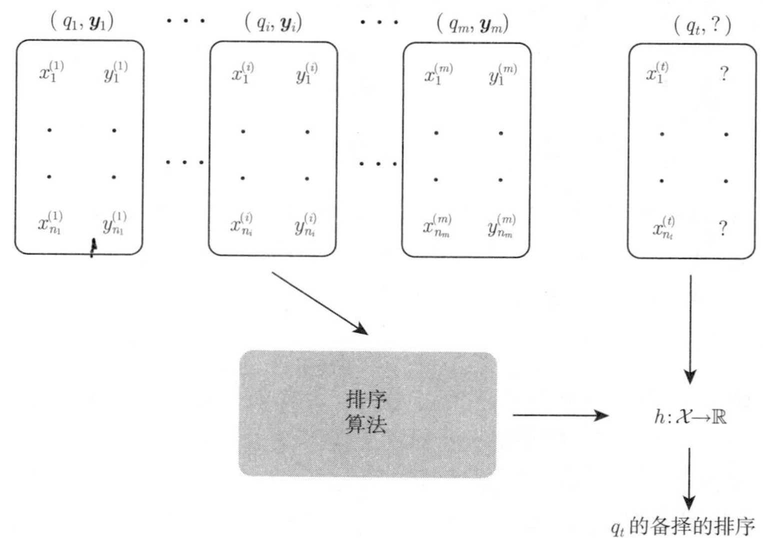

图 6.2 备择排序的架构图示。在学习阶段，我们习得一个在输入集 $\{(q_1, \boldsymbol{y}_1), \ldots, (q_m, \boldsymbol{y}_m)\}$ 上的打分函数 h，其中每个输入 q_i 和一个备择列表 $(x_1^{(i)}, \ldots, x_{m_i}^{(i)})$ 相关联，其对应相关性判定为 $\boldsymbol{y}_i = (y_1^{(i)}, \ldots, y_{m_i}^{(i)})$。一旦找到函数 h，对一个新输入 q_t，其备择列表都按照 $h(.)$ 指派的分数值来排序

我们进一步假定，在监督学习框架中，每一个观测都关联着一个预期向量[①] $\boldsymbol{y_i}$。因而，输出向量 $\boldsymbol{y_i} = (y_1^{(i)}, \ldots, y_{m_i}^{(i)}) \subset \mathbb{R}^{m_i}$ 在 $\mathcal{A}_{q_i}$ 的备择中定义了我们想要寻找的排序。打分函数 f 给出这一排序，将一个观测 q_i 和一个 $\mathcal{A}_{q_i}$ 中的备择 $x_j^{(i)}$ 作为输入，并返回一个实值得分，该

① 为保持一致，我们使用和前面章节一样的记号来表示与观测相关联的预期输出向量。

得分反映了观测和其备择之间的相似度，用向量 $\mathbf{x}_{j,q_i}^{(i)} \in \mathcal{X}$ 表示，即 $h:\mathcal{X}\to\mathbb{R}$。

此外，我们假设偶对 $(q,\boldsymbol{y})$ 是根据概率分布 $\mathcal{D}$ 独立生成的。

对给定的损失函数 $\mathbf{e}_o:\mathbb{R}^{|\mathcal{A}_q|}\times\mathbb{R}^{|\mathcal{A}_q|}\to\mathbb{R}_+$，函数 f 在大小为 m 的学习集 $S=\{(q_i,\boldsymbol{y}_i)\}_{i\in\{1,..,m\}}$ 上（假定根据 $\mathcal{D}$ 进行独立同分布抽样）的经验风险定义为 f 在 S 上 $\mathbf{e}_o$ 意义上的误差平均：

$$\hat{R}_{oa}(h,S)=\frac{1}{m}\sum_{i=1}^{m}\mathbf{e}_o\left(h(\mathcal{A}_{q_i},q_i),\boldsymbol{y}_i\right) \tag{6.14}$$

泛化误差则定义为 $\hat{R}_{oa}$ 关于 $\mathcal{D}$ 的期望：

$$R_{oa}(h)=\mathbb{E}_{(q,\boldsymbol{y})\sim\mathcal{D}}\mathbf{e}_o\left(h(\mathcal{A}_q,q),\boldsymbol{y}\right) \tag{6.15}$$

例如，如果被选的排序误差函数为核心对排序误差 (6.6)，函数 h 的经验风险则为：

$$\hat{R}_{oa}(h,S)=\frac{1}{m}\sum_{i=1}^{m}\frac{1}{\sum_{j,\ell}\mathbb{1}_{y_j^{(i)}>y_\ell^{(i)}}}\sum_{j,\ell:y_j^{(i)}>y_\ell^{(i)}}\mathbb{1}_{h(\mathbf{x}_{j,q_i}^{(i)})\leqslant h(\mathbf{x}_{\ell,q_i}^{(i)})} \tag{6.16}$$

在信息检索中，偶对（备择，输入）或（文档，查询）的表示向量通常由对查询和文档词库中的公共项计算得来的简单特征组成。微软[①]和雅虎[②]各自推动的两个排序学习项目定义了许多特征，其中使用最广泛的是：

偶对 (x,q) 的表示向量 $\mathbf{x}_q$ 的常用特征			
1.	$\sum_{\theta\in q\cap x}\ln(1+\mathrm{tf}_{\theta,x})$	2.	$\sum_{\theta\in q\cap x}\ln\left(1+\frac{l_\mathcal{C}}{\mathrm{tf}_{\theta,\mathcal{C}}}\right)$
3.	$\sum_{\theta\in q\cap x}\ln(\mathrm{idf}_\theta)$	4.	$\sum_{\theta\in q\cap x}\ln\left(1+\frac{\mathrm{tf}_{\theta,x}}{l_x}\right)$
5.	$\sum_{\theta\in q\cap x}\ln\left(1+\frac{\mathrm{tf}_{\theta,x}}{l_x}.\mathrm{idf}_\theta\right)$	6.	$\sum_{\theta\in q\cap x}\ln\left(1+\frac{\mathrm{tf}_{\theta,x}}{l_x}\cdot\frac{l_\mathcal{C}}{\mathrm{tf}_{\theta,\mathcal{C}}}\right)$
7.	$\sum_{\theta\in q\cap x}\mathrm{tf}_{\theta,x}$	8.	$\sum_{\theta\in q\cap x}\mathrm{tf}_{\theta,x}.\mathrm{idf}_\theta$
9.	$\mathrm{BM25}(x,q)$	10.	$\mathrm{SPL}(x,q)$

其中 $\theta\in q\cap x$ 表示查询 q 与文档 x 的公共项的集合，$\mathrm{tf}_{\theta,\mathcal{C}}$ 是项 θ 在文档集 $\mathcal{C}$ 中出现的次数，$l_\mathcal{C}$ 和 l_x 则是所有项分别在集合 $\mathcal{C}$ 和文档 $x\in\mathcal{C}$ 中出现的次数。特征 $\mathrm{BM25}(x,q)$ 和 $\mathrm{SPL}(x,q)$ 分别是模型 OKAPI BM25 (Robertson et Walker, 1994) 和信息模型 (Clinchant et Gaussier, 2010) 指派的得分，在信息检索系统的发展中，它们已经变成了参照：

$$\mathrm{BM25}(x,q)=\sum_{\theta\in q\cap x}\frac{(k_3+1)\times\mathrm{tf}_{\theta,q}}{k_3+\mathrm{tf}_{\theta,q}}\frac{(k_1+1)\times\mathrm{tf}_{t,x}}{k_1((1-b)+b\frac{l_x}{r})+\mathrm{tf}_{t,x}}\ln\frac{N-\mathrm{df}_\theta+0,5}{\mathrm{df}_\theta+0,5} \tag{6.17}$$

其中 k_1、b 和 k_3 是固定常数，缺省值为 $k_1=1.2$，$b=0.75$ 和 $k_3=1\ 000$。N 是文档集中文档的个数，$r=\frac{1}{N}\sum_{x\in\mathcal{C}}l_x$ 表示文档集中文档的平均大小。信息模型SPL（对光滑幂法）的定

① http://research.microsoft.com/en-us/um/beijing/projects/letor/
② http://jmlr.org/proceedings/papers/v14/

义为：

$$\mathrm{SPL}(q,d)=\sum_{\theta\in q\cap d}\mathrm{tf}_{\theta,q}\ln\frac{1-\lambda_\theta}{\lambda_\theta^{\frac{\mathrm{tf}_{\theta,x}}{\mathrm{tf}_{\theta,x}+1}}-\lambda_\theta} \tag{6.18}$$

其中 λ_θ 是依赖于文档集的参数，它既可以是固定的，比如令：

$$\lambda_\theta=\frac{\mathrm{df}_\theta}{N} \tag{6.19}$$

也可以根据样本集来估计。

6.2 方法

在这一节，我们将介绍学习排序函数的不同方法，以及对应每个方法的算法。

6.2.1 单点法

单点法（pointwise approach）假定，由文档和查询组成的偶对的表示向量，以及对应的相关性判定，都是根据一个概率分布并以独立同分布方式生成的。在实践中，源于该方法的算法试图找到能以最佳方式将输入向量与对应输出联系起来的函数，而不在意习得函数的输出值在事后诱导出的排序。这些算法大部分是回归和分类框架下的技术在排序框架下的推广。我们注意到，单点法的独立同分布假设只有在样例排序的情形是满足的，因为在备择排序的情形，由输入备择和输入本身组成的偶对的向量表示依赖于输入。

本节接下来将介绍此方法最流行的两个模型。它们基于有序回归 (McCullagh, 1980)，并考虑了用于学习打分函数的相关性判定之间的数值关系。对于存在 k 个有序范畴的情形，通过固定适当的阈值 $b_1\leqslant\ldots\leqslant b_{k-1}\leqslant b_k=\infty$，从而区分函数输出对应的范畴，并以此来习得打分函数。

PRank

由 Crammer et Singer (2002) 提出的感知机排序（Perceptron Ranking，以下简称 PRank）模型是一个基于感知机（3.1 节）算法的迭代在线算法。在给定的第 t 步迭代中，对随机选择的新样本 $(x^{(t)},y^{(t)})$，模型利用其权重向量 $\boldsymbol{w}^{(t)}$ 和阈值集合 $\boldsymbol{b}^{(t)}=(b_1^{(t)},\ldots,b_k^{(t)})$，将满足 $\left\langle\boldsymbol{w}^{(t)},\mathbf{x}^{(t)}\right\rangle<b_{\hat{y}^{(t)}}^{(t)}$ 的最小阈值 $b_{\hat{y}^{(t)}}^{(t)}$ 的指标作为此处的阶 $\hat{y}^{(t)}$[①]：

$$\hat{y}^{(t)}=\min_{r\in\{1,\ldots,k\}}\left\{r\middle|\left\langle\boldsymbol{w}^{(t)},\mathbf{x}^{(t)}\right\rangle-b_r^{(t)}<0\right\} \tag{6.20}$$

然后，PRank 算法 (算法 24) 比较样本的预测阶 $\hat{y}^{(t)}$ 和真实阶 $y^{(t)}$，并更新权重 $\boldsymbol{w}^{(t)}$ 和阈值 $\boldsymbol{b}^{(t)}$，使得直到此步为止的所有阶的预测误差最小，鉴于阶的预测值和预期值都是整数，

① 注意，这里的最小值是良定的，因为 $b_k=\infty$。

于是：

$$E_t = \sum_{t'=1}^{t} |\hat{y}^{(t')} - y^{(t')}| \tag{6.21}$$

输入：
- 训练集 $S = ((\mathbf{x}_1, y_1), \ldots, (\mathbf{x}_m, y_m))$
- 最大迭代次数 T

初始化：
- $t \leftarrow 1$
- 初始化权重 $\boldsymbol{w}^{(1)}$ // 一般而言 $\boldsymbol{w}^{(1)} = \mathbf{0}$
- 初始化阈值 $b_1^{(1)} = 0, \ldots b_{k-1}^{(1)} = 0, b_k^{(1)} = \infty$

```
while t ⩽ T do
    随机选择样本 (x^(t), y^(t)) ∈ S
    预测样本 x^(t) 的阶 ŷ^(t)，利用 (w^(t), b^(t)) // ▷ (6.20)
    if y^(t) ≠ ŷ^(t) then
        for r = 1, ..., k − 1 do
            if y^(t) ⩽ r then
                z_r^(t) ← −1
            else
                z_r^(t) ← +1
        for r = 1, ..., k − 1 do
            if z_r^(t) (⟨w^(t), x^(t)⟩ − b_r^(t)) ⩽ 0 then
                s_r^(t) ← z_r^(t)
            else
                s_r^(t) ← 0
        w̄^(t+1) ← w̄^(t) + (Σ_r s_r^(t)) x^(t) // ▷ (6.23)
        for r = 1, ..., k − 1 do
            b_r^(t+1) ← b_r^(t) − s_r^(t)
    else
        w^(t+1) ← w^(t)
        b^(t+1) ← b^(t)
    t ← t + 1
```

输出： 模型参数 $\boldsymbol{w}^{(t)}$ 和阈值 $\boldsymbol{b}^{(t)}$

算法 24 PRank

受感知机算法的影响，算法的更新法则只在样本 $\mathbf{x}^{(t)}$ 的预测阶 $\hat{y}^{(t)}$ 和预期阶 $y^{(t)}$ 不同时，才会更新当前权重。由于阈值 $\boldsymbol{b}^{(t)}$ 是有序的，$b_1^{(t)} \leqslant b_2^{(t)} \leqslant \ldots \leqslant b_{k-1}^{(t)} \leqslant b_k^{(t)}$，因而只在对所有阶 $r = 1, \ldots, y^{(t)} - 1$ 有 $\left\langle \boldsymbol{w}^{(t)}, \mathbf{x}^{(t)} \right\rangle > b_r^{(t)}$ 成立，且对所有 $r = y^{(t)}, \ldots, k-1$ 有 $\left\langle \boldsymbol{w}^{(t)}, \mathbf{x}^{(t)} \right\rangle < b_r^{(t)}$ 成立时，预测阶才是正确的。

这两个不等式可以只用一个不等式来表达，方法是引入二值变量 $z_1^{(t)}, \ldots, z_{k-1}^{(t)}$，满足：

$$\forall r, z_r^{(t)} = \begin{cases} +1, & \text{si } \left\langle \boldsymbol{w}^{(t)}, \mathbf{x}^{(t)} \right\rangle > b_r^{(t)} \\ -1, & \text{si } \left\langle \boldsymbol{w}^{(t)}, \mathbf{x}^{(t)} \right\rangle < b_r^{(t)} \end{cases} \tag{6.22}$$

因此，满足 $z_r^{(t)} = +1$ 的最大阶为 $y^{(t)} - 1$，并且，当且仅当 $z_r^{(t)} \left(\left\langle \boldsymbol{w}^{(t)}, \mathbf{x}^{(t)} \right\rangle - b_r^{(t)} \right) > 0$ 对任意 r 成立时，样本 $\mathbf{x}^{(t)}$ 的阶的预测是正确的。

当算法在某个样本 $\mathbf{x}^{(t)}$ 的阶上犯错时，至少存在一个阈值指标 r，使得 $\left\langle \boldsymbol{w}^{(t)}, \mathbf{x}^{(t)} \right\rangle$ 位于 $b_r^{(t)}$ 的错误一边，即 $z_r^{(t)} \left(\left\langle \boldsymbol{w}^{(t)}, \mathbf{x}^{(t)} \right\rangle - b_r^{(t)} \right) \leqslant 0$。为纠正这个错误，算法将 $\left\langle \boldsymbol{w}^{(t)}, \mathbf{x}^{(t)} \right\rangle$ 和 $b_r^{(t)}$ 的值互相朝对方移动。因而，$z_r^{(t)} \left(\left\langle \boldsymbol{w}^{(t)}, \mathbf{x}^{(t)} \right\rangle - b_r^{(t)} \right) \leqslant 0$ 中的阈值 $b_r^{(t)}$ 被 $b_r^{(t)} - z_r^{(t)}$ 代替，权重 $\boldsymbol{w}^{(t)}$ 则被以下更新法则修正：

$$\boldsymbol{w}^{(t+1)} = \boldsymbol{w}^{(t)} + \left(\sum_{r | z_r^{(t)} \left(\left\langle \boldsymbol{w}^{(t)}, \mathbf{x}^{(t)} \right\rangle - b_r^{(t)} \right) \leqslant 0} z_r^{(t)} \right) \mathbf{x}^{(t)} \tag{6.23}$$

这个算法的一个有意义结果是，如果解 $\boldsymbol{v}^* = (\boldsymbol{w}^*, \boldsymbol{b}^*)$ 存在，那么阶 E_t 的预测误差 (6.21) 是有界的。这个结果表述如下。

定理 11 (Crammer et Singer (2002)) *考虑一个有序回归问题。设 $(\mathbf{x}^{(1)}, y^{(1)}), \ldots, (\mathbf{x}^{(T)}, y^{(T)})$ 是 PRank 算法 (算法 24) 的输入序列，其中样本都包含在半径为 R 的超球面中，即 $\forall t, ||\mathbf{x}^{(t)}|| \leqslant R$。假定存在一个排序法则 $\boldsymbol{v}^* = (\boldsymbol{w}^*, \boldsymbol{b}^*)$ 满足 $b_1^* \leqslant \ldots \leqslant b_{k-1}^*$ 和 $||\boldsymbol{w}^*|| = 1$，并且能将样本以一个特定间隔$\rho = \min_{r,t} \left\{ z_r^{(t)} \left(\left\langle \boldsymbol{w}^*, \mathbf{x}^{(t)} \right\rangle - b_r^* \right) \right\} > 0$ 进行排序。进一步假定 $\boldsymbol{w}^{(1)} = \mathbf{0}$ 且 $b_1^{(1)} = 0, \ldots b_{k-1}^{(1)} = 0, b_k^{(1)} = \infty$，那么，此时算法对阶的预测误差有上界:*

$$\sum_{t=1}^{T} |\hat{y}^{(t)} - y^{(t)}| \leqslant \frac{(k-1)(R^2+1)}{\rho^2}$$

证明　定理 11

该定理的证明要点与 Novikoff 定理（第 3 章，定理 6）十分类似，即增大或者减小算法 24 在 T 步后得到的解向量 $\boldsymbol{v}^{(T+1)} = (\boldsymbol{w}^{(T+1)}, \boldsymbol{b}^{(T+1)})$ 的范数。

设 $(\mathbf{x}^{(t)}, y^{(t)})$ 是算法在第 $t \in \{1, \ldots, T\}$ 次迭代随机选择的样本 $(\mathbf{x}^{(t)}, y^{(t)})$。因此，更新法则导出排序法则，$\boldsymbol{v}^{(t+1)} = (\boldsymbol{w}^{(t+1)}, \boldsymbol{b}^{(t+1)})$，满足以下关系:

$$\boldsymbol{w}^{(t+1)} = \boldsymbol{w}^{(t)} + \left(\sum_r s_r^{(t)}\right)\mathbf{x}^{(t)} \tag{6.24}$$

$$\forall r \in \{1,\dots,k-1\}, b_r^{(t+1)} = b_r^{(t)} - s_r^{(t)} \tag{6.25}$$

记 $n^{(t)} = |\hat{y}^{(t)} - y^{(t)}|$ 是所选样本 $\mathbf{x}^{(t)}$ 的预测阶和预期阶的绝对误差。设 $\boldsymbol{v}^* = (\boldsymbol{w}^*, \boldsymbol{b}^*)$ 满足 $b_1^* \leqslant \dots \leqslant b_{k-1}^*$ 和 $||\boldsymbol{w}^*|| = 1$，而且是对所有样本都能正确排序的排序法则，且有特定间隔 $\rho = \min_{r,t}\left\{z_r^{(t)}\left(\langle \boldsymbol{w}^*, \mathbf{x}^{(t)}\rangle - b_r^*\right)\right\} > 0$。根据标量积的双线性，有：

$$\left\langle \boldsymbol{v}^*, \boldsymbol{v}^{(t+1)}\right\rangle = \left\langle \boldsymbol{v}^*, \boldsymbol{v}^{(t)}\right\rangle + \sum_{r=1}^{k-1} s_r^{(t)}\left(\left\langle \boldsymbol{w}^*, \mathbf{x}^{(t)}\right\rangle - b_r^*\right) \tag{6.26}$$

此外，对样本 $\mathbf{x}^{(t)}$ 的阶的预测 $\hat{y}^{(t)}$，有两种情形需要考虑。

- 若预测正确，$\hat{y}^{(t)} = y^{(t)}$，我们有 $s_r^{(t)} = 0$，因而 $s_r^{(t)}\left(\langle \boldsymbol{w}^*, \mathbf{x}^{(t)}\rangle - b_r^*\right) = 0$。
- 若预测不正确，$\hat{y}^{(t)} \neq y^{(t)}$，我们有 $z_r^{(t)} = s_r^{(t)}$，根据假设，法则 $\boldsymbol{v}^* = (\boldsymbol{w}^*, \boldsymbol{b}^*)$ 对样本进行正确排序，于是:

$$s_r^{(t)}\left(\left\langle \boldsymbol{w}^*, \mathbf{x}^{(t)}\right\rangle - b_r^*\right) = z_r^{(t)}\left(\left\langle \boldsymbol{w}^*, \mathbf{x}^{(t)}\right\rangle - b_r^*\right) \geqslant \rho$$

对项 $s_r^{(t)}\left(\langle \boldsymbol{w}^*, \mathbf{x}^{(t)}\rangle - b_r^*\right)$ 在所有的阶 $r \in \{1,\dots,k-1\}$ 上进行求和，我们有：

$$\sum_{r=1}^{k-1} s_r^{(t)}\left(\left\langle \boldsymbol{w}^*, \mathbf{x}^{(t)}\right\rangle - b_r^*\right) \geqslant n^{(t)}\rho \tag{6.27}$$

根据两个不等式 (6.26) 和 (6.27)，有 $\langle \boldsymbol{v}^*, \boldsymbol{v}^{(t+1)}\rangle \geqslant \langle \boldsymbol{v}^*, \boldsymbol{v}^{(t)}\rangle + n^{(t)}\rho$。由于排序法则由零向量初始化，在 T 步迭代后，更新法则满足 $\langle \boldsymbol{v}^*, \boldsymbol{v}^{(T+1)}\rangle \geqslant \left(\sum_t n^{(t)}\right)\rho$。即根据柯西–施瓦茨不等式，且鉴于排序法则 $\boldsymbol{v}^*$ 是一个单位向量，向量 $\boldsymbol{v}^{(T+1)}$ 的范数有下界：

$$\|\boldsymbol{v}^{(T+1)}\| \geqslant \left(\sum_t n^{(t)}\right)\rho$$

现在，我们将用更新法则 (6.24) 和 (6.25) 给出的值来代替向量 $\boldsymbol{w}^{(t+1)}$ 和 $\boldsymbol{b}^{(t+1)}$ 的取值，从而给出 $\boldsymbol{v}^{(T+1)}$ 的范数上界。

$$\|\boldsymbol{v}^{(t+1)}\|^2 = \|\boldsymbol{w}^{(t)}\|^2 + \|\boldsymbol{b}^{(t)}\|^2 + \left(\sum_r s_r^{(t)}\right)^2 \|\mathbf{x}^{(t)}\|^2 +$$

$$\sum_r \left(s_r^{(t)}\right)^2 + 2\sum_r s_r^{(t)}\left(\left\langle \boldsymbol{w}^{(t)}, \mathbf{x}^{(t)}\right\rangle - b_r^{(t)}\right)$$

鉴于所有样本都包含在半径为 R 的超球面中，利用这一条件，且因为 $\forall r, s_r^{(t)} \in \{-1,0,+1\}$，我们有 $\sum_r \left(s_r^{(t)}\right)^2 = n^{(t)}$，$\left(\sum_r s_r^{(t)}\right)^2 \leqslant (n^{(t)})^2$ 和 $\sum_r s_r^{(t)}(\langle \boldsymbol{w}^{(t)}, \mathbf{x}^{(t)}\rangle - b_r^{(t)}) = \sum_r \mathbb{1}_{\hat{y}^{(t)}\neq y^{(t)}} z_r^{(t)}(\langle \boldsymbol{w}^{(t)}, \mathbf{x}^{(t)}\rangle - b_r^{(t)}) \leqslant 0$。于是有 $\|\boldsymbol{v}^{(t+1)}\|^2 \leqslant \|\boldsymbol{v}^{(t)}\|^2 + (n^{(t)})^2R^2 + n^{(t)}$，因此：

$$\|\boldsymbol{v}^{(T+1)}\|^2 \leqslant R^2\sum_t (n^{(t)})^2 + \sum_t n^{(t)}$$

所以，排序法则在算法第 T 步迭代后得到的向量范数下界和上界满足：

$$\rho^2\left(\sum_t n^{(t)}\right)^2 \leqslant \|\boldsymbol{v}^{(T+1)}\|^2 \leqslant R^2\sum_t \left(n^{(t)}\right)^2 + \sum_t n^{(t)} \tag{6.28}$$

将不等式除以 $\rho^2\sum_t n^{(t)}$，得 $\sum_t n^{(t)} \leqslant \frac{R^2\sum_t\left(n^{(t)}\right)^2/\sum_t n^{(t)}+1}{\rho^2}$。注意到 $n^{(t)} \leqslant (k-1)$，结果随之而来，即：

$$\sum_t n^{(t)} \leqslant \frac{R^2(k-1)+1}{\rho^2}$$

以及 $(k-1)R^2+1 \leqslant (k-1)(R^2+1)$。

算法 24 的一个实现在附录 B.4 节中给出。

基于间隔最大化的排序

根据定理 11，我们注意到在前面章节定义的间隔仍然在排序法则的学习中起到决定性作用。因此，对于包含在两个相同半径超球面中的两个学习集，如果存在两个排序法则都能分别对两个集合中的样本进行完美排序，那么在算法 24 的任意步迭代中，对应间隔更大的排序法则的累积预测误差就更小。

这个结论促使其他工作采用之前样例排序所使用的框架。其中最典型的是 Shashua et Levin (2003) 的工作，提出了一个基于支持向量机（3.4 节）的改进方案，用于有序回归。这项工作的出发点是，排序函数仅用一个权重向量 $\boldsymbol{w}$ 和阈值 $\boldsymbol{b} = \{b_1,\ldots,b_{k-1},b_k\}$ 定义，它将样本 $\mathbf{x}$ 的阶 r 定义为满足 $\langle \boldsymbol{w}, \mathbf{x}\rangle < b_r$ 的最小阈值 b_r 的指标；该排序法则将输入空间按阶分成不同的区域，所有满足不等式

$$b_{r-1} < \langle \boldsymbol{w}, \mathbf{x}\rangle < b_r \tag{6.29}$$

的样本将拥有同样的预测阶 $\hat{y} = r$。与分类情形类似，阶 r 和 $r+1$ 之间的间隔为 $2/|\boldsymbol{w}|$。于是，训练集 $S = \{(\mathbf{x}_i, y_i); i \in \{1,\ldots,m\}\}$ 上的最大化间隔问题，满足阶的可分性约束，即阶为 r 的所有样本 $\mathbf{x}$ 满足不等式 (6.29)，是如下的优化问题：

$$\min_{\boldsymbol{w},\boldsymbol{b},\xi_{i,r},\xi_{i,r}^*} \frac{1}{2}||\bar{\boldsymbol{w}}||^2 + C\sum_{r=1}^{k-1}\sum_{\mathbf{x}_i|y_i=r}(\xi_{i,r}+\xi_{i,r}^*)$$

满足 $\forall r, \forall i$, 若 $y_i = r$，则 $\langle \boldsymbol{w}, \mathbf{x}_i \rangle - b_r \leqslant -1 + \xi_{i,r}$

$$\langle \boldsymbol{w}, \mathbf{x}_i \rangle - b_{r-1} \geqslant 1 - \xi^*_{i,r}$$

$$\xi_{i,r} \geqslant 0, \xi^*_{i,r} \geqslant 0$$

其他基于支持向量机的针对有序回归的技术建议在优化问题中添加关于阈值 $\boldsymbol{b}$ 的隐性和显性约束 (Chu et Keerthi, 2005)。其中显性约束的形式是 $b_{r-1} \leqslant b_r$，隐性约束则使用训练样本中的额外信息（redundance），以便保证阈值之间的序关系。

要点回顾

- 单点法中的所有办法都遵循第 3 章介绍的机器学习经典框架。由于假设了观测样本之间存在独立性，这些方法只能用于样例排序。
- 这些算法中考虑的目标函数，是回归或分类问题中目标函数的推广，因此，后两者与排序问题中的目标函数也有所不同（6.1.1 节）。

6.2.2 成对法

成对法（pairwise approach）通过考虑排序列表中两个样本的相对顺序，来学习打分函数。因此，成对法类似于前面章节介绍过的将排序问题化归为核心对分类问题的算法。主要区别在于，成对法无需将问题化归为核心对分类，就能很容易地将原本为样例排序设计的算法推广到备择排序中。

值得注意的是，另有方法称为列表法（listwise approach），通过考虑排序输出样本的绝对位置，来学习打分函数。首批遵循这一方法的工作尝试直接最优化 6.1.1 节介绍的排序误差度量，如 MAP(6.5) 或者 NDCG(6.8)，方法是考虑这些度量连续可导的上界 (Qin et al., 2008; Taylor et al., 2008; Yue et al., 2007; Xu et Li, 2007; Xu et al., 2008)。这些工作容易产生混乱：它们都类比了分类问题的框架，即通过最优化分类误差凸的、连续可导的上界来寻找分类器；但在排序问题中，Calauzènes et al. (2012) 证明，MAP 度量或 NDCG 度量中没有任何凸的、连续可导的上界拥有与被考虑度量相同的最优化子。

接下来，我们将详细介绍成对法中针对样例排序的一个代表性算法，以及它在备择排序情况的推广。然后，我们将介绍成对法框架下发展出的其他算法思路，即将这个问题看成是核心对的分类问题。

RankBoost

RankBoost(Freund et al., 2003) 是最早提出的应用成对法解决样例排序问题的算法之一。RankBoost 实现简单，而且在二分情形下，其算法复杂度相对于样本数目是线性的，因此，这个算法已经成为排序模型中的参照。

RankBoost 基于离散的二类分类的 AdaBoost 算法（3.5 节）。与后者类似，RankBoost 也迭代地构造一个基函数的线性组合，且在每一步迭代时，在核心对集合上调整概率分布，如此一来，当前组合越是逆转一个偶对的序，该偶对的权重就越高。因此，算法迭代地确定权重 $\{a_t\}_{t\in\{1,\ldots,T\}}$ 和基函数 $\{f_t\}_{t\in\{1,\ldots,T\}}$（在 $\{0,1\}$ 中取值），使得对训练集 $S=\{(\mathbf{x}_1,y_1),\ldots,(\mathbf{x}_m,y_m)\}$ 中满足 $(y_i,y_{i'})\in\mathbb{R}^2$ 和 $y_i>y_{i'}$ 的每个核心对 $(\mathbf{x}_i,y_i),(\mathbf{x}_{i'},y_{i'})$，我们有：

$$\sum_{t=1}^{T}a_tf_t(\mathbf{x}_i)-\sum_{t=1}^{T}a_tf_t(\mathbf{x}_{i'})>0\Leftrightarrow\sum_{t=1}^{T}a_t(f_t(\mathbf{x}_i)-f_t(\mathbf{x}_{i'}))>0 \tag{6.30}$$

于是，在第 t 步，核心对 $(\mathbf{x}_i,y_i),(\mathbf{x}_{i'},y_{i'})\in S^2$ 集合上的分布 $D^{(t)}$ 以如下方式更新：

$$\forall(i,i')\in\{1,\ldots,m\}^2;y_i>y_{i'},D^{(t+1)}(i,i')=\frac{D^{(t)}(i,i')\exp(a_t(f_t(\mathbf{x}_{i'})-f_t(\mathbf{x}_i)))}{Z^{(t)}} \tag{6.31}$$

其中 $Z^{(t)}=\sum_{i,i'}D^{(t)}(i,i')e^{a_t(f_t(\mathbf{x}_{i'})-f_t(\mathbf{x}_i))}$ 是标准化系数；f_t 是一个二值函数，由另一个基础算法（假定此时是确定的）选得，并最小化使用 $D^{(t)}$ 加权后的偶对集的排序误差。反复迭代应用该更新法则，从第 T 步迭代到第一步，于是有：

$$\forall(i,i')\in\{1,\ldots,m\}^2;y_i>y_{i'},D^{(T+1)}(i,i')=\frac{D^{(1)}(i,i')\exp(h(\mathbf{x}_{i'})-h(\mathbf{x}_i))}{\prod\limits_{t=1}^{T}Z^{(t)}} \tag{6.32}$$

其中 $h=\sum_{t=1}^{T}a_tf_t$ 是算法最后找到的排序函数。

因此，函数 h 在训练集 S 上的样本的排序经验误差 $R_{oi}(h,S)=\sum_{i,i':y_i>y_{i'}}D^{(1)}(i,i')\mathbb{1}_{h(\mathbf{x}_i)\leqslant h(\mathbf{x}_{i'})}$ 满足：

$$R_{oi}(h,S)=\sum_{i,i':y_i>y_{i'}}D^{(1)}(i,i')\mathbb{1}_{h(\mathbf{x}_i)-h(\mathbf{x}_{i'})\leqslant 0}\leqslant\sum_{i,i':y_i>y_{i'}}D^{(1)}(i,i')e^{h(\mathbf{x}_{i'})-h(\mathbf{x}_i)}$$

其中 $\forall z\in\mathbb{R},\mathbb{1}_{z\leqslant 0}\leqslant e^{-z}$。根据 (6.32)，有：

$$R_{oi}(h,S)\leqslant\underbrace{\left(\sum_{i,i':y_i>y_{i'}}D^{(T+1)}(i,i')\right)}_{=1}\prod_{t=1}^{T}Z^{(t)} \tag{6.33}$$

$$\leqslant\prod_{t=1}^{T}Z^{(t)} \tag{6.34}$$

为最小化这个经验误差，需要在每一步迭代 t，通过最小化标准化因子 $Z^{(t)}$ 来选择参数 a_t。由函数 $x\mapsto e^{ax}$ 的凸性和琴生不等式有：

$$\forall(z,a)\in\mathbb{R}^2,e^{az}\leqslant\left(\frac{1+z}{2}\right)e^a+\left(\frac{1-z}{2}\right)e^{-a}$$

由以上不等式，我们可以给出 $Z^{(t)}$ 的上界：

$$\begin{aligned}\forall t, Z^{(t)} &\leqslant \sum_{i,i'} D^{(t)}(i,i')\left[\left(\frac{1+f_t(\mathbf{x}_{i'})-f_t(\mathbf{x}_i)}{2}\right)e^{a_t}+\left(\frac{1-f_t(\mathbf{x}_{i'})+f_t(\mathbf{x}_i)}{2}\right)e^{-a_t}\right]\\ &=\left(\frac{1-r_t}{2}\right)e^{a_t}+\left(\frac{1+r_t}{2}\right)e^{-a_t}\end{aligned} \tag{6.35}$$

其中

$$r_t=\sum_{i,i'} D^{(t)}(i,i')(f_t(\mathbf{x}_i)-f_t(\mathbf{x}_{i'})) \tag{6.36}$$

不等式 (6.35) 中的第二项的最小值在

$$a_t=\frac{1}{2}\ln\left(\frac{1+r_t}{1-r_t}\right) \tag{6.37}$$

处取得。于是，利用 a_t 的这个值，不等式 (6.35) 变成：

$$\forall t, Z^{(t)} \leqslant \sqrt{1-r_t^2} \tag{6.38}$$

因此，在每一步迭代，为了最小化 $Z^{(t)}$，我们需要最大化 r_t 的绝对值，并固定权重 a_t 的值，如在 (6.37) 中。一般情形下，计算 r_t 需要在核心对的集合上进行求和；因此，算法的复杂度的阶就是核心对的个数。

Freund et al. (2003) 中的主要创新是，在最重要的二分情形排序问题上，应用了核心对结构。因此，算法的复杂度是样本数目的线性函数，而不是核心对数目的函数。

二分情形的 RankBoost

回忆一下，在二分情形中，相关性判定是二值的，即在集合 $\{-1,+1\}$ 中取值。在这种情形下，应用核心对结构的中心思想是维护一个在样本上（而不是在样本对上）的分布 $\nu^{(t)}$，并将分布 $D^{(t)}$ 写成以下形式：

$$\forall (i,i') \in \{1,\ldots,m\}^2 \text{ 满足 } y_i=1 \text{ 且 } y_{i'}=-1,\ \text{有 } D^{(t)}(i,i')=\nu^{(t)}(i)\nu^{(t)}(i') \tag{6.39}$$

样本的初始分布定义为：

$$\forall i \in \{1,\ldots,m\}, \nu^{(1)}(i)=\begin{cases}\dfrac{1}{n_+},\ \text{若 } y_i=1\\ \dfrac{1}{n_-},\ \text{若 } y_i=-1\end{cases} \tag{6.40}$$

其中 n_-（n_+）是 S 中无关（有关）样本的数目。分解 (6.39) 的想法来源于指数函数变和为积的性质：$\forall (a,b)\in\mathbb{R}^2, e^{a+b}=e^ae^b$。此时，$Z^{(t)}$ 可以写成如下形式：

$$Z^{(t)}=\sum_{i,i'} D^{(t)}(i,i')e^{a_t(f_t(\mathbf{x}_{i'})-f_t(\mathbf{x}_i))}=\sum_{i,i'} \nu^{(t)}(i')e^{a_tf_t(\mathbf{x}_{i'})}\nu^{(t)}(i)e^{-a_tf_t(\mathbf{x}_i)}$$

$$= \underbrace{\sum_{i:y_i=1} \nu^{(t)}(i)e^{-a_t f_t(\mathbf{x}_i)}}_{Z_1^{(t)}} \underbrace{\sum_{i':y_{i'}=-1} \nu^{(t)}(i')e^{a_t f_t(\mathbf{x}_{i'})}}_{Z_{-1}^{(t)}} \tag{6.41}$$

这个分解式以及指数函数的性质保证了等式 (6.39) 在第 $t+1$ 步迭代依然成立。

算法 25 展示了 RankBoost 在二分情形下的应用步骤。因此，$D^{(t)}$ 的积形式的初始分解 (6.39) 确保了计算函数 r_t (6.36) 的复杂度相对于样本数目是线性的。此外，由于 $\nu^{(t)}$ 的更新法则，以及参数 a_t 最优值的计算 (6.37) 也具有同样的复杂度，于是，RankBoost 算法在二分情形中的复杂度是 $O(T \times m \times \mathfrak{C})$，其中 T 是最大迭代次数，$\mathfrak{C}$ 是基函数 f_t 的选择算法复杂度。

输入： 训练集 $S = \{(\mathbf{x}_i, y_i); i \in \{1, \ldots, m\}\}$ 其中有 n_+ 个有关样本和 n_- 个无关样本 $(m = n_+ + n_-)$

初始化：

$$\forall i \in \{1, \ldots, m\}, \nu^{(1)}(i) = \begin{cases} \frac{1}{n_+}\text{，若 } y_i = 1 \\ \frac{1}{n_-}\text{，若 } y_i = -1 \end{cases}$$

for $t := 1, \ldots, T$ do

- 根据 $D^{(t)}$ 选择函数 f_t; // ▷ 例如使用算法26
- 计算 a_t，使其最小化 $Z^{(t)}$ 的上界; // ▷ (6.37)
- 更新// ▷ (6.31), (6.39) 和 (6.41)

$$\nu^{(t+1)}(i) = \begin{cases} \frac{\nu^{(t)}(i)e^{-a_t f_t(\mathbf{x}_i)}}{Z_1^{(t)}}\text{，若 } y_i = 1 \\ \frac{\nu^{(t)}(i)e^{a_t f_t(\mathbf{x}_i)}}{Z_{-1}^{(t)}}\text{，若 } y_i = -1 \end{cases}$$

其中 $Z_1^{(t)}$ 和 $Z_{-1}^{(t)}$ 定义为：

$$Z_1^{(t)} = \sum_{i:y_i=1} \nu^{(t)}(i)e^{-a_t f_t(\mathbf{x}_i)}$$

$$Z_{-1}^{(t)} = \sum_{i':y_{i'}=-1} \nu^{(t)}(i')e^{a_t f_t(\mathbf{x}_{i'})}$$

- 记

$\forall (i, i')$ 满足 $y_i = 1$ 且 $y_{i'} = -1$　$D^{(t+1)}(i, i') = \nu^{(t+1)}(i)\nu^{(t+1)}(i')$; // ▷ (6.39)

输出： 打分函数 $h(\mathbf{x}) = \sum_{t=1}^{T} a_t f_t(\mathbf{x})$

算法 25　二分情形的 RankBoost

RankBoost 的第二个创新是，在基函数个数有限的情形下提出了一个选择基函数的有效算法。

下面描述的算法以样本数目的线性复杂度来寻找能够最小化 r_t(6.36) 的函数 f_t，其中函数 f_t 是布尔取值的，并通过阈值化样本的相关特征来创建。

基函数

假设每个观测 $\mathbf{x}$ 的特征由实函数 $\forall j \in \{1, \ldots, d\}; \varphi_j : \mathcal{X} \to \mathbb{R}$ 给出。在学习阶段，若系统未知 $\varphi_j(\mathbf{x})$ 的值，则记为 $\varphi_j(\mathbf{x}) = \perp$，Freund et al. (2003) 提出了以下的二值基函数 (也称决策桩，decision stumps)：

$$\forall \mathbf{x} \in \mathcal{X}; f_{j,\theta,nd}(\mathbf{x}) = \begin{cases} 1, \text{若 } \varphi_j(\mathbf{x}) > \theta \\ 0, \text{若 } \varphi_j(\mathbf{x}) \leqslant \theta \\ nd, \text{若 } \varphi_j(\mathbf{x}) = \perp \end{cases} \tag{6.42}$$

其中 $\theta \in \mathbb{R}$ 且 $nd \in \{0, 1\}$。因此，这里使用了特征 φ_j 的阈值来创建二值函数，并且，这些函数对所有 φ_j 未知的观测，分配同样的值 ($nd \in \{0, 1\}$)。

因此，我们通过先验地定义阈值集合 $\{\theta_\ell\}_{\ell=1}^p$，并满足 $\theta_1 > \ldots > \theta_p$，来创建用于组合的基函数集合。一般而言，这些阈值依赖于所虑特征 φ_j，目标是确定 j、ℓ 和 nd 的值，使得 $f_{j,\theta_\ell,nd}$ 是最小化 r_t(6.36) 的基函数。在以下所有计算中，我们设 j、ℓ 和 nd 是固定的，并为简单起见，记 $\theta = \theta_\ell$，$f = f_{j,\theta_\ell,nd}$，$r = r_t$。对所考虑函数 f(6.42) 以及分布 D 的分解 (6.39)，我们有：

$$\begin{aligned} r &= \sum_{\mathbf{x}_i : y_i = 1} \sum_{\mathbf{x}_{i'} : y_{i'} = -1} D(i, i')(f(\mathbf{x}_i) - f(\mathbf{x}_{i'})) \\ &= \sum_{\mathbf{x}_i : y_i = 1} \sum_{\mathbf{x}_{i'} : y_{i'} = -1} \nu(i)\nu(i')(y_i f(\mathbf{x}_i) + y_{i'} f(\mathbf{x}_{i'})) \\ &= \sum_{\mathbf{x}_i : y_i = 1} \left(\nu(i) \underbrace{\sum_{\mathbf{x}_{i'} : y_{i'} = -1} \nu(i')}_{=1} \right) y_i f(\mathbf{x}_i) + \sum_{\mathbf{x}_{i'} : y_{i'} = -1} \left(\nu(i') \underbrace{\sum_{\mathbf{x}_i : y_i = 1} \nu(i)}_{=1} \right) y_{i'} f(\mathbf{x}_{i'}) \\ &= \sum_{i=1}^m \pi(\mathbf{x}_i) f(\mathbf{x}_i) \end{aligned}$$

其中

$$\pi(\mathbf{x}_i) = y_i \nu(i)$$

利用 f 的定义 (6.42)，我们有：

$$r = \sum_{\mathbf{x}_i : \varphi_j(\mathbf{x}_i) > \theta} \pi(\mathbf{x}_i) + nd \sum_{\mathbf{x}_i : \varphi_j(\mathbf{x}_i) = \perp} \pi(\mathbf{x}_i)$$

$$= \sum_{\mathbf{x}_i:\varphi_j(\mathbf{x}_i)>\theta} \pi(\mathbf{x}_i) - nd \sum_{\mathbf{x}_i:\varphi_j(\mathbf{x}_i)\neq\perp} \pi(\mathbf{x}_i)$$

为得到最后的等式，我们注意到：

$$\sum_{\mathbf{x}_i} \pi(\mathbf{x}_i) = \sum_{\mathbf{x}_i:\varphi_j(\mathbf{x}_i)=\perp} \pi(\mathbf{x}_i) + \sum_{\mathbf{x}_i:\varphi_j(\mathbf{x}_i)\neq\perp} \pi(\mathbf{x}_i) = 0$$

它给出：

$$r = \underbrace{\sum_{\mathbf{x}_i:\varphi_j(\mathbf{x}_i)>\theta} \pi(\mathbf{x}_i)}_{L} - nd \underbrace{\sum_{\mathbf{x}_i:\varphi_j(\mathbf{x}_i)\neq\perp} \pi(\mathbf{x}_i)}_{R} \tag{6.43}$$

我们的目标是选择参数 j、θ 和 nd，使得该表达式的绝对值达到最大 (6.38)。算法 26 描述了

输入： 核心对 $(\mathbf{x}_i, \mathbf{x}_{i'}) \in S \times S$ 上的分布 $D(i,i') = \nu(i)\nu(i')$
　　特征集合 $\{\varphi_j\}_{j=1}^d$
　　每个 φ_j 的阈值集合 $\{\theta_\ell\}_{\ell=1}^p$，满足 $\theta_1 \geqslant \ldots \geqslant \theta_p$

初始化：
- $\forall \mathbf{x}_i, \pi(\mathbf{x}_i) \leftarrow y_i\nu(i)$
- $r^* \leftarrow 0$

```
for j := 1, ..., d do
    L ← 0
    R ← Σ_{x_i:φ_j(x_i)≠⊥} π(x_i)
    θ_0 ← ∞
    for ℓ := 1, ..., p do
        L ← L + Σ_{x_i:θ_{ℓ-1} ⩾ φ_j(x_i) > θ_ℓ} π(x_i)
        if |L| > |L − R| then
            nd ← 0
        else
            nd ← 1
        if |L − nd × R| > |r*| then
            r* ← L − nd × R
            j* ← j
            θ* ← θ_ℓ
            nd* ← nd
```

输出： $(\varphi_{j^*}, \theta^*, nd^*)$

算法 26　基函数搜索

Freund et al. (2003) 提出的方法：特征 φ_j 是被依次处理的。对每一个 j，右边项 R 既不依赖于 θ_ℓ，也不依赖于 nd，因而它是在初始时计算的。然后，左边项的和 L 按不同可能阈值被逐步计算，计算始于最大阈值 [①]。对于每个阈值，算法确定最优值 $nd \in \{0,1\}$，然后存储最大化 r 的三元组 (j^*, θ^*, nd^*) 到计算过的三元组 (j, θ_ℓ, nd) 当中。

对于 φ_j 为已知实数值的情形，等式右边项 R 的估计复杂度相当于观测的数目是线性的。这个搜索算法的伪代码在算法 26 中描述，其在每一步迭代的复杂度为 $O(m \times p \times d)$。

在所有特征都已知的情形下，即 $\forall \mathbf{x} \in \mathcal{X}, \forall j \in \{1,\ldots,d\}, \varphi_j(\mathbf{x}) \neq \perp$，算法 25 和算法 26 的一个实现在附录 B.4 节中给出。在下一节，我们将把 RankBoost 算法推广到备择排序的情形。

RankBoost 在备择排序的推广

Usunier (2006) 将 RankBoost 算法推广到了备择排序情形。算法对训练集中的每个输入 q 维护一个分布，并且对每个样本，维护一个与其对应的核心对分布。为了简化描述，我们下面考虑的与备择相联系的相关性判定都是二值的。

因此，对训练集 $S = \{(q_1, \boldsymbol{y}_1), \ldots, (q_m, \boldsymbol{y}_m)\}$，其每一个输入 q_i 关联一个备择列表 $(x_1^{(i)}, \ldots, x_{m_i}^{(i)})$，其对应的二值相关性判定为 $\boldsymbol{y}_i = (y_1^{(i)}, \ldots, y_{m_i}^{(i)}) \in \{-1,+1\}^{m_i}$。之前说过，打分函数 h 以与偶对 $(x_j^{(i)}, q_i)$ 相关联的表示 $\mathbf{x}_{j,q_i}^{(i)}$ 为输入；其中，q_i 是一个输入，而 $x_j^{(i)}$ 是它的一个备择（第 6.1.3 节），该备择排序误差 (6.16) 在此时可以写成：

$$\hat{R}_{oa}(h,S) = \frac{1}{m}\sum_{i=1}^{m}\frac{1}{n_-^{(i)} n_+^{(i)}}\sum_{j:y_j^{(i)}=1}\sum_{\ell:y_\ell^{(i)}=-1}\mathbb{1}_{h(\mathbf{x}_{j,q_i}^{(i)}) \leqslant h(\mathbf{x}_{\ell,q_i}^{(i)})} \tag{6.44}$$

其中，$n_+^{(i)}$，$n_-^{(i)}$ 是对于样本 q_i 的有关和无关备择的个数。

算法 27 中给出了 RankBoost 的推广。在每一步迭代 t 中，算法更新一个训练集样本上的分布 $\lambda^{(t)}$，一个与样本 q_i 相关联的备择上的分布 $\nu_i^{(t)}$ 和一个备择的核心对上的分布 $D_i^{(t)}$，其表示为偶对 (j,ℓ) 上的分布，满足 $y_j^{(i)} = 1$ 和 $y_\ell^{(i)} = -1$。对每个样本 q_i，上述最后一个分布定义在前两个分布的基础之上。$\forall i \in \{1,\ldots,m\}, \forall (j,\ell) \in \{1,\ldots,m_i\}^2$，满足 $y_j^{(i)} = 1$ 且 $y_\ell^{(i)} = -1$，有：

$$D_i^{(t)}(j,\ell) = \lambda_i^{(t)} \nu_i^{(t)}(j) \nu_i^{(t)}(\ell)$$

给偶对分配一个高权重值意味着，对于样本 $q_i \in S$ 来说，截止当前习得的打分函数 f_t 会把该样本的无关备择排在有关备择之前。如同样例排序或者分类的情形，这些分布用均匀分布来初始化：

$$\forall i \in \{1,\ldots,m\}, \lambda_i^{(1)} = \frac{1}{m}$$

① 这个计算的效率是通过一次性降序排列 $\varphi_j(\mathbf{x}_i)_{i=1}^m$ 来确保的。

$$\nu_i^{(1)}(j)=\begin{cases}\dfrac{1}{n_+^{(i)}}, \text{ 若 } y_j^{(i)}=1\\ \dfrac{1}{n_-^{(i)}}, \text{ 若 } y_j^{(i)}=-1\end{cases}$$

输入： 训练集 $S=\{(q_i,\boldsymbol{y}_i);i\in\{1,\ldots,m\}\}$，其中对每个样本 q_i，存在 m_i 个备择 $(x_1^{(i)},\ldots,x_{m_i}^{(i)})$

初始化：

$$\forall i\in\{1,\ldots,m\},\lambda_i^{(1)}=\frac{1}{m}$$

$$\nu_i^{(1)}(k)=\begin{cases}1/p_i\,, \text{ 若 } y_i^k=1\\ 1/n_i, \text{ 若 } y_i^k=-1\end{cases}$$

for $t:=1,\ldots,T$ do

- 根据 $D^{(t)}$ 选择函数 f_t
- 计算 a_t 使其最小化 $Z^{(t)}$ 的上界
- $\forall i\in\{1,\ldots,m\},\forall(k,l)\in\{1,\ldots,m_i\}^2$ 满足 $y_j^{(i)}=1$ 且 $y_\ell^{(i)}=-1$：
  更新 $D_i^{(t+1)}:D_i^{(t+1)}(j,\ell)=\lambda_i^{(t+1)}\nu_i^{(t+1)}(j)\nu_i^{(t+1)}(\ell)$

$$\forall i\in\{1,\ldots,m\},\lambda_i^{(t+1)}=\frac{\lambda_i^{(t)}Z_{-1i}^{(t)}Z_{1i}^{(t)}}{Z^{(t)}}$$

$$\nu_i^{(t+1)}(j)=\begin{cases}\dfrac{\nu_i^{(t)}(j)\exp(-a_tf_t(\mathbf{x}_{j,q_i}^{(i)}))}{Z_{1i}^{(t)}}, & \text{若 } y_j^{(i)}=1\\ \dfrac{\nu_i^{(t)}(j)\exp(a_tf_t(\mathbf{x}_{j,q_i}^{(i)}))}{Z_{-1i}^{(t)}}, & \text{若 } y_j^{(i)}=-1\end{cases}$$

其中 $Z_{-1i}^{(t)},Z_{1i}^{(t)}$ 和 $Z^{(t)}$ 被定义为:

$$Z_{1i}^{(t)}=\sum_{j:y_j^{(i)}=1}\nu_i^{(t)}(j)e^{-a_tf_t(\mathbf{x}_{j,q_i}^{(i)})}$$

$$Z_{-1i}^{(t)}=\sum_{\ell:y_\ell^{(i)}=-1}\nu_i^{(t)}(\ell)e^{a_tf_t(\mathbf{x}_{\ell,q_i}^{(i)})}$$

$$Z^{(t)}=\sum_{i=1}^{m}\lambda_i^{(t)}Z_{-1i}^{(t)}Z_{1i}^{(t)}$$

输出： 打分函数 $h=\sum_{t=1}^{T}a_tf_t$

算法 27 RankBoost 在备择排序的变形

借助 f_t，及其在每个训练集样本 q_i 和与 q_i 关联的备择假设的权重 a_t，这些分布得以更新：

$$\forall i \in \{1,\dots,m\}, \lambda_i^{(t+1)} = \frac{\lambda_i^{(t)} Z_{-1i}^{(t)} Z_{1i}^{(t)}}{Z^{(t)}} \tag{6.45}$$

$$\nu_i^{(t+1)}(j) = \begin{cases} \dfrac{\nu_i^{(t)}(j)\exp(-a_t f_t(\mathbf{x}_{j,q_i}^{(i)}))}{Z_{1i}^{(t)}}, & \text{若 } y_j^{(i)} = 1 \\ \dfrac{\nu_i^{(t)}(k)\exp(a_t f_t(\mathbf{x}_{j,q_i}^{(i)}))}{Z_{-1i}^{(t)}}, & \text{若 } y_j^{(i)} = -1 \end{cases}$$

其中 $Z_{-1i}^{(t)}, Z_{1i}^{(t)}$ 和 $Z^{(t)}$ 定义为：

$$Z_{1i}^{(t)} = \sum_{j:y_j^{(i)}=1} \nu_i^{(t)}(j)\exp(-a_t f_t(\mathbf{x}_{j,q_i}^{(i)}))$$

$$Z_{-1i}^{(t)} = \sum_{l:y_\ell^{(i)}=-1} \nu_i^{(t)}(\ell)\exp(a_t f_t(\mathbf{x}_{\ell,q_i}^{(i)}))$$

$$Z^{(t)} = \sum_{i=1}^{m} \lambda_i^{(t)} Z_{-1i}^{(t)} Z_{1i}^{(t)}$$

前面说过，$\forall q \in S, \forall x \in \mathcal{A}_q$，$\mathbf{x}_q$ 是 (x,q) 的向量表示，最终打分函数 h 的学习法则定义为：

$$\begin{aligned} R_{oa}(h,S) &= \frac{1}{m}\sum_{i=1}^{m} \frac{1}{n_-^{(i)} n_+^{(i)}} \sum_{j:y_j^{(i)}=1} \sum_{\ell:y_\ell^{(i)}=-1} \mathbb{1}_{h(\mathbf{x}_{j,q_i}^{(i)}) \leqslant h(\mathbf{x}_{\ell,q_i}^{(i)})} \\ &= \sum_{i=1}^{m} \sum_{j,\ell:y_j^{(i)}>y_\ell^{(i)}} D_i^{(1)}(j,\ell)\mathbb{1}_{h(\mathbf{x}_{j,q_i}^{(i)}) \leqslant h(\mathbf{x}_{\ell,q_i}^{(i)})} \end{aligned}$$

类似样例排序的情形，由界限 $\mathbb{1}_{x\leqslant 0} \leqslant e^{-x}$、定义 $D_i^{(1)}(k,l) = \lambda_i^{(1)}\nu_i^{(1)}(k)\nu_i^{(1)}(\ell)$ 和 $h(x,k) = \sum_t a_t f_t(x,k)$，以及更新公式 $\lambda^{(t+1)}$ (6.45)，我们立即得到函数 $R_m^{OA}(f,S)$ 有上界：

$$R_{oa}(h,S) \leqslant \prod_t Z^{(t)}$$

与二分情形的 RankBoost 算法相同，此处通过在每步迭代 t 最小化 $Z^{(t)}$ 来选择 a_t。具体算法会迭代地降低损失函数 $R_m^{OA}(f,S)$ 的上界。和二分情形的排序一样，借助分布 D_t^i 的积形式的分解，变形的 RankBoost 算法复杂度相对于训练集中每个样本的备择数目是线性的。因此，记 T 为迭代次数，算法复杂度为 $O(\mathfrak{C} \times T \times \sum_{i=1}^{m}(n_i + p_i))$，其中 $\mathfrak{C}$ 是基函数 f_t 的选择算法复杂度。在二分情形中的 RankBoost 排序选择算法可以很容易地适应备择排序情况。我们就不在这里详述了。一般情形下，我们得到的算法复杂度相对于关于待排序的总备择数目是线性的。

化归到核心对的二类分类情形

在成对法框架下发展的其他研究工作注意到，在样例排序和某些备择排序的任务中，基于核心对(6.6) 的经验风险最小化可以通过在初始集合变形后的集合上应用二类分类算法来实现 (Wong et Yao, 1988; Herbrich et al., 1998; Rakotomamonjy, 2004)。事实上，对大小为 m 的学习集，我们考虑下面的变形集合：

$$\begin{aligned}\mathfrak{T}(S) &= \left\{((\mathbf{x}_i, \mathbf{x}_j), 1) \middle| (i,j) \in \{1, \ldots, m\}^2 \text{ 且} y_i > y_j\right\} \\ &= \left((\xi_1, D^{(1)}), \ldots, (\xi_M, d_M)\right)\end{aligned}$$

其中 $M = \sum_{i,j} \mathbb{1}_{y_i > y_j}$ 是我们可以在 S 上创建的核心对的总个数，d_ℓ 是与偶对 ξ_ℓ 相关联的输出。如果核心对的第一个样本与所虑主题是相关的，而第二个样本是无关的，则 d_ℓ 的值为 $+1$，反之则为 -1。于是，我们可以在样本对上关联一个分类器 $c_h : \mathcal{X} \times \mathcal{X} \to \{-1, +1\}$，其从打分函数 $h : \mathcal{X} \to \mathbb{R}$ 出发并以下式定义：

$$c_h(\mathbf{x}, \mathbf{x}') = c_h(\xi) = \operatorname{sgn}(h(\mathbf{x}) - h(\mathbf{x}')) \tag{6.46}$$

其中 sgn 是取值在 $\{-1, +1\}$ 中的符号函数。此时我们可以看到，h 在 $S = \{(\mathbf{x}_i, y_i) \mid i \in \{1, \ldots, m\}\}$ 上的样例排序的经验误差 $\hat{R}_{oi}(h, S)$ 等于相关联的分类器 c_h 在 $\mathfrak{T}(S)$ 上的误差，记为 $\hat{\mathfrak{L}}^{\mathfrak{T}}(c_h, \mathfrak{T}(S))$：

$$\hat{R}_{oi}(h(\Im, q^*), \boldsymbol{y}) = \frac{1}{\sum_{i,j} \mathbb{1}_{y_i > y_j}} \sum_{i,j: y_i > y_j} \mathbb{1}_{h(\mathbf{x}_i) \leqslant h(\mathbf{x}_j)} = \underbrace{\frac{1}{M} \sum_{\ell=1}^{M} \mathbb{1}_{d_\ell c_h(\xi_\ell) \leqslant 0}}_{\hat{\mathfrak{L}}^{\mathfrak{T}}(c_h, \mathfrak{T}(S))} \tag{6.47}$$

其中 $\Im = (\mathbf{x}_1, \ldots, \mathbf{x}_m)$，$q^*$ 是样例排序任务中的相关主题，且 $\boldsymbol{y} = (y_1, \ldots, y_m)$。这一化归的主要问题在于，包含 S 的相同样本偶对 $\xi_\ell \in \mathfrak{T}(S)$ 相互不独立，于是，经验风险 $\hat{\mathfrak{L}}^{\mathfrak{T}}(c_h, \mathfrak{T}(S))$ 由不独立的随机变量之和组成。这意味着，基于随机变量独立性假设的统计学经典结果对这种情形不适用。我们将在下一节研究这个问题。

注记

对于单点法和基于将案例排序问题化归为二类分类问题的方法，两者的主要区别是：后者的准则虽为排序准则 (6.6)，但化归过程在学习样本之间引入了互相关性；相对地，对基于单点法算法来说，样本虽然是独立同分布的，但排序却是基于分类或回归准则习得的预测函数的输出来得到的。

6.3 互相关数据的学习

Usunier et al. (2006) 研究了在化归且变换 T 是显式的情形中，如何在学习分类函数的过程中考虑变量之间的互相关性（interdependence）。该研究基于 Janson (2004) 定理，后者通过考察变量之间的互相关性度量，推广了 Hoeffding (1963) 定理。该度量的定义与构建在集合上的互相关变量的子集个数有关。由于存在独立变量的子集，互相关程度（degree）显得更加重要。

为了更好地理解 Janson (2004) 的结果，我们通过一个简单二分排序例子来解释论文中给出的定义。为简化表述，在这个例子里，我们将变换集 $\mathfrak{T}(S)$ 吸收进互相关样本的指标集 $\mathcal{M}$ 中。集合 S 包含 $n_+ = 2$ 个有关样本和 $n_- = 3$ 个无关样本，集合 $\mathfrak{T}(S)$ 包含所有核心对（总个数为 $n_- \times n_+ = 6$），每一个核心对都由一个有关样本和一个无关样本组成。在图 6.3 中，(a) 表示由三个子集 $\mathfrak{M}_1$、$\mathfrak{M}_2$ 和 $\mathfrak{M}_3$ 组成的 $\mathfrak{T}(S)$ 的覆盖；(b) 显示了由 $\{(\mathfrak{M}_j, \omega_j)\}$ 组成的对 $\mathfrak{T}(S)$ 的分数覆盖，其中 $\mathfrak{M}_j \subset \mathfrak{T}(S)$ 且 $\omega_j \in [0,1]$，因为此时 $\forall i \in \mathfrak{T}(S), \sum_j \omega_j \mathbb{1}_{i\in\mathfrak{M}_j} \geqslant 1$；(c) 表示由包含独立变量的子集 $\mathfrak{M}_j$ 组成的对 $\mathfrak{T}(S)$ 的严格恰当分数覆盖，其中 $\forall i \in \mathfrak{T}(S), \sum_j \omega_j \mathbb{1}_{i\in\mathfrak{M}_j} = 1$。

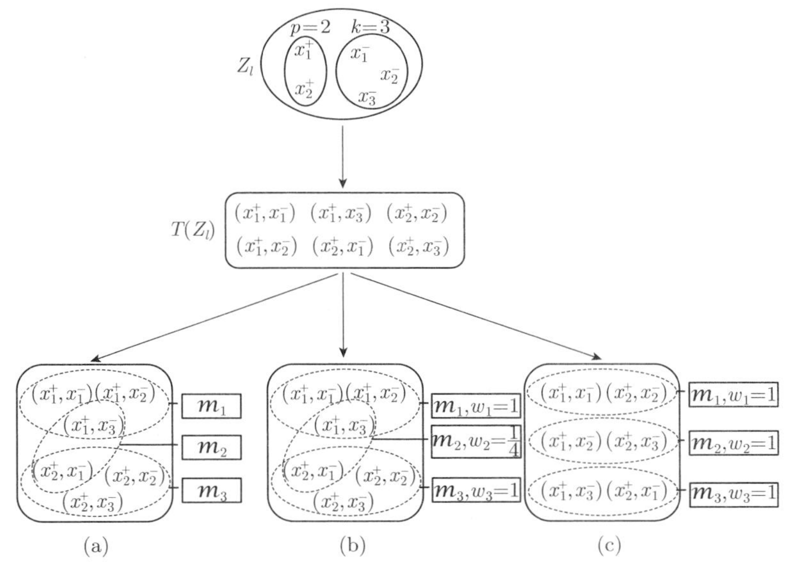

图 6.3 二分排序问题中，由互相关样本组成的变换后集合 $\mathfrak{T}(S)$ 的三个覆盖的例子。在 (a) 中，三个子集 $\mathfrak{M}_1$、$\mathfrak{M}_2$ 和 $\mathfrak{M}_3$ 组成 $\mathfrak{T}(S)$ 的一个覆盖。在 (b) 中，集合 $\{\mathfrak{M}_j, \omega_j\}_{j\in\{1,2,3\}}$ 形成一个 $\mathfrak{T}(S)$ 的分数覆盖。在 (c) 中，集合 $\{\mathfrak{M}_j, \omega_j\}_{j\in\{1,2,3\}}$ 形成 $\mathfrak{T}(S)$ 的一个严格恰当分数覆盖

染色数$\chi(\mathcal{M})$ 是存在 $\mathcal{M}$ 的覆盖 $\{\mathfrak{M}_j\}_j$ 的最小整数 j。纯染色数$\chi^*(\mathcal{M})$ 是 $\mathcal{M}$ 的恰当分数覆盖集合上的 $\sum_j \omega_j$ 最小值。由于恰当覆盖是满足 $\forall j, \omega_j = 1$ 的分数覆盖，于是有 $\chi^*(\mathcal{M}) \leqslant \chi(\mathcal{M})$。在这个例子里，我们有 $\chi^*(\mathcal{M}) = \chi(\mathcal{M}) = 3$。

Janson 定理如下所述：

定理 12 (Janson (2004)) 令 $Y_1, \ldots, Y_M$ 是 M 个随机变量，满足 $\forall\ i \in \mathcal{M} = \{1, \ldots, M\}$,

$\exists (a_i, b_i) \in \mathbb{R}^2, Y_i \in [a_i, b_i]$。令 $\chi^*(\mathcal{M})$ 是集合 $\mathcal{M}$ 的纯染色数。我们有：

$$\forall \epsilon > 0, \quad \mathbb{P}\left(\mathbb{E}\left(\sum_{i=1}^{M} Y_i\right) - \sum_{i=1}^{M} Y_i > \epsilon\right) \leqslant \exp\left(-\frac{2\epsilon^2}{\chi^*(\mathcal{M}) \sum_{i=1}^{M}(b_i - a_i)^2}\right)$$

可以看到，$\chi^*(\mathcal{M}) = \chi(\mathcal{M}) = 1$ 意味着存在一个 $\mathcal{M}$ 的唯一覆盖，它由独立随机变量组成。这说明 Janson (2004) 定理是 Hoeffding (1963) 定理的一个直接推广，因为对特定的 $\chi^*(\mathcal{M})$ 的值，可以得到 Hoeffding (1963) 定理的假设，从而得到该定理的结果。

6.3.1 测试界

通常，我们在互相关数据分类的学习框架下得到的测试界是 Janson (2004) 定理在 (6.47) 中随机变量 $Y_i = \frac{1}{M}\mathbb{1}_{d_i c_h(\xi_i) \leqslant 0}$ 之和上的直接应用。在这种情形里，我们有 $\forall i, Y_i \in [0, \frac{1}{M}]$，并且集合 T 上的测试界为：

$$\forall \delta > 0, \mathbb{P}\left(\mathfrak{L}^{\mathfrak{T}}(c_h) \leqslant \hat{\mathfrak{L}}^{\mathfrak{T}}(c_h, \mathfrak{T}(T)) + \sqrt{\frac{\chi^*(\mathfrak{T}) \ln(\frac{1}{\delta})}{2M}}\right) \geqslant 1 - \delta \tag{6.48}$$

其中 $\mathfrak{L}^{\mathfrak{T}}(c_h) = \mathbb{E}_{\mathfrak{T}(S)} \hat{\mathfrak{L}}^{\mathfrak{T}}(c_h, \mathfrak{T}(S))$ 是 c_h 的泛化误差，定义为该函数在核心对上的误差概率。在将案例排序化归为偶对分类的过程中，互相关数据是在变换函数集 $\mathfrak{T}$ 上构造的。因而可以将数据的互相关程度 $\chi^*(\mathfrak{T})$ 与上式联系起来。

6.3.2 泛化界

与分类的情形类似，测试界 (6.48) 存在局限性（1.2.1 节）。其解释是，对于给定分类器 c_h，存在一个变换集 $\mathfrak{T}(S)$，在其上不等式 $\mathfrak{L}^{\mathfrak{T}}(c_h) - \hat{\mathfrak{L}}^{\mathfrak{T}}(c_h, \mathfrak{T}(S)) \leqslant \sqrt{\frac{\chi^*(\mathfrak{T}) \ln(\frac{1}{\delta})}{2M}}$ 至少以概率 $1 - \delta$ 成立。对不同的分类器，集合 $\mathfrak{T}(S)$ 可能不一样。换言之，只有一部分分类器满足这个不等式。

我们所寻找的泛化界必须对给定函数类的任意分类器都成立。思路是，考虑泛化误差和在任意学习集上的任意分类器的经验误差之间的一致偏差。

为导出这个泛化界，Usunier et al. (2006) 提出，将我们在独立数据分类情形中研究过的 Rademacher 理论（1.3 节）推广到互相关数据分类情形中。

设 $\mathcal{F}$ 是一个在 $\mathcal{Y} = \{-1, 1\}$ 中取值的函数类，在按照分布 $\mathcal{D}$ 进行独立同分布抽样的数据集上训练得到 ①。对于给定损失函数 $\mathbf{e}: \mathcal{Y} \times \mathcal{Y} \rightarrow \mathbb{R}_+$ 和一个分类器 $c_h : \mathcal{X} \rightarrow \mathcal{Y}$，设 $\hat{\mathfrak{L}}(c_h, S) = \frac{1}{m}\sum_{i=1}^{m} \mathbf{e}(c_h(\mathbf{x}_i), y_i)$ 是分类器 c_h 在大小为 m 的训练集 S 上的经验风险，并且 $\mathfrak{L}(c_h) = \mathbb{E}_{(\mathbf{x}, y) \sim \mathcal{D}} \mathbf{e}(c_h(\mathbf{x}), y)$ 是 c_h 的泛化误差。

---

① 这不是一个限制：若所虑集合 $\mathcal{F}$ 是一个实值函数集合，我们可以取分类器集合 $\{x \mapsto \mathrm{sgn}(h(\mathbf{x})) \mid h \in \mathcal{H}\}$，其中 sgn 是在 $\{-1, 1\}$ 中取值的符号函数。

对于 S 上训练得到的分类器 $c_h \in \mathcal{F}$，我们看到，将 $\mathfrak{L}(c_h) - \hat{\mathfrak{L}}(c_h, S)$ 在 $\mathcal{F}$ 上的上确界及其期望联系起来（1.3.3 节），并进而给出其泛化误差界的统计工具是 McDiarmid (1989) 定理。然而，这一定理不能应用在由排序问题的化归得到的样本偶对二类分类问题上，因为该定理假设输入变量是独立的。因此，它也不能应用在函数

$$\mathfrak{T}(S) \mapsto \sup_{c_h \in \mathcal{F}} [\mathfrak{L}^{\mathfrak{T}}(c_h) - \hat{\mathfrak{L}}^T(c_h, \mathfrak{T}(S))] \tag{6.49}$$

之上，因为它不能分解成独立变换样本的函数之和。

为了完成这个联系，我们需要利用 Janson (2004) 的分解方法对 McDiarmid (1989) 定理进行推广，使后者可以考虑包含独立随机变量的变换集的严格恰当覆盖。

McDiarmid (1989) 定理在互相关随机变量情形的推广

我们将从引入一个界定 $\mathfrak{T}(S) \mapsto \sup_{c_h \in \mathcal{F}} [\mathfrak{L}^{\mathfrak{T}}(c_h) - \hat{\mathfrak{L}}^{\mathfrak{T}}(c_h, \mathfrak{T}(S))]$ 的函数 Φ 开始，然后通过在 Φ 上应用 McDiarmid (1989) 定理来推广该定理。

设 S 是独立随机样本组成的训练集，$\{\mathfrak{M}_j, \omega_j\}_{j \in \{1,\dots,p\}}$ 是变换集 $\mathfrak{T}(S)$ 的一个严格恰当覆盖（集合 $\mathfrak{M}_j$ 是相互独立的，且 $\sum_{j=1}^{p} \omega_j \mathbb{1}_{i \in \mathfrak{M}_j} = 1$）。在此种情形下，任意 $\sum_{i=1}^{M} t_i$ 形式的和可以写成：

$$\sum_{i=1}^{M} t_i = \sum_{i=1}^{M} \sum_{j=1}^{p} \omega_j \mathbb{1}_{i \in \mathfrak{M}_j} t_i = \sum_{j=1}^{p} \omega_j \sum_{i \in \mathfrak{M}_j} t_i \tag{6.50}$$

现在将 $\mathfrak{L}^{\mathfrak{T}}(c_h) - \hat{\mathfrak{L}}^T(c_h, \mathfrak{T}(S))$ 改写为：

$$\mathfrak{L}^{\mathfrak{T}}(c_h) - \hat{\mathfrak{L}}^T(c_h, \mathfrak{T}(S)) = \frac{1}{M} \sum_{i=1}^{M} \left(\mathbb{E}_{\mathfrak{T}(\tilde{S})} \left[\mathbf{e}(c_h(\tilde{\xi}_i), \tilde{d}_i) \right] - \mathbf{e}(c_h(\xi_i), d_i) \right)$$

我们可以应用前面的结果 (6.50) 来得到：

$$\mathfrak{L}^{\mathfrak{T}}(c_h) - \hat{\mathfrak{L}}^T(c_h, \mathfrak{T}(S)) = \frac{1}{M} \sum_{j=1}^{p} \omega_j \left(\mathbb{E}_{\mathfrak{T}(\tilde{S})} \left[\sum_{i \in \mathfrak{M}_j} \mathbf{e}(c_h(\tilde{\xi}_i), \tilde{d}_i) \right] - \sum_{i \in \mathfrak{M}_j} \mathbf{e}(c_h(\xi_i), d_i) \right)$$

对函数类取上确界，并注意到和的上确界小于等于上确界之和，我们有：

$$\sup_{c_h \in \mathcal{F}} [\mathfrak{L}^{\mathfrak{T}}(c_h) - \hat{\mathfrak{L}}^T(c_h, \mathfrak{T}(S))] \leqslant \sum_{j=1}^{p} \frac{\omega_j}{M} \sup_{c_h \in \mathcal{F}} \left(\mathbb{E}_{\mathfrak{T}(\tilde{S})} \left[\sum_{i \in \mathfrak{M}_j} \mathbf{e}(c_h(\tilde{\xi}_i), \tilde{d}_i) \right] - \sum_{i \in \mathfrak{M}_j} \mathbf{e}(c_h(\xi_i), d_i) \right)$$

这个上界构成了获得泛化误差界的第一步。我们注意到上述不等式的第二项可以写成独立随机变量的加权和 $\sum_{j=1}^{p}\omega_j\phi_j((\xi_1,D^{(1)}),\ldots,(\xi_{|\mathfrak{M}_j|},d_{|\mathfrak{M}_j|}))$，其中：

$$\phi_j:(\xi_i,d_i)_{i=1}^{|\mathfrak{M}_j|}\mapsto\frac{1}{M}\sup_{c_h\in\mathcal{F}}\mathbb{E}_{\mathfrak{T}(\tilde{S})}\left[\sum_{i\in\mathfrak{M}_j}\mathbf{e}(c_h(\tilde{\xi_i}),\tilde{d_i})\right]-\sum_{i\in\mathfrak{M}_j}\mathbf{e}(c_h(\xi_i),d_i)$$

事实上，每一个 ϕ_j 只是独立变量的函数，ϕ_j 所依赖的变量 ξ_i 的唯一指标 i 属于 $\mathfrak{M}_j$。

McDiarmid (1989) 定理的推广

Usunier (2006) 推广了 McDiarmid (1989) 定理，考虑了从互相关样本的集合出发的函数 Φ，并将它写成一个以独立数据为输入的函数组合。

定理 13 (Usunier (2006))　*设 $X_1,\ldots,X_m$ 是 m 个在 $\mathcal{X}$ 中取值的随机变量。令 $\mathfrak{T}:\mathcal{X}^m\to\mathfrak{X}^M$，$\{\mathfrak{M}_j,\omega_j\}_{j=1}^p$，且 $\Phi:\mathfrak{X}^M\to\mathbb{R}$ 满足：*

1. *对在 $\mathfrak{X}$ 中取值的随机变量 $\{z_i\}_{i=1}^M$，定义为 $\mathfrak{T}(X_1,\ldots,X_m)=(z_1,\ldots,z_M)$，$\{\mathfrak{M}_j,\omega_j\}_{j=1}^p$ 是 $\{1,\ldots,M\}$ 的一个严格恰当覆盖。记：*

$$M_j=|\mathfrak{M}_j|\ \text{及}\ \mathfrak{M}_j=\{\mu_{j,1},\ldots,\mu_{j,|\mathfrak{M}_j|}\}$$

2. $\sum_{j=1}^{p}\omega_j=\chi^*(\mathfrak{T})$
3. *存在 p 个函数 $\phi_1,\ldots,\phi_p$ 满足：*
   - $\forall j\in\{1,\ldots,p\},\phi_j:\mathfrak{X}^{M_j}\to\mathbb{R}$,
   - $\forall \boldsymbol{z}=(z_1,\ldots,z_M)\in\mathfrak{X}^M,\Phi(\boldsymbol{z})=\sum_{j=1}^{p}\omega_j\phi_j(z_{\mu_{j,1}},\ldots,z_{\mu_{j,M_j}})$,
   - $\exists(a_1,\ldots,a_M)\in\mathbb{R}^M$ *满足：*

$$\forall j\in\{1,\ldots,p\},\forall i\in\{1,\ldots,M_j\},\forall\boldsymbol{z}=(z_1,\ldots,z_{M_j})\in\mathfrak{X}^{M_j},\forall z'\in\mathfrak{X}$$
$$|\phi_j(z_1,\ldots,z_{M_j})-\phi_j(z_1,\ldots,z_{i-1},z',z_{i+1},\ldots,z_{M_j|})|\leqslant a_{\mu_{j,i}}$$

则：

$$\forall t>0,\mathbb{P}\left(\mathbb{E}_S(\phi\circ\mathfrak{T})-(\phi\circ\mathfrak{T})(S)>t\right)\leqslant\exp\left(\frac{-2\epsilon^2}{\chi^*(\mathfrak{T})\sum_{i=1}^{M}a_i^2}\right)$$

证明　定理 13

在 $\phi\circ\mathfrak{T}(S)$ 上应用 Chernoff (1952) 不等式，有：

$$\forall t>0,s>0,\mathbb{P}_S\left(\phi\circ\mathfrak{T}(S)-\mathbb{E}\left[\phi\circ\mathfrak{T}\right]>t\right)\leqslant e^{-st}\mathbb{E}_S\left[e^{s((\phi\circ\mathfrak{T})(S)-\mathbb{E}\phi\circ\mathfrak{T})}\right]\tag{6.51}$$

由 Chernoff (1952) 不等式右边项中 ϕ 的可加性，以及 Janson (2004) 对 $t>0$，$s>0$ 的分解，固定后有：

$$\mathbb{E}_S\left[e^{s(\phi\circ\mathfrak{T}(S)-\mathbb{E}[\phi\circ\mathfrak{T}])}\right]=\mathbb{E}\left[e^{s\sum_{j=1}^{p}\omega_j\left(\phi_j(\tau_{\mathfrak{M}_j})-\mathbb{E}[\phi_j]\right)}\right]$$

其中 $\forall j = 1, \ldots, p; \tau_{\mathfrak{M}_j} = (z_{\mu_{j,1}}, \ldots, z_{\mu_{j,M_j}})$。令 $b_1, \ldots, b_m$ 是 m 个任意的正实数，满足 $\sum_{j=1}^{m} b_j = 1$。根据琴生不等式，我们有：

$$\mathbb{E}_S e^{s(\phi\circ\mathfrak{T}(S)-\mathbb{E}[\phi\circ\mathfrak{T}])} \leqslant \sum_{j=1}^{m} b_j \mathbb{E}_{\tau_{\mathfrak{M}_j}} \left[e^{\frac{s\omega_j}{b_j}\left(\phi_j(\tau_{\mathfrak{M}_j})-\mathbb{E}[\phi_j]\right)} \right]$$

对每个 ϕ_j，连同独立于 $\tau_{\mathfrak{M}_j}$ 的随机变量以及对应系数 $a_{\mu_{j,i}}$ 应用以下的引理，该引理的证明与 McDiarmid (1989) 定理的证明相关，在 Taylor et Cristianini, 2004, 附录 A.1 中也有证明：

引理 5 令 $X_1, \ldots, X_m$ 是 m 个随机变量，ϕ 是满足 McDiarmid (1989) 定理假设的一个函数。考虑定理 3 中的系数我们有，对任意 $s > 0$:

$$\mathbb{E}_{X_1,\ldots,X_m} \left[e^{s(\phi(X_1,\ldots,X_m)-\mathbb{E}[\phi])} \right] \leqslant e^{\frac{s^2}{8}\sum_{i=1}^{m} a_i^2}$$

于是：

$$\mathbb{E}_S e^{s(\phi\circ\mathfrak{T}(S)-\mathbb{E}\phi\circ\mathfrak{T})} \leqslant \sum_{j=1}^{p} b_j e^{\frac{s^2\omega_j^2}{8p_j^2}\sum_{i\in\mathfrak{M}_j} a_i^2}$$

估计 b_j 和 s 使上面的界达到最优。这一步和 Janson (2004) 定理证明的最后一步是一样的。再次使用 (6.51)，记 $C_j = \sum_{i\in\mathfrak{M}_j} c_i^2$, $C = \sum_{j=1}^{n} \omega_j \sqrt{C_j}$，并选择 $p_j = \omega_j \sqrt{C_j}/C$。我们有：

$$\forall t > 0, s > 0, \mathbb{P}_S\left(\phi\circ\mathfrak{T}(S) - \mathbb{E}\phi\circ\mathfrak{T} > t\right) \leqslant e^{-st} \sum_{j=1}^{n} p_j e^{\frac{1}{8}s^2C^2} = e^{-st+\frac{1}{8}s^2C^2}$$

s 的最优值选择为 $4t/C^2$，于是：

$$\forall t > 0, \mathbb{P}_S\left(\phi\circ\mathfrak{T}(S) - \mathbb{E}\phi\circ\mathfrak{T} > t\right) \leqslant e^{-2t^2/C^2}$$

通过上面的计算，并利用柯西–施瓦茨不等式即完成证明：

$$C^2 = \left(\sum_{j=1}^{p} \omega_j \sqrt{C_j}\right)^2 \leqslant \left(\sum_{j=1}^{p} \omega_j\right)\left(\sum_{j=1}^{p} \omega_j C_j\right) = \chi^*(\mathfrak{T})\left(\sum_{i=1}^{M} a_i^2\right)$$

其中 $\sum_{j=1}^{p} \omega_j = \chi^*(\mathfrak{T})$。

因此，函数 $\mathfrak{T}$ 从由独立变量组成的训练集 S 出发，创建了一个由互相关变量 z_i 组成的集合。通过引入 Janson (2004) 里的分解，我们将变换学习集 $\mathfrak{T}(S)$ 分解成指标为 $j \in \{1, \ldots, p\}$ 的由互相关变量组成的子集 $\mathfrak{M}_j = \{\mu_{j,1}, \ldots, \mu_{j,M_j}\}$。如果现在能找到一个变换集上的函数 Φ，可以写成函数 ϕ_j 的加权和，而 ϕ_j 在每个独立的子集 $\mathfrak{M}_j$ 上取值，使得每个 ϕ_j 对每个输入变量都存在有界差，那么我们就可以界定函数 $S \mapsto (\phi\circ\mathfrak{T})(S) - \mathbb{E}_S(\phi\circ\mathfrak{T})$。

这就是上界 $\sup_{c_h\in\mathcal{F}}[\mathfrak{L}^{\mathfrak{T}}(c_h)-\hat{\mathfrak{L}}^{T}(c_h,\mathfrak{T}(S))]$ 的情形，它可以写成 $\sum_{j=1}^{p}\omega_j\phi_j((\xi_1,D^{(1)}),\ldots,(\xi_{M_j},d_{M_j}))$。因此，定理中的系数等于 $a_i=\frac{1}{M}$。在这种情形下，对任意 $\delta\in]0,1]$，我们至少以概率 $1-\delta$ 有：

$$\sup_{c_h\in\mathcal{F}}\left(R^{\mathfrak{T}}(c_h)-R_M^T(c_h,\mathfrak{T}(S)\right)\leqslant\sqrt{\frac{\chi^*(\mathfrak{T})\ln(1/\delta)}{2M}}+\\ \mathbb{E}_{\mathfrak{T}(S)}\left(\sum_{j=1}^{p}\frac{\omega_j}{M}\sup_{c_h\in\mathcal{F}}\left[\mathbb{E}_{\mathfrak{T}(\tilde{S})}\sum_{i\in\mathfrak{M}_j}\mathbf{e}(c_h(\tilde{\xi}_i),\tilde{d}_i)-\sum_{i\in\mathfrak{M}_j}\mathbf{e}(c_h(\xi_i),d_i)\right]\right)\quad(6.52)$$

分数 Rademacher 复杂度

考虑上述不等式中第二项出现的表达式：

$$\mathbb{E}_{\mathfrak{T}(S)}\left(\sum_{j=1}^{p}\frac{\omega_j}{M}\sup_{c_h\in\mathcal{F}}\left[\mathbb{E}_{\mathfrak{T}(\tilde{S})}\sum_{i\in\mathfrak{M}_j}\mathbf{e}(c_h(\tilde{\xi}_i),\tilde{d}_i)-\sum_{i\in\mathfrak{M}_j}\mathbf{e}(c_h(\xi_i),d_i)\right]\right)\quad(6.53)$$

对期望取上确界，有：

$$\mathbb{E}_{\mathfrak{T}(S)}\left(\sum_{j=1}^{p}\frac{\omega_j}{M}\sup_{c_h\in\mathcal{F}}\left[\mathbb{E}_{\mathfrak{T}(\tilde{S})}\sum_{i\in\mathfrak{M}_j}\mathbf{e}(c_h(\tilde{\xi}_i),\tilde{d}_i)-\sum_{i\in\mathfrak{M}_j}\mathbf{e}(c_h(\xi_i),d_i)\right]\right)\\ \leqslant\mathbb{E}_{\mathfrak{T}(S),\mathfrak{T}(\tilde{S})}\sum_{j=1}^{p}\frac{\omega_j}{M}\sup_{c_h\in\mathcal{F}}\left[\sum_{i\in\mathfrak{M}_j}\left(\mathbf{e}(c_h(\tilde{\xi}_i),\tilde{d}_i)-\mathbf{e}(c_h(\xi_i),d_i)\right)\right]$$

考虑 $\boldsymbol{\sigma}=(\sigma_1,\ldots,\sigma_M)$，一个由 M 个独立 Rademacher 变量组成的实现，则对 $\mathfrak{M}_j$ 上的每个和有：

$$\mathbb{E}_{\mathfrak{T}(S),\mathfrak{T}(\tilde{S})}\sup_{c_h\in\mathcal{F}}\left[\sum_{i\in\mathfrak{M}_j}\sigma_i\left(\mathbf{e}(c_h(\tilde{\xi}_i),\tilde{d}_i)-\mathbf{e}(c_h(\xi_i),d_i)\right)\right]\\ =\mathbb{E}_{\mathfrak{T}(S),\mathfrak{T}(\tilde{S})}\sup_{c_h\in\mathcal{F}}\left[\sum_{i\in\mathfrak{M}_j}\left(\mathbf{e}(c_h(\tilde{\xi}_i),\tilde{d}_i)-\mathbf{e}(c_h(\xi_i),d_i)\right)\right]$$

引入变量 σ_i 不改变和式中的任何一项，项 $-\sigma_i$ 对应于样本 $(\tilde{\xi}_i,\tilde{d}_i)$ 和 (ξ_i,d_i) 的交换。因此，如果发生这样的交换，它对其他项也不会有任何影响。此外，当我们在 $\mathfrak{T}(S)$ 和 $\mathfrak{T}(\tilde{S})$ 上取期望时，σ_i 的值不会对所虑项产生影响，因为 $(\tilde{\xi}_i,\tilde{d}_i)$ 和 (ξ_i,d_i) 有相同分布。由于各 σ_i 有相同的概率分布，类似二类分类情形，我们有：

$$\mathbb{E}_{\mathfrak{T}(S),\mathfrak{T}(\tilde{S})} \sup_{c_h \in \mathcal{F}} \left[\sum_{i \in \mathfrak{M}_j} \sigma_i \left(\mathbf{e}(c_h(\tilde{\xi}_i), \tilde{d}_i) - \mathbf{e}(c_h(\xi_i), d_i) \right) \right]$$
$$= \mathbb{E}_{\mathfrak{T}(S),\mathfrak{T}(\tilde{S})} \mathbb{E}_\sigma \sup_{c_h \in \mathcal{F}} \left[\sum_{i \in \mathfrak{M}_j} \sigma_i \left(\mathbf{e}(c_h(\tilde{\xi}_i), \tilde{d}_i) - \mathbf{e}(c_h(\xi_i), d_i) \right) \right]$$

对第二个等式的上确界使用三角形不等式，我们有：

$$\mathbb{E}_{\mathfrak{T}(S)} \left(\sum_{j=1}^{p} \frac{\omega_j}{M} \sup_{c_h \in \mathcal{F}} \left[\mathbb{E}_{\mathfrak{T}(\tilde{S})} \sum_{i \in \mathfrak{M}_j} \mathbf{e}(c_h(\tilde{\xi}_i), \tilde{d}_i) - \sum_{i \in \mathfrak{M}_j} \mathbf{e}(c_h(\xi_i), d_i) \right] \right) \tag{6.54}$$
$$\leqslant \mathbb{E}_{\mathfrak{T}(S)} \frac{2}{M} \mathbb{E}_\sigma \sum_{j=1}^{p} \omega_j \sup_{c_h \in \mathcal{F}} \sum_{i \in \mathfrak{M}_j} \sigma_i \mathbf{e}(c_h(\xi_i), d_i)$$

于是，$\mathcal{F}$ 的经验分数 Rademacher 复杂度由 (Usunier et al., 2006) 定义为：

$$\hat{\mathfrak{R}}^{\mathfrak{T}}(\mathcal{F}, \mathfrak{T}(S)) = \frac{2}{M} \mathbb{E}_\sigma \sum_{j=1}^{p} \omega_j \sup_{c_h \in \mathcal{F}} \sum_{i \in \mathfrak{M}_j} \sigma_i c_h(\xi_i) \tag{6.55}$$

并且，分数 Rademacher 复杂度为 $\mathfrak{R}^{\mathfrak{T}}(\mathcal{F}) = \mathbb{E}_{\mathfrak{T}(S)} \left[\hat{\mathfrak{R}}^{\mathfrak{T}}(\mathcal{F}, \mathfrak{T}(S)) \right]$。

我们注意到，经验分数 Rademacher 复杂度是 Rademacher 复杂度在变换集的独立子集上的加权和。在这里，分数一词源于 Janson (2004) 变换样本的分数覆盖。

有了前面的定义，根据 (6.52) 和 (6.54)，我们有，对 $\forall \delta \in]0,1]$，下面不等式至少以概率 $1-\delta$ 成立：

$$\forall S, \forall c_h \in \mathcal{F}, \mathfrak{L}^{\mathfrak{T}}(c_h) \leqslant \hat{\mathfrak{L}}^{\mathfrak{T}}(c_h, \mathfrak{T}(S)) + \mathfrak{R}^{\mathfrak{T}}(\mathbf{e} \circ \mathcal{F}) + \sqrt{\frac{\chi^*(\mathfrak{T}) \ln \frac{1}{\delta}}{2M}}$$

函数 $\mathfrak{T}(S) \mapsto \mathcal{R}_M^{\mathfrak{T}}(\mathcal{F}, \mathfrak{T}(S))$ 也满足定理 13 的条件，其中 $\forall i, a_i = \frac{2}{M}$。于是我们得到下面的最终结果，它是依赖于数据的一个上界。

定理 14　设 $\mathfrak{T}: S \to (\mathfrak{X} \times \{-1,+1\})^M$ 为一个变换函数，其输入为训练集 S，该训练集由 m 个在 $\mathcal{X}$ 中取值的独立随机变量组成。设 $\mathcal{F}$ 为从 $\mathfrak{X}$ 到 $\{-1,+1\}$ 的函数类。对任意 $\delta \in]0,1]$，以下不等式至少以概率 $1-\delta$ 成立：

$$\forall c_h \in \mathcal{F}, \mathfrak{L}^{\mathfrak{T}}(c_h) \leqslant \hat{\mathfrak{L}}^{\mathfrak{T}}(c_h, \mathfrak{T}(S)) + \hat{\mathfrak{R}}^{\mathfrak{T}}(\mathbf{e} \circ \mathcal{F}, \mathfrak{T}(S)) + 3\sqrt{\frac{\chi^*(\mathfrak{T}) \ln \frac{2}{\delta}}{2M}} \tag{6.56}$$

6.3.3　一些具体例子中的界的估计

为了更好地阐述定理 14 在前述二分排序情形的应用，我们首先对具有有界范数核的函数类界定其经验分数 Rademacher 复杂度，其中的上确界可以在一个学习集上计算得到。然后，我们给出二分排序情形的泛化界。

对 $\mathcal{F}=\{\xi\mapsto\langle w,\xi\rangle \mid \langle w,w\rangle\leqslant B^2\}$ **界定** $\mathcal{R}_M^T(\mathcal{F})$

界定可以通过 Rademacher 复杂度（1.3.4 节）的等价性质，以及严格恰当覆盖的性质来得到。为了让表述更清晰，我们给出这一计算过程。首先我们注意到，对一个函数 $c_h\in\mathcal{F}$，根据柯西 – 施瓦茨不等式有 $\forall\,\xi\in\ \mathfrak{X},\ c_h(\xi)\leqslant\ B\|\xi\|$。利用标量积的双线性性质以及前面的结果，我们有：

$$\hat{\mathfrak{R}}^{\mathfrak{T}}(\mathcal{F},\mathfrak{T}(S))=\sum_{j=1}^{p}\frac{\omega_j}{M}\mathbb{E}_\sigma\frac{2}{M_j}\sup_{c_h\in\mathcal{F}}\sum_{i\in\mathfrak{M}_j}\sigma_i c_h(\xi_i)\leqslant 2B\sum_{j=1}^{p}\frac{\omega_j}{M}\mathbb{E}_\sigma\left(\left\|\sum_{i\in\mathfrak{M}_j}\sigma_i\xi_i\right\|\right)$$

利用琴生不等式以及平方根函数的凹性，得：

$$\hat{\mathfrak{R}}^{\mathfrak{T}}(\mathcal{F},\mathfrak{T}(S))\leqslant 2B\sum_{j=1}^{p}\frac{\omega_j}{M}\sqrt{\mathbb{E}_\sigma\left[\sum_{k,l\in\mathfrak{M}_j}\sigma_k\sigma_l K(\xi_k,\xi_l)\right]}$$

对于 $k\neq l$，Rademacher 变量 σ_k，σ_l 的取值有四种可能性，因为每个变量以 $\frac{1}{2}$ 的概率取值为 -1 或 $+1$。于是 $\sigma_k\sigma_l K(\xi_k,\xi_l)$ 经过组合后其和变为 0，继而上面的不等式变成：

$$\begin{aligned}\mathfrak{R}^{\mathfrak{T}}(\mathcal{F},\mathfrak{T}(S))&\leqslant 2B\sum_{j=1}^{p}\frac{\omega_j}{M}\sqrt{\left[\sum_{k\in\mathfrak{M}_j}K(\xi_k,\xi_k)\right]}\\&=\frac{2B\chi^*(\mathfrak{T})}{M}\sum_{j=1}^{p}\frac{\omega_j}{\chi^*(\mathfrak{T})}\sqrt{\left[\sum_{k\in\mathfrak{M}_j}K(\xi_k,\xi_k)\right]}\end{aligned}$$

注意到 $\sum_{j=1}^{p}\omega_j=M$，并再次应用琴生不等式、平方根函数的凹性以及 (6.50)，我们得到：

$$\mathfrak{R}^{\mathfrak{T}}(\mathcal{F},\mathfrak{T}(S))\leqslant 2B\frac{\sqrt{\chi^*(\mathfrak{T})}}{M}\sqrt{\sum_{i=1}^{M}K(\xi_i,\xi_i)}$$

二分排序

在这种情形中，我们想把训练集 $S=((\mathbf{x}_i,y_i)_{i=1}^m)$ 中的 n_+ 个有关样本排在 n_- 个无关样本之前（假定 $n_+\leqslant n_-$）。变换 $\mathfrak{T}:\mathcal{X}^m\to\mathfrak{X}^M$ 将 $\mathfrak{T}(S)$ 中的 $M=n_+n_-$ 个样本变成偶对的形式，每个偶对由一个有关样本和一个无关样本组成：

$$\begin{aligned}&\mathfrak{M}_1:\left(\mathbf{x}_{\pi(1)},\mathbf{x}_{\nu(1)}\right),\left(\mathbf{x}_{\pi(2)},\mathbf{x}_{\nu(2)}\right),\ldots,\left(\mathbf{x}_{\pi(n_+)},\mathbf{x}_{\nu(n_+)}\right)\\&\mathfrak{M}_2:\left(\mathbf{x}_{\pi(1)},\mathbf{x}_{\nu(2)}\right),\left(\mathbf{x}_{\pi(2)},\mathbf{x}_{\nu(3)}\right),\ldots,\left(\mathbf{x}_{\pi(n_+)},\mathbf{x}_{\nu(n_++1)}\right)\\&\qquad\qquad\cdots\\&\mathfrak{M}_{n_-}:\left(\mathbf{x}_{\pi(1)},\mathbf{x}_{\nu(n_-)}\right),\left(\mathbf{x}_{\pi(2)},\mathbf{x}_{\nu(n_-+1)}\right),\ldots,\left(\mathbf{x}_{\pi(n_+)},\mathbf{x}_{\nu(n_-+n_+-1)}\right)\end{aligned}$$

其中，$\pi(i)$ ($\nu(j)$) 表示 $\mathfrak{T}(S)$ 的第 i（j）个有关（无关）样本。这个分解对应于 $\mathfrak{T}(S)$ 的一个严格恰当覆盖，如图 6.3 (c) 所示，且 $\chi^*(\mathfrak{T}) = \max(n_-, n_+) = n_-$。考虑损失函数 $\Delta(y,z) = \min(1, \max(1-yz, 0))$，它是 1-利普希茨的，对一个给定的 $\delta \in (0,1)$，且根据定理 14，下面的不等式至少以概率 $1-\delta$ 成立：

$$\forall c_h \in \mathcal{F}, \mathfrak{L}^{\mathfrak{T}}(c_h) \leqslant \hat{\mathfrak{L}}^{\mathfrak{T}}(c_h, \mathfrak{T}(S)) + \mathfrak{R}^{\mathfrak{T}}(\Delta \circ \mathcal{F}, \mathfrak{T}(S)) + 3\sqrt{\frac{\chi^*(\mathfrak{T}) \ln \frac{2}{\delta}}{2M}}$$

此外，根据 Rademacher 复杂度的性质我们可以证明 $\mathfrak{R}^{\mathfrak{T}}(\Delta \circ \mathcal{F}, \mathfrak{T}(S)) \leqslant \mathfrak{R}^{\mathfrak{T}}(\mathcal{F}, \mathfrak{T}(S))$（1.3.4 节）。而根据前面的计算和定理 14，该不等式给出了学习数据上可计算二分排序情形的函数的泛化界，并至少以概率 $1-\delta$ 成立：

$$\forall c_h \in \mathcal{F}, \mathfrak{L}^{\mathfrak{T}}(c_h) \leqslant \hat{\mathfrak{L}}^{\mathfrak{T}}(c_h, \mathfrak{T}(S)) + \frac{2B\sqrt{\max(n_-, n_+)}}{n_- n_+} \sqrt{\sum_{i=1}^{n_+} \sum_{j=1}^{n_-} \|\mathbf{x}_{\pi(i)} - \mathbf{x}_{\nu(j)}\|_K^2} + 3\sqrt{\frac{\ln \frac{2}{\delta}}{2\min(n_-, n_+)}}$$

特殊情形：二类分类器

二类分类器是一个特殊情形，它对应的变换函数 $\mathfrak{T}$ 为恒等式 $\chi^*(\mathfrak{T}) = 1$。在这种情形下，取损失函数 $L: z \mapsto \max(1-z, 0)$ 可以再次得到独立同分布数据集上训练的分类器的泛化误差界。我们在 1.3 节介绍过这种泛化误差界。

附录

回顾和补充

附录回顾并补充了前面章节用到的一些概念。附录 A 是关于概率论知识的回顾，附录 B 则是在本书中不同章节里描述过的 15 个算法的程序代码。

附录A

概率论回顾

概率论有许多影响巨大的著作，如 Barbé et Ledoux (2007) 和 Feller (1968) 的著作。在附录 A 里，我们简要地回顾本书里广泛应用的概率论概念，以及一些重要结果。

A.1 概率测度

时间的概率测度是一个 0 和 1 之间的实数，它表示在一次随机试验中该事件出现的可能程度。

A.1.1 可概率化空间

随机试验是指一次测试，它的可能结果都是已知的，但无法确定性地进行预测。与这个随机试验相关的所有可能结果组成的集合记为 Ω，称为样本空间。我们通常区分三类样本空间，分别是有限的、无限且可数的和无限且连续的。

与一次随机试验相关的事件是一个逻辑命题，它在试验结束时取真或假的值，并且可以用样本空间的一个子集来表示。在样本空间不可数的情形中，我们通常缩小范围，考虑一个样本空间 Ω 的子集族 $\mathcal{P}$，它保证取补和取可数的运算是封闭的，这个族称为 σ-代数（有时也称为布尔类），它满足下面三条性质：

a) $\Omega \in \mathcal{P}$

b) 若 $\forall n \in \mathbb{N}^*, E_n \in \mathcal{P}$ 则 $\bigcup\limits_{n\in\mathbb{N}^*} E_n \in \mathcal{P}$

c) 若 $E \in \mathcal{P}$ 则它的补集 $\bar{E}$ 也在 $\mathcal{P}$ 中，即 $\bar{E} \in \mathcal{P}$

因此，我们称二元组 $(\Omega, \mathcal{P})$ 为可概率化空间，并且在其上定义概率测度为映射 $\mathbf{P} : \mathcal{P} \to [0,1]$，满足以下的柯尔莫戈罗夫公理：

1. $\mathbf{P}(\Omega) = 1$

2. 对任意有限或可数的事件，$(E_n)_{n\in\mathbb{S}}$ 属于 $\mathcal{P}$ 且两两互斥 $(\forall i\neq j, E_i\cap E_j=\emptyset)$，并且 $\mathbb{S}\subseteq\mathbb{N}$：

$$\mathbf{P}\left(\bigcup_{i\in\mathbb{S}}E_i\right)=\sum_{i\in\mathbb{S}}\mathbf{P}(E_i) \tag{A.1}$$

第二条公理称为 σ- 可加性，在 $\mathbb{S}=\mathbb{N}$ 的情形中，存在以下的极限：

$$\mathbf{P}\left(\bigcup_{i\in\mathbb{N}}E_i\right)=\lim_{n\to\infty}\sum_{i=1}^{n}\mathbf{P}(E_i)\in[0,1]$$

此外，在 n 个事件 $(E_i)_{i=1}^n$ 两两互斥，且其并为事件为 $\bigcup\limits_{i=1}^{n}E_i=\Omega$ 的情况下，根据第二条柯尔莫戈罗夫公理，我们有以下结果，称为全概率公式：

$$\forall B\in\mathcal{P}, \mathbf{P}(B)=\sum_{i=1}^{n}\mathbf{P}(B\cap E_i) \tag{A.2}$$

事实上，任意事件 B 可以利用 $(E_i)_{i=1}^n$ 写成两两互斥事件的并，即 $B=\bigcup\limits_{i=1}^{n}(E_i\cap B)$。

A.1.2 概率空间

我们称装备了概率测度 $\mathbf{P}:\mathcal{P}\to[0,1]$ 的可概率化空间 $(\Omega,\mathcal{P})$ 为概率空间$(\Omega,\mathcal{P},\mathbf{P})$。如果 $\mathbf{P}(E)>0$，则事件 $E\in\mathcal{P}$ 称为可实现（realizable）的。以下列举一些由上述公理可推出的基本结果：

i) $\mathbf{P}(\Omega)=\mathbf{P}(\Omega\cup\emptyset)=\mathbf{P}(\Omega)+\mathbf{P}(\emptyset)$，其中 $\mathbf{P}(\emptyset)=0$

ii) $\forall E\in\mathcal{P}$, $\mathbf{P}(E)+\mathbf{P}(\bar{E})=\mathbf{P}(E\cup\bar{E})=\mathbf{P}(\Omega)=1$,
E 和 $\bar{E}$ 是互斥的

iii) $\forall(E_i,E_j)\in\mathcal{P}\times\mathcal{P}$，若 $E_i\subset E_j$ 我们有 $E_j=E_i\cup(E_j\setminus E_i)$ 且

$$\mathbf{P}(E_j)=\mathbf{P}(E_i)+\mathbf{P}(E_j\setminus E_i)\geqslant\mathbf{P}(E_i)$$

iv) $\forall(E_i,E_j)\in\mathcal{P}\times\mathcal{P}, \mathbf{P}(E_i\setminus E_j)=\mathbf{P}(E_i)-\mathbf{P}(E_i\cap E_j)$ 因为
$E_i=(E_i\cap E_j)\cup(E_i\cap\bar{E}_j)=(E_i\cap E_j)\cup(E_i\setminus E_j)$

v) $\forall(E_i,E_j)\in\mathcal{P}\times\mathcal{P}, \mathbf{P}(E_i\cup E_j)=\mathbf{P}(E_i)+\mathbf{P}(E_j)-\mathbf{P}(E_i\cap E_j)$ 因为
$E_i\cup E_j=(E_i\cap\bar{E}_j)\cup(E_i\cap E_j)\cup(\bar{E}_i\cap E_j)=(E_i\setminus E_j)\cup(E_i\cap E_j)\cup(E_j\setminus E_i)$
并且 $(E_i\setminus E_j),(E_i\cap E_j),(E_j\setminus E_i)$ 是两两互斥的。

由最后一个等式可以导出 Bool 不等式，或者说并事件的上界，它会在机器学习的许多重要结果中用到，通常形式如下：

$$\forall n\in\mathbb{N}, \mathbf{P}\left(\bigcup_{i=1}^{n}E_i\right)\leqslant\sum_{i=1}^{n}\mathbf{P}(E_i) \tag{A.3}$$

A.2 条件概率

在一次预测中，知晓补充信息可以影响预测的结果，这个观念可以通过条件概率的概念来量化。

形式上，令 $(\Omega, \mathcal{P}, \mathbf{P})$ 是一个概率空间，E 是一个可实现的事件（即 $\mathbf{P}(E) > 0$），我们称，在给定可实现事件 E 的情形下，对任意事件 $A \in \mathcal{P}$ 关于 E 上的概率应用 $\mathbf{P} : \mathcal{P} \to [0,1]$ 得到的

$$\mathbf{P}(A \mid E) = \frac{\mathbf{P}(A \cap E)}{\mathbf{P}(E)} \tag{A.4}$$

为条件概率。

有了这个定义，很容易看到，条件概率满足柯尔莫戈罗夫公理。(A.4) 可以导出概率的复合公式，即对概率空间 $(\Omega, \mathcal{P}, \mathbf{P})$ 中的两个可实现事件 E 和 A，有：

$$\mathbf{P}(A \cap E) = \mathbf{P}(A \mid E) \times \mathbf{P}(E) = \mathbf{P}(E \mid A) \times \mathbf{P}(A) \tag{A.5}$$

A.2.1 贝叶斯公式

由条件概率的定义可以自然地导出贝叶斯公式，它的表述是：令 $(\Omega, \mathcal{P}, \mathbf{P})$ 为一个概率空间，E 是 $\mathcal{P}$ 的一个可实现事件，令 $(A_i)_{i \in \mathbb{S} \subset \mathbb{N}}$ 是 $\mathcal{P}$ 中一个事件簇，两两互斥且满足 $\bigcup_{i \in \mathbb{S}} A_i = \Omega$，我们于是有：

$$\forall i \in \mathbb{S}, \mathbf{P}(A_i \mid E) = \frac{\mathbf{P}(E \mid A_i) \times \mathbf{P}(A_i)}{\sum_{j \in \mathbb{S}} \mathbf{P}(E \mid A_j) \times \mathbf{P}(A_j)} \tag{A.6}$$

这个公式的证明可以通过 (A.4) 和 (A.5) 推导得到。实际上，根据这些等式，我们对 $\mathcal{P}$ 中的任意事件 E 和 A_i 有：

$$\mathbf{P}(A_i \mid E) = \frac{\mathbf{P}(E \mid A_i) \times \mathbf{P}(A_i)}{\mathbf{P}(E)}$$

此外，由于事件 $(A_i)_{i \in \mathbb{S} \subset \mathbb{N}}$ 两两互斥，根据全概率公式 (A.2)我们有：

$$\mathbf{P}(E) = \sum_{j \in \mathbb{S}} \mathbf{P}(E \cap A_j) = \sum_{j \in \mathbb{S}} \mathbf{P}(E \mid A_j) \times \mathbf{P}(A_j)$$

贝叶斯 (1763) 公式 (A.6) 还被拉普拉斯 (1771) 独立发现 [①]。这个公式有时也被称为原因概率公式。在这种情形下，事件 A_j 可以看作是造成某种结果互斥的原因。实际上，如果我们知道在 $\mathcal{P}$ 中事件 A_j 的概率（或称原因的先验概率），以及在原因 A_j 发生的情况下结果 E 发生的条件概率，那么我们就可以利用贝叶斯公式来计算当观察到结果 E 时，对其负责的每个原因 A_j 的后验概率。

---

① http://gallica.bnf.fr/ark:/12148/bpt6k77596b.image.f32.langFR

示例

我们来看三门问题（又称 Monty Hall 问题），该问题灵感来自电视节目《Let's Make a Deal》。在这个节目中，主持人面对参赛者，其背后有三扇门。一扇门背后是高价值的奖品，而另外两扇门背后则是低价值的奖品。主持人首先要求参赛者选择一扇自己觉得有大奖的门，然后主持人会打开剩下两扇门中包含低价值奖品的那扇门。接下来，参赛者需要决定是否更改初始选择，改选另一扇剩下的门。问题是：在知道主持人打开的那扇门的结果情况下，大奖位于另外两扇门后的概率分别是什么？

记：$A_i, i \in \{1,2,3\}$ 为事件：*大奖位于第 i 扇门之后*。假设参赛者选择了 $i=2$ 作为初始选择，主持人则在 1 和 3 中选择了打开门 3。记 E 为刚才的事件。在这种情形下，即:E：*主持人在知晓参赛者选择 2 的情况下打开门 3*。

- 原因的先验概率 $\mathbf{P}(A_i)=\frac{1}{3}$
- 知晓原因后结果 E 的条件概率:
  $\mathbf{P}(E \mid A_3)=0, \mathbf{P}(E \mid A_2)=\frac{1}{2}$ 和 $\mathbf{P}(E \mid A_1)=1$.

根据全概率公式 (A.2)

$$\begin{aligned}\mathbf{P}(E) &= \mathbf{P}(E \mid A_1)\times\mathbf{P}(A_1)+\mathbf{P}(E \mid A_2)\times\mathbf{P}(A_2)+\mathbf{P}(E \mid A_3)\times\mathbf{P}(A_3)\\ &= 1\times\frac{1}{3}+\frac{1}{2}\times\frac{1}{3}+0\times\frac{1}{3}=\frac{1}{2}\end{aligned}$$

根据贝叶斯 (1763) 公式，我们导出通向结果 E 的每个原因的后验概率，即主持人打开了其知道没有大奖的门：

$$\mathbf{P}(A_1 \mid E)=\frac{\mathbf{P}(E \mid A_1)\times\mathbf{P}(A_1)}{\mathbf{P}(E)}=\frac{2}{3}, \mathbf{P}(A_2 \mid E)=\frac{\mathbf{P}(E \mid A_2)\times\mathbf{P}(A_2)}{\mathbf{P}(E)}=\frac{1}{3}$$

A.2.2 独立性

如果在概率空间中两个事件互相独立，那么知晓一个事件的信息并不影响关于另一个事件的预测。这个观察结果可以量化如下：称概率空间 $(\Omega, \mathcal{P}, \mathbf{P})$ 中的两个事件 A 和 E 关于概率测度 $\mathbf{P}$ 独立，或称 $\mathbf{P}$-独立，当且仅当：

$$\mathbf{P}(A \cap E)=\mathbf{P}(A)\times\mathbf{P}(E) \tag{A.7}$$

A.3 实随机变量

一个实随机变量 X，通常记为 v.a.r.，是从样本空间到实数集的一个映射，它将 Ω 中的每一个元素与一个实数相关联：

$$X : \Omega \to \mathbb{R}$$
$$\omega \mapsto X(\omega)$$

这个定义背后的理念是，在实践中，比起随机试验的结果本身，我们往往对与它相关的某个数值更感兴趣。因而，这个定义在概率空间 $(\Omega, \mathcal{P}, \mathbf{P})$ 上的实随机变量可以将事件概率化到陪集 $\mathbb{R}$ 上。有鉴于此，我们在 $\mathbb{R}$ 上构造一个装备了 Borel 集族 $\mathcal{B}(\mathbb{R})$ 的概率空间，它由形式为 $]-\infty, b[$ 的区间和一个概率测度 $\mathbb{P} : \mathcal{B}(\mathbb{R}) \to [0,1]$ 生成，定义如下：

$$\forall B \in \mathcal{B}(\mathbb{R}), \mathbb{P}(B) = \mathbf{P}(X^{-1}(B)) = \mathbf{P}\left(\{\omega_i \in \Omega \mid X(\omega_i) \in B\}\right) \tag{A.8}$$

因而，$\mathbb{P}(B)$ 是 B 关于 X 的逆象在 $\mathbf{P}$ 下的测度值。$\mathbb{P}$ 的存在条件是，逆象 $X^{-1}(B)$ 是 $\mathcal{P}$ 中的一个元素，我们可以在其上应用概率测度 $\mathbf{P}$。此时，我们称实随机变量是任意可概率化空间到 $(\mathbb{R}, \mathcal{B}(\mathbb{R}))$ 的一个可测映射，并且 X 的对应法则是 $(\mathbb{R}, \mathcal{B}(\mathbb{R}))$ 上概率 $\mathbb{P}$ 的作用对象[①]。

A.3.1 分布函数

Borel 集族由形式为 $]-\infty, b[$ 的区间生成，$\mathcal{B}(\mathbb{R})$ 中的任意事件都可以通过这些区间及集合运算得到。因而，对概率 $\mathbb{P}(]-\infty, b[) = \mathbb{P}(X < b)$ 的知识足以让我们用 $\mathbb{P}$ 来概率化 $(\mathbb{R}, \mathcal{B}(\mathbb{R}))$。此时，对一个实随机变量，映射 $F : \mathbb{R} \to [0,1]$，其中对每个实数 x 有 $F(x) = \mathbb{P}(X < x)$，称为 X 的分布函数。对任意随机变量 X，若其分布函数 F 在除去有限个点之外是连续可导的，那么我们称其为稠密随机变量。我们看到，定义 X 的对应法则和定义它的分布函数是等价的。因此，为定义 X 的法则，需要知道如何计算 $\mathbb{P}(B)$。此外，由于 $\mathbb{P}$ 是一个集函数，通过分布函数来计算区间的概率是可能的。上述定义的一个直接结果如下：

$$\mathbb{P}(a \leqslant X < b) = F(b) - F(a) \tag{A.9}$$

由于 $\{a \leqslant X < b\} = \{X < b\} \setminus \{X < a\}$，并且根据 A.1.2 叙述的性质 iii)，我们有：

$$\mathbb{P}(a \leqslant X < b) = \mathbb{P}(\{X < b\} \setminus \{X < a\}) = \mathbb{P}(\{X < b\}) - \mathbb{P}(\{X < a\})$$

最后，随机变量的密度p，定义为其分布函数 F 的导函数，即：

$$\forall x \in \mathbb{R}, F(x) = \int_{-\infty}^{x} p(t)dt \tag{A.10}$$

分布函数为阶梯函数的实随机变量称为离散变量，它的定义要求给定一个可数的可能性集合 $\mathfrak{X}$，以及概率 $\mathbb{P}(X = x) = p(x)$，满足：

$$\forall x \in \mathfrak{X}, p(x) \geqslant 0, \sum_{x \in \mathfrak{X}} p(x) = 1$$

① 也就是说，$\mathbb{P}$ 可以作用于从任意可概率化空间到 $(\mathbb{R}, \mathcal{B}(\mathbb{R}))$ 上由不同对应法则定义的不同随机变量。—— 译者注

故类 $(p(x))_{x\in\mathfrak{X}}$ 中每一个元素是一个 X 的映射法则。当 $\mathfrak{X}=\{0,1\}$ 且 $q=p(1)$ 的时候，我们说离散实随机变量服从参数为 q 的伯努利分布。

A.3.2 随机变量的期望和方差

定义在 $\mathfrak{D}\subseteq\mathbb{R}$ 上的实随机变量的数学期望定义如下：

$$\mathbb{E}(X)=\int_{\mathfrak{D}}xp(x)dx \tag{A.11}$$

根据积分的可加性，我们有：

$$\forall(a,b)\in\mathbb{R}\times\mathbb{R},\mathbb{E}(aX+b)=a\mathbb{E}(X)+b \tag{A.12}$$

类比可得，离散型实随机变量 X 的期望是：

$$\mathbb{E}(X)=\sum_{x\in\mathfrak{X}}xp(x)$$

由定义 (A.7) 可得的一个重要性质和期望有关。n 个两两独立的随机变量 $X_1,\ldots,X_n$ 的积的期望：

$$\mathbb{E}[X_1X_2\ldots X_n]=\prod_{i=1}^{n}\mathbb{E}[X_i] \tag{A.13}$$

我们定义实随机变量的方差如下：

$$\mathbb{V}(X)=\mathbb{E}[(X-\mathbb{E}(X))]^2 \tag{A.14}$$

根据期望的可加性，X 的方差可以写成 $\mathbb{V}(X)=\mathbb{E}(X^2)-[\mathbb{E}(X)]^2$。事实上：

$$\begin{aligned}\mathbb{V}(X)&=\mathbb{E}[(X-\mathbb{E}(X))]^2=\mathbb{E}[(X^2-2X\mathbb{E}(X)+\mathbb{E}^2(X))]\\&=\mathbb{E}[X^2]-2\mathbb{E}^2(X)+\mathbb{E}^2(X)\\&=\mathbb{E}[X^2]-[\mathbb{E}(X)]^2\end{aligned}$$

对服从参数为 q 的伯努利分布的实随机变量，我们有：

$$\begin{aligned}\mathbb{E}[X]&=1\times q+0\times(1-q)=q\\\mathbb{V}(X)&=\mathbb{E}[X^2]-\mathbb{E}^2[X]=q-q^2=q(1-q)\end{aligned}$$

服从伯努利分布的实随机变量方差因而小于等于 $\frac{1}{4}$。

$$\begin{aligned}\forall(a,b)\in\mathbb{R}\times\mathbb{R},\mathbb{V}(aX+b)&=\mathbb{E}[(aX+b-a\mathbb{E}(X)-b)]^2=\mathbb{E}[a^2(X-\mathbb{E}(X))]^2\\&=a^2\mathbb{E}[(X-\mathbb{E}(X))]^2=a^2\mathbb{V}(X)\end{aligned}$$

最后，我们称下式为实随机变量 X 的标准差（如果存在）：

$$\sigma(X)=\sqrt{\mathbb{V}(X)}$$

A.3.3　集中不等式

集中不等式估计了随机变量围绕其期望 $\mathbb{E}[X]$ 的集中程度，它们被用于建立概率论和机器学习中的一些重要结果，比如 Boucheron et al. (2013)。我们将在这一节展示一些最常用的不等式，包括切比雪夫不等式 (1867) 和 Hoeffding (1963) 不等式，它们在第 1 章用于建立泛化误差界。这两个不等式都基于以下引理。

引理 6　令 $I\subseteq\mathbb{R}$ 为实区间，$g:I\to\mathbb{R}_+$ 是一个严格正的函数。对实数值 $\epsilon\in I$，记 $b\in\mathbb{R}_+^*$ 满足，若 $\forall x\in I, x\geqslant\epsilon$ 则 $g(x)\geqslant b$。此时，对任意在 I 中取值的实随机变量 X，我们有：

$$\mathbb{P}(X\geqslant\epsilon)\leqslant\frac{\mathbb{E}[g(X)]}{b} \tag{A.15}$$

证明

令 $\mathfrak{D}_1=\{x\in I\mid x\geqslant\epsilon\}$，于是我们有 $\mathfrak{D}_1\subseteq I$。由于 g 是严格正的函数，因此

$$\begin{aligned}\mathbb{E}[g(X)]=\int_I g(x)p(x)dx\geqslant\int_{\mathfrak{D}_1}g(x)p(x)dx\geqslant b\int_{\mathfrak{D}_1}p(x)dx\\ \geqslant b\mathbb{P}(X\geqslant\epsilon)\end{aligned}$$

命题得证。

假设函数 g 是严格递增的，即 $\forall x\geqslant\epsilon, g(x)\geqslant g(\epsilon)$。在不等式 (A.15) 中取 $b=g(\epsilon)$，那么：

$$\mathbb{P}(X\geqslant\epsilon)\leqslant\frac{\mathbb{E}[g(X)]}{g(\epsilon)} \tag{A.16}$$

马尔可夫不等式

当 X 为非负实随机变量时，我们可以用 X 的期望来界定其大于某个正实数的概率，称为马尔可夫不等式。这个不等式是上面结果 (A.16) 在考虑恒等函数 $g:z\mapsto z$ 和集合 $\mathbb{R}_+$ 中的区间的情形推论。

定理 15 (马尔可夫不等式)　令 X 是一个非负实随机变量，其期望 $\mathbb{E}(X)>0$。对任意正实数 $\epsilon>0$ 我们有：

$$\mathbb{P}(X\geqslant\epsilon)\leqslant\frac{\mathbb{E}[X]}{\epsilon} \tag{A.17}$$

切比雪夫不等式

我们从马尔可夫不等式可以得到一个更强的不等式，它界定了实随机变量和其期望的差值大于某个给定值的概率：

定理 16 (切比雪夫不等式 (1867))　令 X 是一个期望为 $\mathbb{E}(X)$、方差为 $\mathbb{V}$ 的实随机变量。对任意正实数 $\epsilon>0$ 我们有：

$$\mathbb{P}\left(|X-\mathbb{E}[X]|\geqslant\epsilon\right)\leqslant\frac{\mathbb{V}(X)}{\epsilon^2} \tag{A.18}$$

证明

我们实现注意到事件 $\{|X-\mathbb{E}[X]| \geqslant \epsilon\}$ 和事件 $\{(X-\mathbb{E}[X])^2 \geqslant \epsilon^2\}$ 是等价的。对实随机变量 $Y=(X-\mathbb{E}[X])^2 \geqslant 0$ 应用马尔可夫不等式（A.18），并注意到 $\mathbb{E}[Y]=\mathbb{V}(X)$，有：

$$\begin{aligned}\mathbb{P}(|X-\mathbb{E}[X]| \geqslant \epsilon) &= \mathbb{P}\left((X-\mathbb{E}[X])^2 \geqslant \epsilon^2\right)\\ &= \mathbb{P}\left(Y \geqslant \epsilon^2\right)\\ &\leqslant \frac{\mathbb{E}[Y]}{\epsilon^2}=\frac{\mathbb{V}(X)}{\epsilon^2}\end{aligned}$$

Chernoff 不等式

另一个重要结果称为 Chernoff 不等式，也是从不等式 (A.16) 推导得到的。它考虑定义如下的指数函数 $\forall s>0, g: z \mapsto e^{sz}$ 和一个 $\mathbb{R}$ 中的区间，即：

定理 17 (Chernoff 不等式) 令 X 是一个实随机变量。于是对任意实数 $s>0$ 和 $\epsilon>0$，我们有：

$$\mathbb{P}(X \geqslant \epsilon) \leqslant e^{-s\epsilon}\mathbb{E}[e^{sX}] \tag{A.19}$$

选择非负函数 $\forall s>0, g: z \mapsto e^{sz}$ 移除了马尔可夫不等式中加给实随机变量 X 的非负性条件，然而需要添加界定实随机变量 e^{sX} 的期望来作为补偿。

在实随机变量 X 是中心化的（$\mathbb{E}[X]=0$）并在区间 $[a,b] \subset \mathbb{R}$ 上被界定的情况下，我们可以用如下引理来界定上面的期望。

引理 7 (Chernoff (1952) 引理) 令 a 和 b 是满足 $a<b$ 的两个实数，并且 X 是一个在区间 $[a,b]$ 上有界并中心化（即 $\mathbb{E}[X]=0$）的实随机变量。于是对任意正实数 $s>0$，我们有以下不等式：

$$\mathbb{E}[e^{sX}] \leqslant e^{\frac{s^2(b-a)^2}{8}} \tag{A.20}$$

证明

我们可以将任意实数 $x \in [a,b]$ 写成 $x=\frac{b-x}{b-a}a+\frac{x-a}{b-a}b$。由函数 $x \mapsto e^{sx}$ 的凸性和琴生不等式，有：

$$e^{sX} \leqslant \frac{b-X}{b-a}e^{sa}+\frac{X-a}{b-a}e^{sb} \tag{A.21}$$

两边取期望，并利用期望的线性以及实随机变量是中心化的区域，得：

$$\begin{aligned}\mathbb{E}[e^{sX}] &\leqslant \frac{b-\mathbb{E}[X]}{b-a}e^{sa}+\frac{\mathbb{E}[X]-a}{b-a}e^{sb}\\ &\leqslant \underbrace{\frac{b}{b-a}e^{sa}-\frac{a}{b-a}e^{sb}}_{=e^{G(s)}}\end{aligned}$$

记 $G(s)=\ln\left(\frac{b}{b-a}e^{sa}+\frac{-a}{b-a}e^{sb}\right),(b-a)s=z,\theta=\frac{-a}{b-a}$，于是 $1-\theta=\frac{b}{b-a}$。故而：

$$
\begin{aligned}
G(s)&=\ln\left(\frac{b}{b-a}e^{sa}+\frac{-a}{b-a}e^{sb}\right)\\
&=sa+\ln\left(\frac{b}{b-a}+\frac{-a}{b-a}e^{s(b-a)}\right)
\end{aligned}
$$

即：

$$H(z)=-\theta z+\ln(1-\theta+\theta e^{z})$$

函数 $z\mapsto H(z)$ 的一阶导函数和二阶导函数分别为：

$$
\begin{aligned}
H'(z)&=-\theta+\frac{\theta e^{z}}{1-\theta+\theta e^{z}}\\
H''(z)&=\frac{(1-\theta)\theta e^{z}}{(1-\theta+\theta e^{z})^2}
\end{aligned}
$$

H 的二阶导函数具有形式 $\frac{xy}{(x+y)^2}$，由于：

$$
\begin{aligned}
(x-y)^2=(x+y)^2-4xy\geqslant 0\\
(x+y)^2\geqslant 4xy
\end{aligned}
$$

于是 $\frac{xy}{(x+y)^2}\leqslant\frac{1}{4}$，即 $\forall z>0,H''(z)\leqslant\frac{1}{4}$。我们注意到 $H(0)=H'(0)=0$，由拉格朗日余项的 Taylor 公式，存在一个 $t\in[0,z]$ 满足：

$$H(z)=H(0)+H'(0)z+H''(t)\frac{z^2}{2}\leqslant\frac{z^2}{8}$$

从而命题得证。

Hoeffding 不等式

Hoeffding 不等式考虑独立随机变量的和。如我们在第 1 章中所看到的，它是证明机器学习理论结果最重要的工具之一。

定理 18 (Hoeffding (1963) 不等式)

$$\mathbb{P}\left(S_m-\mathbb{E}[S_m]\geqslant\epsilon\right)\leqslant\exp\left(\frac{-2\epsilon^2}{\sum_{i=1}^{m}(b_i-a_i)^2}\right)\tag{A.22}$$

$$\mathbb{P}\left(S_m-\mathbb{E}[S_m]\leqslant-\epsilon\right)\leqslant\exp\left(\frac{-2\epsilon^2}{\sum_{i=1}^{m}(b_i-a_i)^2}\right)\tag{A.23}$$

证明

根据 Chernoff 不等式 (A.19)，对任意 $\epsilon > 0$ 和 $s > 0$ 我们有：

$$\mathbb{P}(S_m - \mathbb{E}[S_m] \geqslant \epsilon) \leqslant e^{-s\epsilon}\mathbb{E}[e^{S_m - \mathbb{E}[S_m]}]$$

记 $\forall i \in \{1, \ldots, m\}, Y_i = X_i - \mathbb{E}[X_i]$，即 $\forall i, \mathbb{E}[Y_i] = 0$ 且 $S_m - \mathbb{E}[S_m] = \sum_{i=1}^m Y_i$。根据实随机变量的独立性以及性质 (A.13)，有：

$$\begin{aligned}\mathbb{P}(S_m - \mathbb{E}[S_m] \geqslant \epsilon) &\leqslant e^{-s\epsilon}\mathbb{E}[e^{Y_1 + \ldots + Y_m}] \\ &= e^{-s\epsilon}\prod_{i=1}^{m}\mathbb{E}[e^{sY_i}]\end{aligned}$$

由于每个实随机变量都在区间 $[a_i - \mathbb{E}[X_i], b_i - \mathbb{E}[X_i]]$ 上有界，我们可以在以上积的表达式中对每一项应用 Chernoff 引理，再由指数函数的代数性质，我们有：

$$\mathbb{P}(S_m - \mathbb{E}[S_m] \geqslant \epsilon) \leqslant \exp\left(-s\epsilon + \frac{s^2\sum_{i=1}^m (b_i - a_i)^2}{8}\right) \tag{A.24}$$

上述不等式对任意 $s > 0$ 都成立。特别地，当 $s = \frac{4\epsilon}{\sum_{i=1}^{m}(b_i - a_i)^2}$ 时，不等式右边项取得最小值，并且就是定理中的第一个不等式。定理中的第二个不等式可以通过记 $\forall i \in \{1, \ldots, m\}, Z_i = \mathbb{E}[X_i] - X_i$，然后重复前面的证明得到。

附录B
程序代码

在本附录里，我们给出本书中部分算法的程序代码，以及用到的数据结构和执行算法的必要程序。

B.1 数据结构

数据结构在文件 defs.h 中描述。它由三个部分组成，并定义了超参数、训练集、测试集以及数据的稀疏表示。

B.1.1 数据集

训练集或测试集的数据，无论有监督还是半监督，二类还是多类，都定义在结构体 DATA 中：

```
typedef struct Donnees {
  double    **X;    // 数据矩阵
  double    *y;     // 包含类标注的向量
  double    **Y;    // 包含类指标向量的矩阵
  long int d;       // 输入空间的维数
  long int K;       // 类的个数
  long int m;       // 有标注样本的个数
  long int u;       // 无标注样本的个数
} DATA;
```

X、d 和 m 分别指代数据的完整向量表示、向量空间的维数和数据集的大小。半监督或无监督学习的无标注样本数目，用 u 表示。

- 在二类分类问题中，y 表示包含数据的预期输出向量。
- 在多类的分类或聚类问题中，类别或聚类的数目存储在变量 K 中，包含类指标向量的矩阵为 Y。

B.1.2 超参数结构

不同模型的待输入的超参数的数据结构如下：

```
typedef struct Learning_param {
  double   eps;     // 精度
  double   eta;     // 学习步长
  long int T;       // 最大迭代次数
  long int p;       // 阈值——决策桩
  long int K;       // 类的个数(无监督情形时为聚类的个数)
  double   lambda;  // 无标注样本的影响因子
  int      display; // 是否显示中间值
} LR_PARAM;
```

eta 表示学习步长；eps 和 T 用于某些程序的终止条件，分别是搜索精度和最大迭代次数。display 用来标记是否显示某些中间变量的中间值，比如迭代次数或者目标函数的值。p 是 Boosting 算法弱学习器的阈值, K 是聚类或多类分类程序中聚类或类别的数目。lambda 是朴素贝叶斯半监督学习程序的伪标注数据的隐藏因子 (B.4 节).

超参数的赋值在主程序中进行（以 -main.c结尾）并与本书中的算法代码相联系。例如，感知机算法中，输入超参数迭代次数和学习步长的过程如下：

```
void lire_commande(input_params, fic_apprentissage, fic_params, num_args, args)
LR_PARAM *input_params;  // 模型的超参数
char *fic_apprentissage; // 包含学习集的文件名
char *fic_params;        // 存储习得模型的参数的文件名
int num_args;            // 命令的参数个数
char **args;             // 构成命令的字符串
{
  long int i;

  // 缺省值
 input_params->T=5000;  input_params->eta=0.1;


  for(i=1; (i<num_args) && (args[i][0] == '-'); i++){
    printf("%s\n",args[i]);
    switch((args[i])[1]){
      case 't': i++; sscanf(args[i],"%ld",&input_params->T); break;
      case 'a': i++; sscanf(args[i],"%lf",&input_params->eta); break;
      case '?': i++; aide();exit(0); break;

      default : printf("Unknown Option %s\n",args[i]);Standby();aide();exit(0);
    }
  }
  if((i+1)>=num_args){
```

```
    printf("\n Insufficient number of input parameters \n\n");
    Standby();
    aide();
    exit(0);
  }
  printf("%s %s\n",args[i],args[i+1]);
  strcpy(fic_apprentissage, args[i]);
  strcpy(fic_params, args[i+1]);
}

void Standby(){
  printf("\nAide ... \n");
  (void)getc(stdin);
}


void aide(){
  printf("\nPerceptron algorithm\n");
  printf("usage: Perceptron_Train [options] file_learn file_parameters\n\n");
  printf("Options:\n");
  printf("     -t            -> Number of maximal iterations (default, 5000)\n");
  printf("     -a            -> Learning step (default, 0.1)\n");
  printf("     -?            -> This help page\n");
  printf("Arguments:\n");
  printf("    file_learn      -> file containing learning samples\n");
  printf("    file_parameters -> file containing parameters\n\n");
}
```

B.2　稀疏表示

半监督朴素贝叶斯（B.4 节）和 Rankboost（B.4 节）这两个程序应用了样本的稀疏表示，这是文档表示的典型情况。这个表示基于 Salton (1975) 提出的向量模型，它将每一个文档集合 $\mathcal{C}$ 中的一个文档 x 与一个向量 $\mathbf{x}$ 相关联。其维数对应于基数 V。它的分量属于一个由不同单词组成的集合，称为词库。这些单词来自于经过预处理后的一个序列 (Amini et Gaussier, 2013, 第 2 章)。待考虑向量空间因而是一个单词向量空间，其中每个维度关联一个词库中的单词。

$$\forall x \in \mathcal{C}, \mathbf{x} = (w_{ix})_{i \in \{1,\dots,V\}} \tag{B.1}$$

此时，w_{ix} 是词库中指标为 i 的单词在文档 x 中的权重。现有算法给文档中缺失单词的权重赋值为 0，通常情况下文档向量只有很少一部分分量不为 0。因而，为了在文档向量表示中不存储那些无用的零值，这些向量总是通过只存储对应于非零值的指标来进行编码。例如，某

个向量的指标–数值编码

$$\mathbf{x} = (0,0 \quad 0,1 \quad 0,0 \quad 0,0 \quad 4,9 \quad 0,0 \quad 0,0 \quad 1,3 \quad 0,0)$$

是

$$\mathbf{x}_{\text{ind-val}} = (2\!:\!0,1 \quad 5\!:\!4,9 \quad 8\!:\!1,3)$$

用于表示稀疏向量或稀疏矩阵的数据结构如下：

```
typedef struct IndxVal {
  long int  ind;  //  稀疏向量的非零特征的指标
  double    val;    //  相应取值
} FEATURE;

typedef struct SV {
  FEATURE  *Att;    // 稀疏向量的非零特征的集合
  long int N;       // 稀疏向量的非零特征的个数
} SPARSEVECT;
```

一个类型为 SPARSEVECT 的变量有两个活跃域，一个是由指标表示的非零特征（FEATURE 型变量）和对应取值（实数型变量）组成的集合，另一个是非空特征的总数 N（整型变量）。

例如，以下程序代码计算两个类型为 SPARSEVECT 的稀疏向量标量积。

```
double ProduitScalaire(x1, x2)
SPARSEVECT x1, x2;
{
  int    i,j;
  double pi=0.0;
  i=j=1;


  while(i<=x1.N && j<=x2.N)
  {
     if(x1.Att[i].ind < x2.Att[j].ind)
       i++;
     else if(x2.Att[j].ind < x1.Att[i].ind)
       j++;
     else
     {
       pi+=x1.Att[i].val*x2.Att[j].val;
       i++;
       j++;
     }
  }

  return pi;
}
```

B.3　程序运行

调用这些算法程序的主程序文件的结尾为 -main.c。例如，感知机算法程序的文件名为 perceptron-Train.c，运行它的主程序文件名为 perceptron-Train-main.c。对预测部分，主程序文件名以 -Test.c 结尾。

用于训练模型的主程序都有相同结构。第一部分是执行命令的参数声明。第二部分是给数据矩阵分配内存并赋值。第三部分是待调用的学习程序。以下代码给出了运行感知机算法主程序的例子。

```
int main(int argc, char **argv)
{
LR_PARAM    input_params;
DATA        TrainSet;
long int    i,j;
double      *w,  *h, Erreur, Precision, Rappel, F, PosPred, PosEffect, PosEffPred;
char input_filename[200], params_filename[200];

  srand(time(NULL));
// 读取命令行
lire_commande(&input_params,input_filename, params_filename,argc, argv);
// 遍历输入文件，得到样本数量和其维数
// 函数定义在utilitaire.c中
TrainSet.u=0;
FileScan(input_filename,&TrainSet.m,&TrainSet.d);
printf("Size of training set: %ld,  problem dimension : %ld\n",\
TrainSet.m,TrainSet.d);

TrainSet.y  = (double *)  malloc((TrainSet.m+1)*sizeof(double ));
TrainSet.X  = (double **) malloc((TrainSet.m+1)*sizeof(double *));
if(!TrainSet.X){
  printf("Data matrix allocation error\n");
  exit(0);
}
TrainSet.X[1]=(double *)malloc((size_t)((TrainSet.m*TrainSet.d+1)*sizeof(double)));
if(!TrainSet.X[1]){
  printf("Data matrix allocation error\n");
  exit(0);
}
for(i=2; i<=TrainSet.m; i++)
  TrainSet.X[i]=TrainSet.X[i-1]+TrainSet.d;

w  = (double *) malloc((TrainSet.d+1) * sizeof(double ));
```

```
  // 读取数据矩阵，函数定义在utilitaire.c中
  ChrgMatrix(input_filename, TrainSet);

  // 感知机算法，函数定义在perceptron-Train.c中
  perceptron(w, TrainSet, input_params);
  // 将权重参数写入到params_filename中，函数定义在utilitaire.c中
  save_params(params_filename, w,TrainSet.d);

  return 1;
}
```

B.4 代码

B.4.1 BGFS 算法（2.2.2 节）

```
void qsnewton(FncCout,Grd,Obs,w,epsilon)
double (*FncCout)(double *, DATA); // 待最小化的凸损失函数
double* (*Grd)(double *, DATA);    // 损失函数的梯度
DATA    Obs;    // 包含训练集信息的结构体
double  *w;     // 权重向量
double epsilon;  // 精度
{
   long int  i,Epoque=1,j;
   double vTg,invgTBg,gTBg,NewLoss,OldLoss;
   double *wnew,*oldg,**B,*g,*Bg,*p,*u,*v;

   // 给中介向量和矩阵分配内存
  B=malloc((Obs.d+1)*sizeof(double *));
  if(!B){
    printf("Data matrix memory allocation error\n");
    exit(0);
  }
  B[0]=(double *)malloc((size_t)(((Obs.d+1)*(Obs.d+1))*sizeof(double)));
  if(!B[0]){
    printf("Data matrix memory allocation error\n");
    exit(0);
  }

  for(i=1; i<=Obs.d; i++)
   B[i]=B[i-1]+Obs.d+1;

  oldg= (double *) malloc((Obs.d+1) * sizeof(double ));
  g=(double *) malloc((Obs.d+1) * sizeof(double ));
  v=(double *) malloc((Obs.d+1) * sizeof(double ));
  Bg=(double *) malloc((Obs.d+1) * sizeof(double ));
  wnew=(double *) malloc((Obs.d+1) * sizeof(double ));
  u=(double *) malloc((Obs.d+1) * sizeof(double ));
  p=(double *) malloc((Obs.d+1) * sizeof(double ));


  // 计算 L̂(w^(0)) 和 ∇L̂(w^(0))
  NewLoss=FncCout(w, Obs);
```

```
 g  = Grd(w, Obs);

  // 初始化 $\mathbf{B}_0 \leftarrow \mathbf{Id}_d, \mathbf{p}_0 \leftarrow -\nabla\hat{\mathcal{L}}(\boldsymbol{w}^{(0)})$
for (i=0;i<=Obs.d;i++) {
  for (j=0;j<=Obs.d;j++)
    B[i][j]=0.0;
  B[i][i]=1.0;
  p[i] = -g[i];
}
OldLoss = NewLoss + 2*epsilon;

while(fabs(OldLoss-NewLoss) > epsilon*(fabs(OldLoss))){
   OldLoss = NewLoss;

    // 计算新权重 $\boldsymbol{w}^{(t+1)} \leftarrow \boldsymbol{w}^{(t)} + \eta_t\mathbf{p}_t$
   rchln(FncCout, Grd,w, OldLoss, g, p, wnew, &NewLoss, Obs);  //(Algorithme  4)

   // 计算 $\mathbf{v}_{t+1} = \boldsymbol{w}^{(t+1)} - \boldsymbol{w}^{(t)}$
   for (j=0;j<=Obs.d;j++) {
     v[j]=wnew[j]-w[j];
     w[j]=wnew[j];
     oldg[j]=g[j];
   }

   // 计算 $\nabla\hat{\mathcal{L}}(\boldsymbol{w}^{(t+1)}$
   g  = Grd(w, Obs);

  // 计算 $\mathbf{g}_{t+1} = \nabla\hat{\mathcal{L}}(\boldsymbol{w}^{(t+1)}) - \nabla\hat{\mathcal{L}}(\boldsymbol{w}^{(t)})$
   for(j=0;j<=Obs.d;j++)
     oldg[j]=g[j]-oldg[j];



   // 计算 $\mathbf{B}_t\mathbf{g}_{t+1}$
   for(j=0;j<=Obs.d;j++) {
     Bg[j]=0.0;
     for (i=0;i<=Obs.d;i++)
       Bg[j] += B[j][i]*oldg[i];
   }

   // 计算 $\mathbf{v}_{t+1}^T\mathbf{g}_{t+1}$ 和 $\mathbf{g}_{t+1}^T\mathbf{B}_t\mathbf{g}_{t+1}$
  for(vTg=gTBg=0.0,j=0;j<=Obs.d;j++) {
```

```
    vTg += v[j]*oldg[j];
    gTBg += oldg[j]*Bg[j];
  }
  vTg=1.0/vTg;
  invgTBg=1.0/gTBg;

  // u_{t+1} = v_{t+1}/(v_{t+1}^T g_{t+1}) - B_t g_{t+1}/(g_{t+1}^T B_t g_{t+1})
  for (j=0;j<=Obs.d;j++)
    u[j]=vTg*v[j]-invgTBg*Bg[j];

  // 更新海塞矩阵的逆的估计，B_{t+1}
  // Broyden-Fletcher-Goldfarb-Shanno 公式 (2.14)
  for (j=0;j<=Obs.d;j++)
    for (i=j;i<=Obs.d;i++){
       B[j][i] += vTg*v[j]*v[i] -invgTBg*Bg[j]*Bg[i]+gTBg*oldg[j]*oldg[i];
       B[i][j]=B[j][i];
    }

  // 新下降方向 p_{t+1} = -B_{t+1} ∇L̂(w^(t+1))
  for(j=0; j<=Obs.d; j++){
    p[j]=0.0;
    for (i=0;i<=Obs.d;i++)
       p[j] -= B[j][i]*g[i];
  }
  if(!(Epoque%5))
     printf("Epoch:%ld Loss:%lf\n",Epoque,NewLoss);

  Epoque++;

 }
 free((char *) oldg);
 free((char *) g);
 free((char *) v);
 free((char *) Bg);
 free((char *) wnew);
 free((char *) u);
 free((char *) p);
 free((char *) B[0]);
 free((char *) B);
}
```

B.4.2 线搜索（2.3 节）

```
#define  ALPHA  1.0e-4
#define  MINETA 1.0e-7

void rchln(FncCout,Grd,wold, Lold, g, p, w, L, Obs)
double (*FncCout)(double *, DATA); // 待最小化的凸损失函数
double* (*Grd)(double *, DATA);     // 损失函数的梯度
double *wold;  // 当前权重向量，从该向量出发寻找新权重向量
double Lold;   // 当前损失函数的取值
double *g;     // 梯度向量
double *p;     // 下降方向
double *w;     // 新权重向量
double *L;     // 损失函数的新值
DATA Obs;      // 含有训练集信息的结构体
{
  long int j;
  double    a, b, delta, L2, coeff1, coeff2, pente, max;
  double    eta, eta2, etamin, etatmp;

   // 在当前权重点计算斜率
  for(pente=0.0, j=0; j<=Obs.d; j++)
    pente+=p[j]*g[j];

   // 定义 η 可接受的最小值
   // DMAX() 是一个返回两数最大值的宏（定义在 def.h 中）
  max=0.0;
  for(j=0;j<=Obs.d;j++)
    if(fabs(p[j])>max*DMAX(fabs(wold[j]),1.0))
      max=fabs(p[j])/DMAX(fabs(wold[j]),1.0);
  etamin=MINETA/max;

   // 对 eta 的最大值更新权重向量
   // 我们从它开始搜索过程
  eta=1.0;
  for(j=0;j<=Obs.d;j++)
    w[j]=wold[j]+eta*p[j];

  *L=FncCout(w,Obs);

   // 一直循环直到 Armijo 条件不再满足为止 (2.18)
```

```
  while(*L > (Lold+ALPHA*eta*pente))
{
    if(eta < etamin)
    {
      for(j=0; j<=Obs.d; j++)
      w[j]=wold[j];
       // 若步长太小则停止搜索
      return;
    }
    else
    {
      if(eta==1.0)
        // 2 阶插值多项式的最小化子 (2.32)
        etatmp = -pente/(2.0*(*L-Lold-pente));
      else
      {
        coeff1 = *L-Lold-eta*pente;
        coeff2 = L2-Lold-eta2*pente;
        // 计算 3 阶插值多项式的系数 (2.33)
        a=(coeff1/(eta*eta)-coeff2/(eta2*eta2))/(eta-eta2);
        b=(-eta2*coeff1/(eta*eta)+eta*coeff2/(eta2*eta2))/(eta-eta2);
        if (a != 0.0)
        {
           delta=(b*b)-3.0*a*pente;
           if(delta >= 0.0)
             // 3 阶插值多项式的最小化子 (2.34)
             etatmp=(-b+sqrt(delta))/(3.0*a);
           else
             {printf("rchln:␣interpolation␣error");exit(0);}
        }
        else
          etatmp = -pente/(2.0*b);

        // η ≤ (1/2)η_p1
        if(etatmp > 0.5*eta)
          etatmp=0.5*eta;
      }
    }
   eta2=eta;
   L2 = *L;
   // η ≥ (1/10)η_p1 - 避免过小的步长
   // DMAX() 是一个返回两数最大值的宏 (定义在 def.h 中)
```

```
eta=DMAX(etatmp,0.1*eta);

    for(j=0;j<=Obs.d;j++)
      w[j]=wold[j]+eta*p[j];

    *L=FncCout(w,Obs);
  }
}
```

B.4.3 共轭梯度法（2.4 节）

```
void grdcnj(FncCout, Grd, Obs, w, epsilon, disp)
double (*FncCout)(double *, DATA); // 待最小化的损失函数
double* (*Grd)(double *, DATA);    // 损失函数的梯度
DATA    Obs;      // 含有训练集信息的结构体
double  *w;       // 权重向量
double  epsilon; // 精度
int      disp;   // 是否显示损失函数的中间值
{
  long int   j, Epoque=0;
  double     *wold, OldLoss, NewLoss, *g, *p, *h, dgg, ngg, beta;

  wold = (double *) malloc((Obs.d+1) * sizeof(double ));
  p    = (double *) malloc((Obs.d+1) * sizeof(double ));
  g    = (double *) malloc((Obs.d+1) * sizeof(double ));
  h    = (double *) malloc((Obs.d+1) * sizeof(double ));

  for(j=0; j<=Obs.d; j++)
     wold[j]= 2.0*(rand() / (double) RAND_MAX)-1.0;

  NewLoss = FncCout(wold, Obs);
  OldLoss = NewLoss + 2*epsilon;
  g  = Grd(wold, Obs);

 for(j=0; j<=Obs.d; j++)
    p[j] = -g[j];  //  p_0 = -∇L̂(w^(0)) (2.46)


  while(fabs(OldLoss-NewLoss) > (fabs(OldLoss)*epsilon))
  {
    OldLoss = NewLoss;

    rchln(FncCout, Grd, wold, OldLoss, g, p, w, &NewLoss, Obs); // (算法4)

    h  = Grd(w, Obs); // 新梯度向量  ∇L̂(w^(t+1)) (2.42)

    for(dgg=0.0, ngg=0.0, j=0; j<=Obs.d; j++){
       dgg+=g[j]*g[j];
       ngg+=h[j]*h[j];
 //     ngg+=h[j]*(h[j]-g[j]); // 用于Ribière-Polak公式的计算  (2.52)
```

```
    }
   beta=ngg/dgg; // Fletcher-Reeves 公式 (2.53)
   for(j=0; j<=Obs.d; j++){
      wold[j]=w[j];
      g[j]=h[j];
      p[j]=-g[j]+beta*p[j]; // 更新下降方向 (2.46)
   }
   if(!(Epoque%5) && disp)
     printf("Epoch:%ld Loss:%lf\n",Epoque,NewLoss);

   Epoque++;
  }

  free((char *) wold);
  free((char *) p);
  free((char *) g);
  free((char *) h);
}
```

B.4.4 感知机（3.1 节）

```
void perceptron(w, TrainSet, params)
double *w;
DATA   TrainSet;
LR_PARAM params;
{
  long int i, j, t=0;
  double ProdScal;
  // 初始化权重向量 ▷ w^(0) ← 0
  for(j=0; j<=TrainSet.d; j++)
    w[j]=0.0;

  /* 若误分类样本数已经低于阈值，或者达到了最大迭代次数，则跳出循环*/
  while(t<params.T)
  {
    // 随机抽取一个样本 ▷ (x_t, y_t)
    i=(rand()%TrainSet.m) + 1;

    // ▷ h(x_t) ← w_0^(t) + <w̄^(t), x_t>
    for(ProdScal=w[0], j=1; j<=TrainSet.d; j++)
       ProdScal+=w[j]*TrainSet.X[i][j];

    // 若抽取样本被误分类 ▷ y_t × h(x_t) ≤ 0
    if(TrainSet.y[i]*ProdScal<= 0.0){
      // 对误分类样本的感知机更新法则 ▷ (式3.5)
      w[0]+=params.eta*TrainSet.y[i];
      for(j=1; j<=TrainSet.d; j++)
         w[j]+=params.eta*TrainSet.y[i]*TrainSet.X[i][j];
    }
    t++;
  }
}
```

B.4.5 Adaline 算法（3.2 节）

```
void adaline(TrainSet, w, eta, T)
DATA   TrainSet; // 训练集
double *w;       // 权重向量
double eta;      // 学习步长
long int T;      // 最大迭代次数
{
  long int i, j, t=0;
  double h;

  // 初始化权重向量
  srand(time(NULL));

  for(j=0; j<=TrainSet.d; j++)
     w[j]= 2.0*(rand() / (double) RAND_MAX)-1.0;

  while(t<T)
  {
    // 随机选取样本 ▷ (x_t, y_t)
    i=(rand()%TrainSet.m) + 1;


    // ▷ h(x_t) = w_0^(t) + <w̄^(t), x_t>
    for(h=w[0], j=1; j<=TrainSet.d; j++)
       h+=w[j]*TrainSet.X[i][j];

    // Adaline更新法则 ▷ w^{t+1} ← w^t + η(y_t − h)x_t
    w[0]+=eta*(TrainSet.y[i]-h);
    for(j=1; j<=TrainSet.d; j++)
       w[j]+=eta*(TrainSet.y[i]-h)*TrainSet.X[i][j];

    t++;
  }

}
```

B.4.6 Logistic 回归（3.3 节）

```
// Logistic函数  x ↦ 1/(1+e^{-x})
double Logistic(double x)
{
   return (1.0/(1.0+exp(-x)));
}

// 计算梯度向量 ▷ ∇L̂(w) ← (1/m) Σ_{i=1}^{m} y_i (1/(1+e^{-y_i h_w(x_i)}) − 1) × x_i (3.17)
double *GradientLogisticSurrogateLoss(double *w, DATA TrainingSet)
{
  double   ps, *g;
  long int i, j;

  g=(double *)malloc((TrainingSet.d+1)*sizeof (double));
  for(j=0; j<=TrainingSet.d; j++)
    g[j]=0.0;

  for(i=1; i<=TrainingSet.m; i++){
   ▷ h ← w_0 + ⟨w̄, x_i⟩
    for(ps=w[0],j=1; j<=TrainingSet.d; j++)
       ps+=w[j]*TrainingSet.X[i][j];
     g[0]+=(Logistic(TrainingSet.y[i]*ps)-1.0)*TrainingSet.y[i];
     for(j=1; j<=TrainingSet.d; j++)
       g[j]+=(Logistic(TrainingSet.y[i]*ps)-1.0)*TrainingSet.y[i]*TrainingSet.X[i][j];
   }

  for(j=0; j<=TrainingSet.d; j++)
  g[j]/=(double ) TrainingSet.m;

  return(g);
}
// 计算 Logistic 损失函数 ▷ L̂(w) ← (1/m) Σ_{i=1}^{m} ln(1 + e^{-y_i h_w(x_i)}) (3.16)
double LogisticSurrogateLoss(double *w, DATA TrainingSet)
{
  double   S=0.0, ps;
  long int i, j;
```

```
  for(i=1; i<=TrainingSet.m; i++){
  ▷ h ← w0 + ⟨w̄, xi⟩
     for(ps=w[0],j=1; j<=TrainingSet.d; j++)
       ps+=w[j]*TrainingSet.X[i][j];
     S+= log(1.0+exp(-TrainingSet.y[i]*ps));
  }
  S/=(double ) TrainingSet.m;

  return (S);
}

void RegressionLogistique(double *w, DATA TrainingSet, LR_PARAM params)
{
   // 利用共轭梯度法学习模型参数

    grdcnj(LogisticSurrogateLoss, GradientLogisticSurrogateLoss, TrainingSet, w, params.eps,\
     params.display);

}
```

B.4.7　AdaBoost 算法（3.5 节）

```
// 均匀分布
void DistUniforme(Dt, m)
double *Dt;
long int m;
{
   int i;
   for (i=1; i<=m; i++)
      Dt[i]=1.0/(double )m;
}

// 使用拒绝法抽样
void Echantillonnage(Dt, TrainSet, Echantillon)
double   *Dt;
DATA     TrainSet, Echantillon;
{
   long int i, j, U, Nb;
   double   V, Maximum,  Majorant;
   long int *Ex;

    Ex=(long int *)malloc((size_t)((TrainSet.m+1)*sizeof(long int)));

    Ex[1]=0;
    Maximum=Dt[1];
    for(i=2; i<=TrainSet.m; i++){
        Ex[i]=0;

     if(Dt[i]>Maximum)
        Maximum=Dt[i];
  }
  Majorant=1.1*Maximum;
  i=1;
  while(i<=TrainSet.m)
  {
     U=(rand()%TrainSet.m)+1;
     V=Majorant*(rand()/ (double) RAND_MAX);
     if(Dt[U]>V)
     {
        Ex[U]=1;
        for(j=1; j<=TrainSet.d; j++)
```

```
            Echantillon.X[i][j]=TrainSet.X[U][j];
            Echantillon.y[i]=TrainSet.y[U];
          i++;
      }
      }
      for(Nb=0,i=1; i<=TrainSet.m; i++)
          if(Ex[i]!=0)
              Nb++;
    // printf("Number of selected examples :%ld / %ld\n",Nb,TrainSet.m);
}

double Pseudo_Loss(Dt, h, Y, m, d)
double   *Dt, *h, *Y;
long int m, d;
{
    long int i;
    double Erreur;
```

$$// \triangleright\ \epsilon_t \leftarrow \sum_{i:f_t(\mathbf{x}_i)\neq y_i} D^{(t)}(i)$$

```
    for(Erreur=0.0, i=1; i<=m; i++)
       if(Y[i]*h[i]<=0.0)
         Erreur+=Dt[i];

    return(Erreur);
}

void MiseAJourPoids(Dt, alpha, Y, h, d, m, Z1)
double   *Dt, *Y, *h, alpha;
long int d, m;
double   Z1;
{
    long int i;
    double  Z, sign;
```

$$// \triangleright\ Z^{(t)} \leftarrow \sum_{i=1}^{m} D^{(t)}(i) e^{-a_t y_i f_t(\mathbf{x}_i)}$$

```
    for(Z=0.0, i=1; i<=m; i++)
    {
        sign=(h[i]*Y[i]>0.0?1.0:-1.0);
        if(sign==-1.0)
```

```
            Dt[i]*=exp(-1.0*alpha*sign);
        Z+=Dt[i];
    }
```

// ⊳ $\forall i \in \{1,\ldots,m\}, D^{(t+1)}(i) \leftarrow \frac{D^{(t)}(i)e^{-a_t y_i f_t(\mathbf{x}_i)}}{Z^{(t)}}$ (3.48)

```
    for(i=1; i<=m; i++)
      Dt[i]/=Z;
}


long int Boosting(TrainSet, Echantillon, Dt, W, Alpha, input_params)
DATA     TrainSet, Echantillon;
double   *Dt, **W, *Alpha;
LR_PARAM input_params;
{
    long int i, j, t, epoque=0;
    double *h, err=0.0, Z;
    LR_PARAM ss_input_params;

    srand(time(NULL));


    h = (double *)  malloc((TrainSet.m+1)*sizeof(double ));
```

⊳ $\forall i \in \{1,\ldots,m\}, D^{(1)}(i) = \frac{1}{m}$

```
    Echantillon.d=TrainSet.d;
    Echantillon.m=TrainSet.m;

    DistUniforme(Dt, TrainSet.m);
    Echantillonnage(Dt, TrainSet, Echantillon);
    ss_input_params.eps=1e-4;
  ss_input_params.T=5000;
  ss_input_params.display=0;
    ss_input_params.eta=0.1;
    for(t=1; t<=input_params.T && err<0.5; t++)
    {
        RegressionLogistique(W[t],Echantillon,ss_input_params);
        for(i=1; i<=TrainSet.m; i++)
```

⊳ $h_t(\mathbf{x}_i) \leftarrow w_0^{(t)} + \left\langle \boldsymbol{w}^{(t)}, \mathbf{x}_i \right\rangle$

```
        for(h[i]=W[t][0], j=1; j<=TrainSet.d; j++)
            h[i]+=(W[t][j]*TrainSet.X[i][j]);

        err= Pseudo_Loss(Dt, h, TrainSet.y, TrainSet.m, TrainSet.d);

        if(err<0.5){
          Alpha[t]=0.5*log((1.0-err)/err);
            Z=2.0*sqrt(err*(1.0-err));
          MiseAJourPoids(Dt, Alpha[t], TrainSet.y, h, TrainSet.d, TrainSet.m,Z);
          Echantillonnage(Dt, TrainSet, Echantillon);
          printf("Epoch=%ld - Epsilon=%lf Alpha=%lf\n",t,err,Alpha[t]);
        }
    }


   if(t>input_params.T)
        t--;
   else
        t-=2;

  free((char *) h);
  return(t);
}
```

B.4.8　AdaBoost M2 算法（4.2.2 节）

```
#include "defs.h"


void AdaBoostM2(TrainSet, Di, wi_y, qi_y, beta)
DATA TrainSet;  // 训练集
double *Di;     // 样本的分布
double **wi_y;  // 样本和类别的权重
double **qi_y;  // 样本和类别的分布
double *beta;   // 弱学习器的组合系数
{
  long int i, l, t, y;
  double   epsilon, pseudoLoss, SommeDesWi, *Wi, **h, exposent;
  DATA     TrainSetSampled;

  TrainSetSampled.k=TrainSet.k;
  TrainSetSampled.m=TrainSet.m;
  TrainSetSampled.d=TrainSet.d;
  TrainSetSampled.X=(double **)AlloueMatrice(TrainSet.m,TrainSet.d);
  TrainSetSampled.Y=(double **)AlloueMatrice(TrainSet.m,TrainSet.k);

  h=(double **)AlloueMatrice(TrainSet.m,TrainSet.k);

  Wi=(double *)Allocation((TrainSet.m+1)*sizeof(double ));
  // 初始化分布  ▷ ∀i, D^(1)(i) ← 1/m
  for(i=1; i<=TrainSet.m; i++)
     Di[i]=1.0/((double) TrainSet.m);
  //  ▷ ∀i, w^(1)_{i,y_i} ← 0, ∀y ∈ 𝒴 \ {y_i} w^(1)_{i,y} ← D^(1)(i)/(k−1)
   for(i=1; i<=TrainSet.m; i++)
     for(y=1; y<=TrainSet.k; y++){
     wi_y[i][y]=Di[i]/(double) (TrainSet.k-1);
       if(y==TrainSet.y[i])
        wi_y[i][y]=0.0;
     }

   for(t=1; t<=T; t++)
   {
      //  ▷ ∀i, W^(t)_i ← Σ_{y≠y_i} w^(t)_{i,y}
      for(SommeDesWi=0.0, i=1; i<=TrainSet.m; i++)
```

```
{
 for(Wi[i]=0.0, y=1; y<=TrainSet.k; y++)
      Wi[i]+=wi_y[i][y];
 SommeDesWi+=Wi[i];
}
```

// $\triangleright \forall i,\ q^{(t)}(i,y_i) \leftarrow 0.0, \forall y \neq y_i, q^{(t)}(i,y) \leftarrow \frac{w_{i,y}^{(t)}}{W_i^{(t)}}$ (4.29)

```
for(i=1; i<=TrainSet.m; i++)
{
  for(y=1; y<=TrainSet.k; y++)
    qi_y[i][y]=wi_y[i][y]/Wi[i];
```

// $\triangleright \forall i, D^{(t)}(i) \leftarrow \frac{W_i^{(t)}}{\sum_{i=1}^{m} W_i^{(t)}}$ (4.30)

```
    Di[i]=Wi[i]/SommeDesWi;
}
```

// 使用拒绝法二次抽样 $\triangleright$ algorithme (12)

```
DoubleEchantillonParRejet(TrainSet, Di, qi_y, TrainSetSampled);

ApprenantFaible(TrainSetSampled, h);
epsilon=0.0;
for(i=1; i<=TrainSet.m; i++)
{
```

// $\triangleright\ 2 \times \text{ploss}_q(h,i) \leftarrow 1 - h_t(\mathbf{x}_i,y_i) + \sum_{y\neq y_i} q^{(t)}(i,y)h_t(\mathbf{x}_i,y)$ (4.27)

```
  pseudoLoss=0.0;
  for(y=1; y<=TrainSet.k; y++)
   pseudoLoss+=q_iy[i][y]*h[i][y];
  pseudoLoss+=(1.0-h[i][TrainSet.y[i]]);
  epsilon+=Dt[i]*pseudoLoss;
 }
```

// $\epsilon \leftarrow \frac{1}{2}\sum_{i=1}^{m} D^{(t)}(i)\left(1 - h_t(\mathbf{x}_i,y_i) + \sum_{y\neq y_i} q^{(t)}(i,y)h_t(\mathbf{x}_i,y)\right)$ (4.28)

```
 epsilon*=0.5;
 beta[t]=epsilon/(1.0-epsilon);
```

// 更新权重 $\triangleright \forall i, y \in \mathcal{Y}\setminus\{y_i\}; w_{i,y}^{(t+1)} = w_{i,y}^{(t)}\beta_t^{\frac{1}{2}[1+h_t(\mathbf{x}_i,y_i)-h_t(\mathbf{x}_i,y)]}$

```
 for(i=1; i<=TrainSet.m; i++)
 {
   for(y=1; y<=TrainSet.k; y++)
   {
     if(y!=TrainSet.y[i])
```

```
            {
               exposent=0.5*(1.0+h[i][TrainSet.y[i]]-h[i][y]);
               w[i][y]*=pow(beta[t],exposent);
            }
            else
              wi_y[i][y]=0.0;
          }
       }
    }
    free((char *) Wi);
    LibereMatrice(TrainSetSampled.X,TrainSet.m,TrainSet.d);
    LibereMatrice(TrainSetSampled.Y,TrainSet.m,TrainSet.k);
}

void ChercheMax(p, m, Maximum)
double *p;       // 实向量
int    m;        // 向量大小
float *Maximum; // p中的最大值
{
    int i;

    for(*Maximum=p[1], i=2; i<=m; i++)
      if(p[i]> *Maximum)
      *Maximum=p[i];
}

// 使用拒绝法二次抽样 (算法12)
void DoubleEchantillonParRejet(TrainSet, Dt, qt, TrainSetSampled)
DATA     TrainSet;          // 初始训练集
double   *Dt;               // 样本的分布
double   **qt;              // 样本和类别的分布
DATA     TrainSetSampled;  // 抽样后的训练集
{
    int     l, j, U1, U2;
    double V1, V2, M1, M2;
    srand(time(NULL));

    ChercheMax(Dt, TrainSet.m, &M1);
    l=1;
    while(l<=TrainSet.m)
    {
       U1=(rand()%TrainSet.m) + 1;;
```

```
    V1=M1*(rand() / (double) RAND_MAX);
    if(Dt[U1]>V1)
    {
    ChercheMax(qt[U1], TrainSet.k, &M2);
      U2=(rand()%TrainSet.k) + 1;
    V2=M2*(rand() / (double) RAND_MAX);
    if(qt[U1][U2]>V2)
    {
      for(j=1; j<=TrainSet.d; j++)
        TrainSetSampled.X[l][j]=TrainSet.X[U1][j];
      for(j=1; j<=TrainSet.k; j++)
        TrainSetSampled.Y[l][j]=TrainSet.Y[U1][j];
      l++;
    }
    }
  }
}
```

B.4.9 多层感知机（4.2.3 节）

```
// Logistic转移函数▷ H̄ : x ↦ 1/(1+e^{-x})
double A(x)
double x;
{
   return( 1.0/(1.0+exp((double)-x)) );
}

// Logistic转移函数的导函数
// ▷ ∀x, H̄'(x) = z(1 − z)
// z = H̄(x) 将作为函数的参数传递
double Aprime(z)
double z;
{
   return( z*(1.0-z) );
}


void PMC_stochastique(TrainSet, C, NbCellules, W, params)
DATA      TrainSet;     // 训练集
long int  C;            // 隐藏层层数
long int  *NbCellules;  // 每层的单元数
double    ***W;         // 模型的（权重）参数
LR_PARAM  params;       // 程序参数
{
   long int   i, j, q, l,k, Av, Ap,nc, c, Reconnu, O, t=1, U;
   double     *delta[20], *z[20], aj, sommeDW, NEWe, OLDe, SumE, max;

   srand(time(NULL));

   for(c=0; c<=C+1; c++)
      z[c]=(double *)Allocation((1+NbCellules[c])*sizeof(double ));
   for(c=0; c<=C+1; c++)
      delta[c]=(double *)Allocation((1+NbCellules[c])*sizeof(double ));

   // 随机初始化模型参数
   for(c=0; c<=C; c++)
      for(i=0; i<=NbCellules[c]; i++)
      for(j=1; j<=NbCellules[c+1]; j++)
         W[c][j][i]=2.0*(rand() / (double) RAND_MAX)-1.0;
```

```
SumE=NEWe=0.0;
OLDe=-1.0;

while((fabs(NEWe-OLDe)>params.eps) && (t<=params.T))
{
  OLDe=NEWe;

  // 随机选取训练样本的指标
U=(rand()%TrainSet.m) + 1;

// ▷ ∀i, z_i = x_i 对所有输入层的单元
for(i=1; i<=NbCellules[0]; i++)
  z[0][i]=TrainSet.X[i][U];

/* ------------------------------------------------ *
 *                   传播阶段                        *
 * ------------------------------------------------ */
for(c=1; c<=(C+1); c++)
{
   Av=NbCellules[c-1];
   nc=NbCellules[c];
   for(j=1; j<=nc; j++)
   {
      // ▷ a_j ← Σ_{i∈Av(j)} w_ji z_i
      for(aj=W[c-1][j][0], i=1; i<=Av; i++)
       aj+=W[c-1][j][i]*z[c-1][i];
    //  ▷ z_j ← H̄(a_j)
      z[c][j]=A(aj);
   }
}

k=NbCellules[C+1];
// ▷ ∀i, z_i = h_i 对所有输出层的单元
for(q=1; q<=k; q++)
{
   SumE+=0.5*pow(z[C+1][q]-TrainSet.Y[q][U], 2);
   // ▷ δ_q ← H̄'(a_q) × (h_q − y_q)
 delta[C+1][q]=Aprime(z[C+1][q])*(z[C+1][q]-TrainSet.Y[q][U]);
}
NEWe=SumE/(double) t;
```

```
    /* ------------------------------------------------- *
     *              反向传播阶段及更新权重                 *
     * ------------------------------------------------- */
  for(c=C; c>=0; c--)
  {
     Ap=NbCellules[c+1];
     nc=NbCellules[c];
     for(j=1; j<=nc; j++)
     {
     // ▷ δ_j ← H̄'(a_j) ∑_{l∈Ap(j)} δ_l w_{lj} (équation 4.38)
     for(sommeDW=0.0, l=1; l<=Ap; l++)
        sommeDW+=delta[c+1][l]*W[c][l][j];
     delta[c][j]=Aprime(z[c][j])*sommeDW;

    /* ------------------------------------------------- *
     *                   随机梯度下降                      *
     * ------------------------------------------------- */
     // ▷ Δ_{lj} ← −ηδ_l z_j (4.36)
     for(l=1; l<=Ap; l++)
        W[c][l][j]-=(params.eta*delta[c+1][l]*z[c][j]);
     }
       for(l=1; l<=Ap; l++)
        W[c][l][0]-=(params.eta*delta[c+1][l]);
  }

    if (!(t%5))
    {
      printf("Epoch : %ld \n",t);
      printf("Delta error (online) = %lf\n",fabs(NEWe-OLDe));
    }

     t++;
  } /* 停止 while((fabs(NEWe-OLDe)>params.eps) && (t<=params.T)) */

  for(c=0; c<=C+1; c++)
     free((char *) z[c]);
  for(c=1; c<=C+1; c++)
     free((char *)delta[c]);

}
```

B.4.10 K-均值算法（5.1.2 节）

```
#include "defs.h"

// 计算 d 维向量 u 和 v 之差的范数的平方
double NormeAuCarree(double *u, double *v, long int d)
{
   long int j, x;
   for(j=1, x=0.0; j<=d; j++)
     x+=pow(u[j]-v[j],2);

   return x;
}

void Kmoyennes(Exs, G, mu, CardinalG, eps, T, display)
DATA      Exs;         // 含有数据的结构体
long int **G;          // 包含有每一类的样本指标的矩阵
double **mu;           // 包含有中心坐标的矩阵}@*/
long int *CardinalG; // 包含有每类大小的向量
double eps;            // 精度
long int T;            // 最大迭代次数
int display;           // 是否显示SSR函数的中间值
{

    long int i, j, k, IndCls, Epoque = 1;
    double minimum, SSRnew=0.0, SSRold=1e3;


    while(Epoque <=T && fabs(SSRnew-SSRold)>eps)
    {
        for(k=1; k<=Exs.K; k++)
          CardinalG[k]=0;


        //  重分配步骤 (步骤 E 和 C, 算法19)
        for(i=1; i<=Exs.u; i++)
        {
           IndCls=1;
           minimum=NormeAuCarree(Exs.X[i],mu[1],Exs.d);
           for(k=2; k<=Exs.K; k++)
           if(NormeAuCarree(Exs.X[i],mu[k],Exs.d)< minimum)
```

```
            {
              minimum=NormeAuCarree(Exs.X[i],mu[k],Exs.d);
              IndCls=k;
            }
            CardinalG[IndCls]++;
            // 分配给不同类的样本指标存储在矩阵G中
            G[IndCls][CardinalG[IndCls]]=i;
         }

         //  重新计算中心的步骤，即算法19的步骤 C ▷ (5.10)
         for(k=1; k<=Exs.K; k++)
         {
            if(CardinalG[k]==0)
            {
              printf("The number of groups is inappropriate, try with a smaller number");
              exit(0);
            }
            for(j=1; j<=Exs.d; j++)
            {
               mu[k][j]=0.0;
               for(i=1; i<=CardinalG[k]; i++)
                  mu[k][j]+=Exs.X[G[k][i]][j];
               mu[k][j]/=((double) CardinalG[k]); //  ▷ μ_k = 1/|G_k| Σ_{x∈G_k} x
            }
         }
        //  残差平方和 ▷(5.8)
        SSRold=SSRnew;
        for(k=1, SSRnew=0.0; k<=Exs.K; k++)
           for(i=1; i<=CardinalG[k]; i++)
              SSRnew+=NormeAuCarree(Exs.X[G[k][i]],mu[k],Exs.d);
        SSRnew/=2.0;

        if(!(Epoque%5) && display)
           printf("Epoch:%ld SSR:%lf\n",Epoque,SSRnew);
        Epoque++;

    }
}
```

B.4.11 半监督朴素贝叶斯（5.2.3 节）

```
#include "defs.h"

void CEMss_NaiveBayes(Xl, EtiqCls, Xu, m, u, d, K, lambda, epsilon, T, display, theta, pi)
SPARSEVECT *Xl;       // 有标注样本的稀疏表示
long int   *EtiqCls; // 类别向量
SPARSEVECT *Xu;       // 无标注样本的稀疏表示
long int m;           // 有标注样本集合的大小
long int u;           // 无标注样本集合的大小
long int d;           // 问题的维数
long int K;           // 类别的个数
double lambda;        // 无标注数据的影响因子
double epsilon;       // 搜索精度
long int T;           // 最大期数(epoch)
int display;          // 是否显示
double **theta;       // 模型参数
double *pi;           // 模型参数
{
  long int Epoque=0, i, j, k, maxCls;
  double   denominateur, logProbaJointe, max, Lnew, Lold;
  Lnew=1.0;
  Lold=0.0;

  // 初始化有标注数据上的模型参数

  //  $\triangleright \forall k, \pi_k = \frac{\sum_{i=1}^{m} z_{ik}}{m}$ (5.17 其中 $\lambda = 0$)
  for(k=1; k<=K; k++){
    pi[k]=0.0;
    for(i=1; i<=m; i++)
      if(EtiqCls[i]==k)
        pi[k]++;
    pi[k]/=(double )m;
  }
```

```
//  ▷ ∀k,∀j,θ_{j|k} = (Σ_{i=1}^{m} z_{ik} n_{i,j} + 1) / (Σ_{i=1}^{m} z_{ik} Σ_{j=1}^{d} n_{i,j} + d)  (5.18，其中 λ = 0)
for(k=1; k<=K; k++){
  for(j=1; j<=d; j++)
    theta[j][k]=1.0;
  denominateur=0.0;
  for(i=1; i<=m; i++)
    if(EtiqCls[i]==k)
      for(j=1; j<=Xl[i].N; j++){
        theta[Xl[i].Att[j].ind][k]+=Xl[i].Att[j].val;
        denominateur+=Xl[i].Att[j].val;
      }
  for(j=1;  j<=d; j++)
    theta[j][k]/=(denominateur+(double ) d);
}
while((fabs(Lnew-Lold)>=epsilon) && (Epoque<T))
{
  Lold=Lnew;
   // 步骤 E 和 C，算法21

  for(i=1; i<=u; i++){
    // 联合概率的对数，不含求和项 (5.20)
    logProbaJointe=log(pi[1]);
    for(j=1; j<=Xu[i].N; j++)
      logProbaJointe+=Xu[i].Att[j].val*log(theta[Xu[i].Att[j].ind][1]);
    for(k=2, max=logProbaJointe, maxCls=1; k<=K; k++){
      logProbaJointe=log(pi[k]);
      for(j=1; j<=Xu[i].N; j++)
        logProbaJointe+=Xu[i].Att[j].val*log(theta[Xu[i].Att[j].ind][k]);
        if(max<logProbaJointe){
          max=logProbaJointe;
          maxCls=k;
        }
    }
    // 根据 (5.19) 分配样本到各个类别
    EtiqCls[m+i]=maxCls;
  }
  // 步骤 M，算法21
```

```
// ▷ ∀k, π_k = (Σ_{i=1}^{m} z_ik + λ Σ_{i=m+1}^{m+u} z̃_ik) / (m+λu)     (5.17)
for(k=1; k<=K; k++){
  pi[k]=0.0;
  for(i=1; i<=m; i++)
    if(EtiqCls[i]==k)
      pi[k]++;
  for(i=1; i<=u; i++)
    if(EtiqCls[m+i]==k)
      pi[k]+=lambda;
  pi[k]/=((double )m + lambda*((double) u));
}
// ▷ ∀j, ∀k, θ_{j|k} = (Σ_{i=1}^{m} z_ik n_{i,j} + λ Σ_{i=m+1}^{m+u} z̃_ik n_{i,j} + 1) / (Σ_{i=1}^{m} z_ik Σ_{j=1}^{d} n_{i,j} + λ Σ_{i=m+1}^{m+u} z̃_ik Σ_{j=1}^{d} n_{i,j} + d)     (5.18)
for(k=1; k<=K; k++){
  for(j=1; j<=d; j++)
    theta[j][k]=1.0;
    denominateur=0.0;
  for(i=1; i<=m; i++)
    if(EtiqCls[i]==k)
      for(j=1; j<=Xl[i].N; j++){
        theta[Xl[i].Att[j].ind][k]+=Xl[i].Att[j].val;
        denominateur+=Xl[i].Att[j].val;
      }
  for(i=1; i<=u; i++)
    if(EtiqCls[m+i]==k)
      for(j=1; j<=Xu[i].N; j++){
        theta[Xu[i].Att[j].ind][k]+=(lambda*Xu[i].Att[j].val);
        denominateur+=(lambda*Xu[i].Att[j].val);
      }
  for(j=1; j<=d; j++)
    theta[j][k]/=(denominateur+(double ) d);
}
for(i=1, Lnew=0.0; i<=m; i++){
  Lnew+=log(pi[EtiqCls[i]]);
  for(j=1; j<=Xl[i].N; j++)
    Lnew+=(Xl[i].Att[j].val*log(theta[Xl[i].Att[j].ind][EtiqCls[i]]));
}
for(i=1; i<=u; i++){
  Lnew+=(lambda*log(pi[EtiqCls[m+i]]));
  for(j=1; j<=Xu[i].N; j++)
```

```
      Lnew+=(lambda*Xu[i].Att[j].val*log(theta[Xu[i].Att[j].ind][EtiqCls[m+i]]));
    }
    if(!(Epoque%5) && display)
      printf("Epoch:%ld␣LogVC:%lf\n",Epoque, Lnew);
    Epoque++;
  }
}
```

B.4.12 自学习（5.3.1 节）

```
#include "defs.h"

// logistic函数 ▷ x ↦ 1/(1+e^{-x})
double Logistic(double x)
{
   return (1.0/(1.0+exp(-x)));
}

// 计算半监督 Logistic 损失函数 ▷ (5.24)
double ssLogisticSurrogate(double *w, DATA TrainingSet)
{
  double   Sl=0.0, Su=0.0, S, ps;
  long int i, j, nn;

  // ▷ Sl ← \sum_{i=1}^{m} ln(1 + e^{-y_i h_w(x_i)})

  for(i=1; i<=TrainingSet.m; i++){
    for(ps=w[0],j=1; j<=TrainingSet.d; j++)
      ps+=w[j]*TrainingSet.X[i][j];
    Sl+= log(1.0+exp(-TrainingSet.y[i]*ps));
  }
    // ▷ Su ← \sum_{x_i ∈ \tilde{S}_U} ln(1 + e^{-\tilde{y}_i h_w(x_i)}), nn = |\tilde{S}_U|

  for(nn=0, i=TrainingSet.m+1; i<=TrainingSet.m+TrainingSet.u; i++)
    if(TrainingSet.y[i]!=0.0){
      nn++;
      for(ps=w[0],j=1; j<=TrainingSet.d; j++)
        ps+=w[j]*TrainingSet.X[i][j];
      Su+= log(1.0+exp(-TrainingSet.y[i]*ps));
    }
  // ▷ S ← (1/m) Sl + (1/nn) Su
  S=Sl/(double) TrainingSet.m;
  if(nn > 0)
    S+=Su/(double ) nn;

  return (S);
```

```
}

// 计算半监督 Logistic 损失函数的梯度
double *ssGradientofLogisticSurrogate(double *w, DATA TrainingSet)
{
  double   ps, *gl, *gu, *g;
  long int i, j, nn;

  g= (double *)Allocation((TrainingSet.d+1)*sizeof (double));
  gl=(double *)Allocation((TrainingSet.d+1)*sizeof (double));
  gu=(double *)Allocation((TrainingSet.d+1)*sizeof (double));
  for(j=0; j<=TrainingSet.d; j++)
    gl[j]=gu[j]=0.0;
```

// $\triangleright$ $\boldsymbol{gl} \leftarrow \sum_{i=1}^{m} y_i \left(\frac{1}{1+e^{-y_i h_{\boldsymbol{w}}(\mathbf{x}_i)}} - 1\right) \mathbf{x}_i$

```
  for(i=1; i<=TrainingSet.m; i++)
  {
     for(ps=w[0],j=1; j<=TrainingSet.d; j++)
        ps+=w[j]*TrainingSet.X[i][j];
     gl[0]+=(Logistic(TrainingSet.y[i]*ps)-1.0)*TrainingSet.y[i];
     for(j=1; j<=TrainingSet.d; j++)
        gl[j]+=(Logistic(TrainingSet.y[i]*ps)-1.0)*TrainingSet.y[i]*TrainingSet.X[i][j];
  }
```

// $\triangleright$ $\boldsymbol{gu} \leftarrow \sum_{\mathbf{x}_i \in \tilde{S}_{\mathcal{U}}} \tilde{y}_i \left(\frac{1}{1+e^{-\tilde{y}_i h_{\boldsymbol{w}}(\mathbf{x}_i)}} - 1\right) \mathbf{x}_i, nn = |\tilde{S}_{\mathcal{U}}|$

```
  for(nn=0, i=TrainingSet.m+1; i<=TrainingSet.m+TrainingSet.u; i++)
     if(TrainingSet.y[i]!=0.0){
       nn++;
       for(ps=w[0],j=1; j<=TrainingSet.d; j++)
         ps+=w[j]*TrainingSet.X[i][j];
       gu[0]+=(Logistic(TrainingSet.y[i]*ps)-1.0)*TrainingSet.y[i];
       for(j=1; j<=TrainingSet.d; j++)
         gu[j]+=(Logistic(TrainingSet.y[i]*ps)-1.0)*TrainingSet.y[i]*TrainingSet.X[i][j];
     }
```

// $\triangleright$ $\boldsymbol{g} \leftarrow \frac{1}{m}\boldsymbol{gl} + \frac{1}{nn}\boldsymbol{gu}$

```
  for(j=0; j<=TrainingSet.d; j++){
    g[j]=gl[j]/(double ) TrainingSet.m;
    if(nn>0)
      g[j]+=gu[j]/(double ) nn;
```

```
  }
  free((char *) gl);
  free((char *) gu);

  return(g);
}

void AutoApprentissageRL(double *w, DATA TrainingSet, LR_PARAM params)
{
    long int i, j, newpseudolabeled=0, oldpseudolabeled;
    double h, rho;

   // 在有标注样本集上学习Logistic模型参数
    grdcnj(ssLogisticSurrogate, ssGradientofLogisticSurrogate, TrainingSet, w,  params.eps, params.display);

   // 定义阈值 ▷ ρ ← (1/m) Σ_{i=1}^{m} h_w(x_i)
    for(rho=0.0, i=1; i<=TrainingSet.m; i++){
        for(h=w[0],j=1; j<=TrainingSet.d; j++)
          h+=w[j]*TrainingSet.X[i][j];
        rho+=fabs(h);
    }
    rho/=(double )TrainingSet.m;

    do{
       oldpseudolabeled=newpseudolabeled;
      // 步骤 C: 对无标注样本分配伪标注 ▷ (5.23)
       for(newpseudolabeled=0, i=TrainingSet.m+1; i<=TrainingSet.m+TrainingSet.u; i++)
          if(TrainingSet.y[i]==0.0){
            for(h=w[0],j=1; j<=TrainingSet.d; j++)
               h+=w[j]*TrainingSet.X[i][j];
            if(h>rho){
              TrainingSet.y[i]= 1.0;
              newpseudolabeled++;
            }
            else if(h<-rho){
              TrainingSet.y[i]= -1.0;
              newpseudolabeled++;
            }
        }
       // 步骤 M: 在集合 S ∪ S̃_U 上学习新分类器

       grdcnj(ssLogisticSurrogate, ssGradientofLogisticSurrogate, TrainingSet, w,  params.eps, params.display);

    }while(newpseudolabeled!=oldpseudolabeled);
}
```

B.4.13　一次性自学习（5.3.1 节）

```
#include "defs.h"

// ▷ 向量 x1 和 x2 的欧氏距离 sqrt(sum_{j=1}^{d} (x1j - x2j)^2)
double DistanceEuclidienne(double *x1, double *x2, long int d)
{
  double x;
  long int j;
  for(x=0.0, j=1; j<=d; j++)
    x+=pow((x1[j]-x2[j]),2);

   return(sqrt(x));
}

void SemiSupKNN(double *w, DATA TrainingSet, LR_PARAM params)
{
    long int i, l, indMin;
    double distMin, dist;

    for(i=1; i<=TrainingSet.m; i++){
      distMin=DistanceEuclidienne(TrainingSet.X[i], TrainingSet.X[TrainingSet.m+1], \
      TrainingSet.d);
      // 对每个有标注样本，搜索其最近的无标注样本
      for(l=TrainingSet.m+2; l<=TrainingSet.m+TrainingSet.u; l++)
      {
        dist=DistanceEuclidienne(TrainingSet.X[i], TrainingSet.X[l], TrainingSet.d);
        if(dist<distMin){
          indMin=l;
          distMin=dist;
        }
      }
      /* 对该无标注样本分配与其最近的有标注样本的标注 */
      TrainingSet.y[indMin]=TrainingSet.y[i];
    }
    // 通过最小化 (5.24) 学习 Logistic模型参数
    grdcnj(ssLogisticSurrogate, ssGradientofLogisticSurrogate, TrainingSet, w,  params.eps, params.display);
}
```

B.4.14 PRank 算法（6.2.1 节）

```
void PRank(X, Y, w, b, k, d, m, T)
double **X;  // 数据矩阵
long int *Y; // 排序向量
double *w;   // 权重向量
double *b;   // 阈值向量
long int k;  // 排序的个数
long int d;  // 样本的维数
long int m;  // 学习集的大小
long int T;  // 最大迭代次数
{
  long int i, j, r, t=1, hatY, *z, *s, somme;
  double h;
  srand(time(NULL));
  z=(long int *)malloc(k * sizeof(long int));
  s=(long int *)malloc(k * sizeof(long int));

  // 初始化权重向量▷ w^(1) ← 0
  for(j=0; j<=d; j++)
    w[j]=0.0;
  // 初始化阈值▷ b_1^(1) ← 0,...b_{k-1}^(1) ← 0, b_k^(1) ← ∞
  for(r=1; r<=k-1; r++)
    b[r]=0.0;
  b[k]=(double) MAXSTR;

  while(t<=T)
  {
    // 随机选取样本▷ (x^(t), y^(t))
    i=(rand()%m) + 1;

    // ▷ h(x^(t)) ← ⟨w̄^(t), x^(t)⟩
    for(h=0.0, j=1; j<=d; j++)
       h+=w[j]*X[i][j];

    // 发现样本x^(t)的预测排序
    for(r=1; r<=k && h-b[r]>=0.0; r++);
    hatY=r; // ▷ (6.20)

    // 若预测排序不对应抽取样本的排序
    if(Y[i]!=hatY){
```

```
      for(r=1; r<=k-1; r++){
        if(Y[i]<=r)
           z[r]=-1;
        else
           z[r]=+1;
      }
      for(somme=0, r=1; r<=k-1; r++){
         if((z[r]*(h-b[r]))<=0.0)
            s[r]=z[r];
         else
            s[r]=0;
         somme+=s[r];
      }

      // PRank更新法则▷ (6.23)
      for(j=1; j<=d; j++)
         w[j]+=somme*X[i][j];
      // 更新阈值
      for(r=1; r<=k-1; r++)
         b[r]-=s[r];
    }
    t++;
  }
  free((char *) z);
  free((char *) s);
}
```

B.4.15 RankBoost 算法（6.2.2 节）

```
#include "defs.h"

void RankBoost(X, Y, m, d, RBparams, theta, j_etoile, theta_etoile, MaxThetas, MinThetas,\
 alpha, nu, param_filename)
SPARSEVECT *X;         // 样本的稀疏表示的矩阵
long int *Y;           // 包含数据的有关性判据的向量
long int m;            // 训练集样本个数
long int d;            // 表示空间的维数
LR_PARAM RBparams;     // 输入参数
double *theta;         // 阈值向量  θ1 ⩽ . . . ⩽ θp
long int *j_etoile;    // 包含选取特征的向量
double *theta_etoile; // 包含选取阈值的向量
double *MaxThetas;     // 所有特征的阈值的上界
double *MinThetas;     // 所有特征的阈值的下界
double *alpha;         // 组合权重
double *nu;            // 样本分布
char *param_filename; // 包含参数的文件
{
  long int a, t, i, per=0, nper=0;
  double   Rt=0.1, Zt1, Zt_1;
  FILE     *fd;

  if((fd=fopen(param_filename,"w"))==NULL){
    printf("Impossible de créer le fichier : %s\n",param_filename);
    exit(0);
  }
  fprintf(fd,"# alpha j* theta*\n");

  for(i=1; i<=m; i++){
    if(Y[i]==1)
       per++;
    else if(Y[i]==-1)
       nper++;
  }
```

初始分布 ▷ $\forall i \in \{1,...,m\}, \nu^{(1)}(i) = \begin{cases} \frac{1}{n_+} \text{ si } y_i = 1 \\ \frac{1}{n_-} \text{ si } y_i = -1 \end{cases}$ (6.40)

```
  for(i=1; i<=m; i++){
    if(Y[i]==1)
```

```
      nu[i]=1.0/(double )per;
    else if(Y[i]==-1)
      nu[i]=1.0/(double )nper;
  }

  for(t=1; t<=RBparams.T; t++){
    // 从当前分布开始选择排序法则
    WeakLearner(X, Y, m, d, nu, RBparams.p, &Rt, &theta_etoile[t], &j_etoile[t], theta,\
     MaxThetas, MinThetas);

    // ▷ a_t = 1/2 ln((1+r_t)/(1-r_t)) (6.37)
    alpha[t]=0.5*log((1.0+Rt)/(1.0-Rt));

    // 更新分布 ▷ (6.31), (6.39) 和 (6.41)
    Zt1=Zt_1=0.0;
    for(i=1; i<=m; i++){
        // 对当前样本 x_i, 若它的第 j* 个特征出现并且其值
        // φ_{j*}(x_i) 大于等于 θ*, 修正它的分布
      for(a=1; a<=X[i].N && X[i].Att[a].ind<j_etoile[t]; a++);
      if(X[i].Att[a].ind==j_etoile[t] && X[i].Att[j_etoile[t]].val>=theta_etoile[t])
          nu[i]*=exp(-1.0*Y[i]*alpha[t]);

      if(Y[i]==1)
        Zt1+=nu[i];
      else if(Y[i]==-1)
        Zt_1+=nu[i];
    }
    for(i=1; i<=m; i++){
      if(Y[i]==1)
        nu[i]/=Zt1;
      else if(Y[i]==-1)
        nu[i]/=Zt_1;
    }

    fprintf(fd,"%.16lf %ld %.16lf\n",alpha[t],j_etoile[t],theta_etoile[t]);
    printf("%4ld --> Rt=%8.8lf alpha= %3.16lf j*=%4ld theta*=%1.8lf\n",t, Rt,alpha[t],\
    j_etoile[t], theta_etoile[t]);
  }

  fclose(fd);
}
```

```
void WeakLearner(X, Y, m, d, nu, p, r_et, theta_et, j_et, theta, MaxThetas,MinThetas)
SPARSEVECT *X;      // 样本的稀疏表示的矩阵
long int *Y;        // 包含数据的有关性判据的向量
long int m;         // 训练集样本个数
long int d;         // 特征空间的维数
double *nu;         // 样本的分布
long int p;         // 特征的阈值个数
double *r_et;       // 待最大化的函数 r (6.43)
double *theta_et;   // 选择的阈值 θ*
long int *j_et;     // 选择的特征 j*
double *theta;      // 包含所有阈值的向量 θ_1 ⩽ ... ⩽ θ_p
double *MaxThetas; // 所有特征的阈值的上界 ∀j, θ_p^j
double *MinThetas; // 所有特征的阈值的下界 ∀j, θ_1^j
{
  long int i, j, l, a;
  double L,  pas, x, *sommePI;

  sommePI=    (double *)Allocation((p+1)*sizeof(double));


  *r_et=0.0;
  for(j=1; j<=d; j++){
    pas=(MaxThetas[j]-MinThetas[j])/(double )p;

    for(l=1; l<=p; l++){
      sommePI[l]=0.0;
      theta[l]=MinThetas[j]+((double )(l-1))*pas;
    }
    // 计算  和 PI_l ← Σ_{x_i:θ_{ℓ-1}⩾φ_j(x_i)>θ_ℓ} π(x_i)
    for(i=1; i<=m; i++){
        for(a=1; a<=X[i].N && X[i].Att[a].ind<j; a++);
        if(X[i].Att[a].ind==j){
          x=X[i].Att[a].val;
          l=1;
        while(l<p && x>=theta[l])
          l++;
        l--;
          if(l<p)
            sommePI[l]+=(Y[i]*nu[i]);
        else
```

```
        sommePI[p]+=(Y[i]*nu[i]);
      }
    }
    // 假设所有特征的值是已知的  R = 0
    L=0.0;
    for(l=p;l>=1; l--){
      L+= sommePI[l];
      if(fabs(L)>fabs(*r_et)){
        *r_et=L;
      *theta_et=theta[l];
      *j_et=j;
      }
    }
  }
  free((char *) sommePI);
}
```

参 考 文 献

AGARWAL, S., GRAEPEL, T., HERBRICH, R., HAR-PELED, S. et ROTH, D. (2005). Generalization bounds for the area under the roc curve. *Journal of Machine Learning Research*, 6:393–425.

ALLWIN, E. L., SCHAPIRE, R. E. et SINGER, Y. (2000). Reducing multiclass to binary: A unifying approach for margin classifiers. *Journal of Machine Learning Research*, 1:113–141.

AMINI, M.-R. et GAUSSIER, É. (2013). *Recherche d'Information - applications, modèles et algorithmes.* Eyrolles.

AMINI, M.-R., USUNIER, N. et LAVIOLETTE, F. (2009). A transductive bound for the voted classifier with an application to semi-supervised learning. *In Advances in Neural Information Processing Systems (NIPS 21)*, pages 65–72.

ANDERSON, J. A. (1982). Logistic discrimination. *Handbook of Statistics*, 2:169–191.

ANTOS, A., KÉGL, B., LINDER, T. et LUGOSI, G. (2003). Data-dependent margin-based generalization bounds for classification. *Journal of Machine Learning Research*, 3:73–98.

ARMIJO, L. (1966). Minimization of functions having lipschitz continuous first partial derivatives. *Pacific Journal of Mathematics*, 16(1):1–3.

ATKINSON, K. A. (1988). *An introduction to numerical analysis.* John Wiley and Sons.

BACH, F., LANCKRIET, R. et JORDAN, M. (2004). Multiple kernel learning, conic duality, and the smo algorithm. *In Proceedings of the Twenty-first International Conference on Machine Learning.*

BACH, F. et MOULINES, E. (2013). Non-strongly-convex smooth stochastic approximation convergence rate $o(\frac{1}{n})$. *In Advances in Neural Information Processing Systems (NIPS 26)*, pages 773–781.

BARBÉ, P. et LEDOUX, M. (2007). *Probabilité.* EDP Sciences.

BARTLETT, P. L., JORDAN, M. I. et MCAULIFFE, J. D. (2006). Convexity, classification, and risk bounds. *Journal of the American Statistical Association*, 101(473):138–156.

BARTLETT, P. L. et MENDELSON, S. (2003). Rademacher and gaussian complexities: risk bounds and structural results. *Journal of Machine Learning Research*, 3:463–482.

BAYES, T. (1763). An essay towards solving a problem in the doctrine of chances. *Philosophical Transactions of the Royal Society of London*, 53:370–418.

BLUM, A. et MITCHELL, T. (1998). Combining labeled and unlabeled data with co-training. *In Proceedings of the 11th Annual Conference on Learning Theory*, pages 92–100.

BLUMER, A., EHRENFEUCHT, A., HAUSSLER, D. et WARMUTH, M. (1989). Learnability and the vapnik-chervonenkis dimension. *Journal of the ACM*, 36:929–965.

BONNANS, J. F., GILBERT, J. C., LEMARÉCHAL, C. et SAGASTIZÀBAL, C. (2006). *Numerical optimization, theoretical and numerical aspects.* Springer Verlag.

BOTTOU, L. (1991). *Une Approche théorique de l'Apprentissage Connexionniste: Applications à la Reconnaissance de la Parole.* Thèse de doctorat, Université de Paris XI, Orsay, France.

BOTTOU, L. (1998). Online algorithms and stochastic approximations. *In* SAAD, D., éditeur : *Online Learning and Neural Networks.* Cambridge University Press, Cambridge, UK. revised, oct 2012.

BOTTOU, L. (2010). Large-scale machine learning with stochastic gradient descent. *In* LECHEVALLIER, Y. et SAPORTA, G., éditeurs : *Proceedings of the 19th International Conference on Computational Statistics (COMPSTAT'2010)*, pages 177–187, Paris, France. Springer.

BOUCHERON, S., BOUSQUET, O. et LUGOSI, G. (2005). Theory of classification : a survey of some recent advances. *ESAIM: Probability and Statistics*, pages 323–375.

BOUCHERON, S., LUGOSI, G. et MASSART, P. (2013). *Concentration Inequalities: A Nonasymptotic Theory of Independence.* Oxford University Press.

BOUSQUET, O., BOUCHERON, S. et LUGOSI, G. (2003). Introduction to statistical learning theory. *In Advanced Lectures on Machine Learning*, pages 169–207.

BOYD, S. et VANDENBERGHE, L. (2004). *Convex Optimization.* Cambridge University Press, New York, NY, USA.

BRÖNNIMANN, H. et GOODRICH, M. T. (1995). Almost optimal set covers in finite vc-dimension. *Discrete and Computational Geometry*, 14(4):463–479.

CALAUZÈNES, C., USUNIER, N. et GALLINARI, P. (2012). On the (non-)existence of convex, calibrated surrogate losses for ranking. *In Advances in Neural Information Processing Systems (NIPS 25)*, pages 197–205.

CELEUX, G. et GOVAERT, G. (1992). A classification em algorithm for clustering and two stochastic versions. *Computational Statistics and Data Analysis*, 14(3):315–332.

CESA-BIANCHI, N. et HAUSSLER, D. (1998). A graph-theoretic generalization of the sauer-shelah lemma. *Discrete Applied Mathematics*, 86:27–35.

CHAPELLE, O., SCHÖLKOPF, B. et ZIEN, A., éditeurs (2006). *Semi-Supervised Learning.* MIT Press, Cambridge, MA.

CHERNOFF, H. (1952). A measure of asymptotic efficiency for tests of a hypothesis based on the sum of observations. *Annals of Mathematical Statistics*, 23(4):493–507.

CHU, W. et KEERTHI, S. S. (2005). New approaches to support vector ordinal regression. *In 22th International Conference on Machine Learning, ICML 2005*, pages 145–152.

Clinchant, S. et Gaussier, É. (2010). Information-based models for *ad* hoc IR. *In SIGIR'10, conference on Research and development in information retrieval.*

Cohen, I., Cozman, F. G., Sebe, N., Cirelo, M. C. et Huang, T. S. (2004). Semisupervised learning of classifiers: Theory, algorithms, and their application to human-computer interaction. *IEEE Transactions on Pattern Analysis and Machine Intelligence, 26(12)* :1553–1567.

Cohen, W. W., Schapire, R. E. et Singer, Y. (1998). Learning to order things. *In Advances in Neural Information Processing Systems (NIPS 10)*, pages 451–457.

Cortes, C. et Mohri, M. (2004). AUC optimization vs. error rate minimization. *In Advances in Neural Information Processing Systems (NIPS 16)*, pages 313–320.

Cozman, F. G. et Cohen, I. (2002). Unlabeled data can degrade classification performance of generative classifiers. *In Fifteenth International Florida Artificial Intelligence Society Conference*, pages 327–331.

Crammer, K. et Singer, Y. (2001). On the algorithmic implementation of multi class kernel-based vector machines. *Journal of Machine Learning Research*, 2:265–292.

Crammer, K. et Singer, Y. (2002). Pranking with ranking. *In Advances in Neural Information Processing Systems (NIPS 14)*, pages 641–647.

Dantzig, G. (1951). Maximization of a linear function of variables subject to linear inequalities. *In* Koopmans, T., éditeur : *Activity Analysis of Production and Allocation*, page 339-347. Wiley, New York.

Davidon, W. C. (1991). Variable metric method for minimization. *Journal of the Society for Industrial and Applied Mathematics on Optimization (SIOPT)*, 1(1):1–17.

Dempster, A. P., Laird, N. M. et Rubin, D. B. (1977). Maximum likelihood from incomplete data via the em algorithm. *Journal of the Royal Statistical Society. Series B (Methodological)*, 39(1):1–38.

Dennis, Jr., J. E. et Schnabel, R. B. (1996). *Numerical Methods for Unconstrained Optimization and Nonlinear Equations (Classics in Applied Mathematics, 16).* Soc for Industrial & Applied Math.

Derbeko, P., El-Yaniv, E. et Meir, R. (2003). Error bounds for transductive learning via compression and clustering. *In Advances in Neural Information Processing Systems (NIPS 15)*, pages 1085–1092.

Deuflhard, P. (2004). *Newton Methods for Nonlinear Problems: Affine Invariance and Adaptive Algorithms.* Springer Verlag.

Dietterich, T. G. et Bakiri, G. (1995). Solving multiclass learning problems via error-correcting output codes. *Journal of Artificial Intelligence Research*, 2:263–286.

DUDA, R., HART, P. et STORK, D. (2001). *Pattern Classification*. Wiley.

EHRENFEUCHT, A., HAUSSLER, D., KEARNS, M. et VALIANT, L. (1989). A general lower bound on the number of examples needed for learning. *Information and Computation*, 82:247–261.

FAN, R., CHANG, K., HSIEH, C., WANG, X. et LIN, C.-J. (2008). LIBLINEAR: A library for large linear classification. *Journal of Machine Learning Research*, 9:1871–1874.

FELLER, W. (1968). *An Introduction to Probability Theory and Its Applications*. Wiley.

FLETCHER, R. (1987). *Practical methods of optimization*. John Wiley & Sons, New York, USA.

FLETCHER, R. et REEVES, C. M. (1964). Function minimization by conjugate gradients. *The Computer Journal*, 7(2):149–154.

FRALICK, S. C. (1967). Learning to recognize patterns without a teacher. *IEEE Transactions on Information Theory*, 13(1):57–64.

FREUND, Y. (1995). Boosting a weak learning algorithm by majority. *Information and Computation*, 121:256–285.

FREUND, Y., IYER, R., SCHAPIRE, R. E. et SINGER, Y. (2003). An efficient boosting algorithm for combining preferences. *Journal of Machine Learning Research*, 4:933–969.

FREUND, Y. et SCHAPIRE, R. E. (1997). A decision-theoretic generalization of on-line learning and an application to boosting. *Journal of Computer and System Sciences*, 55(1):119–139.

FREUND, Y. et SCHAPIRE, R. E. (1999). Large margin classification using the perceptron algorithm. *Machine Learning Journal*, 37:277–296.

FUKUNAGA, K. (1972). *Introduction to Statistical Pattern Recognition*. Academic Press, New York, USA.

GENESERETH, M. R. et NILSSON, N. J. (1987). *Logical Foundations of Artificial Intelligence*. Morgan Kaufmann Publishers Inc., San Francisco, CA, USA.

GILL, P. E. et LEONARD, M. W. (2001). Reduced-hessian quasi-newton methods for unconstrained optimization. *Journal of the Society for Industrial and Applied Mathematics on Optimization (SIOPT)*, 12(1).

GINÉ, E. (1996). Empirical processes and applications: an overview. *Bernoulli*, 2(1):1–28.

GRANDVALET, Y. et BENGIO, Y. (2005). Semi-supervised learning by entropy minimization. *In Advances in Neural Information Processing Systems (NIPS 17)*, pages 529–536. MIT Press.

GUERMEUR, Y. (2007). *SVM Multiclasses, Théorie et Applications*. Habilitation à diriger des recherches, Université Nancy 1.

GUERMEUR, Y. (2010). Sample complexity of classifiers taking values in $\mathbb{R}^Q$, application to multi-class SVMs. *Communications in Statistics - Theory and Methods*, 39(3):543–557.

HAMMING, R. W. (1950). Error detecting and error correcting codes. *Bell System Technical*

Journal, 29(2):147–160.

HASTIE, T., TIBSHIRANI, R. et FRIEDMAN, J. (2001). *The Elements of Statistical Learning.* Springer.

HERBRICH, R., GRAEPEL, T., BOLLMANN-SDORRA, P. et OBERMAYER, K. (1998). Learning preference relations for information retrieval. *In Proceedings of the AAAI Workshop Text Categorization and Machine Learning*, Madison, USA.

HESTENES, M. R. et STIEFEL, E. (1952). Methods of conjugate gradients for solving linear systems. *Journal of Research of the National Bureau of Standards*, 49:409–436.

HILL, S., ZARAGOZA, H., HERBRICH, R. et RAYNER, P. (2002). Average Precision and the Problem of Generalisation. *In SIGIR Workshop on Mathematical and Formal Methods in Information Retrieval.*

HOEFFDING, W. (1963). Probability inequalities for sums of bounded random variables. *Journal of the American Statistical Association*, 58:13–30.

JANSON, S. (2004). Large deviations for sums of partly dependent random variables. *Random Structures and Algorithms*, 24(3):234–248.

JOACHIMS, T. (1999a). Making large-scale SVM learning practical. *In* SCHÖLKOPF, B., BURGES, C. et SMOLA, A., éditeurs : *Advances in Kernel Methods - Support Vector Learning*, chapitre 11, pages 169–184. MIT Press, Cambridge, MA.

JOACHIMS, T. (1999b). Transductive inference for text classification using support vector machines. *In Proceedings of the* 16th *International Conference on Machine Learning*, pages 200–209.

JOACHIMS, T. (2002). *Learning to Classify Text Using Support Vector Machines: Methods, Theory and Algorithms.* Kluwer Academic Publishers, Norwell, MA, USA.

KOLTCHINSKII, V. I. (2001). Rademacher penalties and structural risk minimization. *IEEE Transactions on Information Theory*, 47(5):1902–1914.

KOLTCHINSKII, V. I. et PANCHENKO, D. (2000). Rademacher processes and bounding the risk of function learning. In GINE, E., MASON, D. et WELLNER, J., éditeurs : *High Dimensional Probability II*, pages 443–459.

KUPPERMAN, M. (1958). Probabilities of hypotheses et information-statistics in sampling from exponential-class populations. *Annals of Mathematical Statistics*, 9(2):571–575.

LANGFORD, J. (2005). Tutorial on practical prediction theory for classification. *Journal of Machine Learning Research*, 6:273–306.

LAPLACE, P. S. (1771). Mémoire sur la probabilité des causes par les Événements. *Académie Royale des sciences de Paris (Savants étrangers)*, 6:621–656.

LATOUCHE, G. et RAMASWAMI, V. (1999). *Introduction to matrix analytic methods in stochastic modeling.* ASA-SIAM Series on Statistics and Applied Probability. Philadelphia, Pa. SIAM, Society for Industrial and Applied Mathematics Alexandria, Va. ASA, American Statistical Association.

LEDOUX, M. et TALAGRAND, M. (1991). *Probability in Banach Spaces : Isoperimetry and Processes.* Springer Verlag.

LEE, Y., LIN, Y. et WAHBA, G. (2004). Multicategory support vector machines: Theory and application to the classification of microarray data and satellite radiance data. *Journal of the American Statistical Association*, 99(465):67–81.

LESKES, B. (2005). The value of agreement, a new boosting algorithm. *In Proceedings of Conference on Learning Theory (COLT)*, pages 95–110.

LEWIS, D. D., YANG, Y., ROSE, T. et LI, F. (2004). RCV1: A new benchmark collection for text categorization research. *Journal of Machine Learning Research*, 5:361–397.

LUO, Z. et TSENG, P. (1992). On the convergence of the coordinate descent method for convex differentiable minimization. *Journal of Optimization theory and applications*, 72(1):7–35.

MACHLACHLAN, G. J. (1992). *Discriminant Analysis and Statistical Pattern Recognition.* Wiley Interscience.

MASSART, P. (2000). Some applications of concentration inequalities to statistics. *Annales de la faculté des sciences de Toulouse*, 9(2):245–303.

MCCULLAGH, P. (1980). Regression models for ordinal data. *Journal of the Royal Statistical Society.* Series B (Methodological), 42(2):109–142.

MCCULLOCH, W. S. et PITTS, W. (1943). A logical calculus of the ideas immanent in nervous activity. *Bulletin of Mathematical Biophysics*, 5:115–133.

MCDIARMID, C. (1989). On the method of bounded differences. *Surveys in combinatorics*, 141:148–188.

MOHRI, M., ROSTAMIZADEH, A. et TALWALKAR, A. (2012). *Foundations of Machine Learning.* MIT Press.

NEMIROVSKI, A., JUDITSKY, A., LAN, G. et SHAPIRO, A. (2009). Robust stochastic approximation approach to stochastic programming. *Journal of the Society for Industrial and Applied Mathematics on Optimization (SIOPT)*, 19(4):1574–1609.

NEMIROVSKI, A. S. et YUDIN, D. B. (1983). *Problem complexity and method efficiency in optimization.* Wiley-Interscience.

NIGAM, K., MCCALLUM, A. K., THRUN, S. et MITCHELL, T. (2000). Text classification from labeled and unlabeled documents using EM. *Machine Learning Journal*, 39(2 - 3):103–134.

NOCEDAL, J. et WRIGHT, S. J. (2006). *Numerical Optimization*. Springer.

NOVIKOFF, A. B. (1962). On convergence proofs on perceptrons. *Symposium on the Mathematical Theory of Automata*, 12:615–622.

PARKER, D. (1985). Learning logic. Rapport technique TR-87, Cambridge, MA: Center for Computational Research in Economics and Management Science, MIT.

PATRICK, E. A., COSTELLO, J. P. et MONDS, F. C. (1970). Decision-directed estimation of a two-class decision boundary. *IEEE Transactions on Information Theory*, 9(3):197–205.

POLAK, E. (1971). *Computational methods in optimization*. Academic press.

POLAK, E. et RIBIERE, G. (1969). Note sur la convergence de méthodes de directions conjuguées. *ESAIM: Mathematical Modelling and Numerical Analysis - Modélisation Mathématique et Analyse Numérique*, 3(R1):35–43.

QIN, T., LIU, T.-Y. et LI, H. (2008). A general approximation framework for direct optimization of information retrieval measures. Rapport technique MSR-TR-2008- 164, Microsoft Research.

RAKOTOMAMONJY, A. (2004). Optimizing area under roc curve with SVMs. *In 1st International workshop on ROC Analysis in Artificial Intelligence*, pages 71–80.

RICHARD, M. D. et LIPPMAN, R. P. (1991). Neural network classifiers estimate bayesian a posteriori probabilities. *Neural Computation*, 3(4):461–483.

ROBERTSON, S. E. et WALKER, S. (1994). Some simple effective approximations to the 2-poisson model for probabilistic weighted retrieval. *In SIGIR'94, conference on Research and development in information retrieval*, pages 232–241.

ROSENBLATT, F. (1958). The perceptron: A probabilistic model for information storage and organization in the brain. *Psychological Review*, 65:386–408.

RUDIN, C., CORTES, C., MOHRI, M. et SCHAPIRE, R. E. (2005). Margin-based ranking meets boosting in the middle. *In Conference On Learning Theory* (COLT).

RUMELHART, D. E., HINTON, G. E. et WILLIAMS, R. (1986). Learning internal representations by error propagation. *Parallel Distributed Processing: Explorations in the Microstructure of Cognition*, I.

SALTON, G. (1975). A vector space model for automatic indexing. *Communications of the ACM*, 18(11):613–620.

SAUER, N. (1972). On the density of families of sets. *Journal of Combinatorial Theory*, 13(1):145–147.

SCHAPIRE, R. E. (1999). Theoretical views of boosting and applications. *In Proceedings of the 10th International Conference on Algorithmic Learning Theory*, pages 13–25.

SCHÖLKOPF, B. et SMOLA, A. J. (2002). *Learning with kernels : support vector machines, regularization, optimization, and beyond.* MIT Press.

SEBASTIANI, F. (2004). Machine learning in automated text categorization. *ACM Computing Surveys*, 34(1):1–47.

SEEGER, M. (2001). *Learning with labeled and unlabeled data.* Rapport technique.

SHASHUA, A. et LEVIN, A. (2003). Ranking with large margin principle: Two approaches. *In Advances in Neural Information Processing Systems (NIPS 15)*, pages 961–968.

SHELAH, S. (1972). A combinatorial problem: Stability and order for models and theories in infinity languages. *Pacific Journal of Mathematics*, 41:247–261.

SINDHWANI, V., NIYOGI, P. et BELKIN., M. (2005). A co-regularization approach to semi-supervised learning with multiple views. *In ICML-05 Workshop on Learning with Multiple Views*, pages 74–79.

SZUMMER, M. et JAAKKOLA, T. (2002). Partially labeled classification with markov random walks. *In Advances in Neural Information Processing Systems (NIPS 14)*, pages 945–952.

TAYLOR, J. et CRISTIANINI, N. (2004). *Kernel Methods for Pattern Analysis.* Cambridge Press University, New York, USA.

TAYLOR, M., GUIVER, J., ROBERTSON, S. et MINKA, T. (2008). Softrank: Optimising non-smooth rank metrics. *In WSDM 2008.*

TCHEBYCHEV, P. L. (1867). Des valeurs moyennes. *Journal de mathématiques pures et appliquées*, 2(12):177–184.

TITTERINGTON, D. M., SMITH, A. F. M. et SMITH, U. E. (1985). *Statistical Analysis of Finite Mixture Distributions.* Wiley, New York.

TRUETT, J., CORNFIELD, J. et KANNEL, W. (1967). A multivariate analysis of the risk of coronary heart disease in framingham. *Journal of Chronic Diseases*, 20(7):511–524.

TÜR, G., HAKKANI-TÜR, D. Z. et SCHAPIRE, R. E. (2005). Combining active and semi-supervised learning for spoken language understanding. *Speech Communication*, 45(2):171–186.

URNER, R., SHALEV-SHWARTZ, S. et BEN-DAVID, S. (2011). Access to unlabeled data can speed up prediction time. *In 28th International Conference on Machine Learning, ICML 2011*, pages 641–648.

USUNIER, N. (2006). *Apprentissage de fonctions d' rdonnancement : une étude théorique de la réduction à la classification et deux applications à la Recherche d' Information.* Thèse de doctorat, Université Pierre & Marie Curie.

USUNIER, N., AMINI, M.-R. et GALLINARI, P. (2006). Generalization error bounds for classifiers trained with interdependent data. *In Advances in Neural Information Processing Systems (NIPS 18)*, pages 1369–1376.

VAPNIK, V. N. (1999). *The nature of statistical learning theory (second edition)*. Springer-Verlag.

VAPNIK, V. N. et CHERVONENKIS, A. J. (1971). On the uniform convergence of relative frequencies of events to their probabilities. *Theory of Probability and its Applications*, 16:264–280.

VAPNIK, V. N. et CHERVONENKIS, A. J. (1974). Theory of pattern recognition. Nauka.

WERBOS, P. J. (1974). *Beyond Regression: New Tools for Prediction and Analysis in the Behavioral Sciences*. Thèse de doctorat, Harvard University.

WESTON, J. et WATKINS, C. (1999). Support vector machines for multi-class pattern recognition. *In European Symposium on Artificial Neural Netwroks (ESANN)*, pages 219 –224.

WIDROW, G. et HOFF, M. (1960). Adaptive switching circuits. *Institute of Radio Engineers, Western Electronic Show and Convention, Convention Record*, 4:96–104.

WOLFE, P. (1966). Convergence conditions for ascent methods. *SIAM Review*, 11(2):226–235.

WONG, S. K. et YAO, Y. Y. (1988). Linear structure in information retrieval. *In SIGIR'88, conference on Research and Development in Information Retrieval*, pages 219–232.

XU, J. et LI, H. (2007). Adarank: A boosting algorithm for information retrieval. *In SIGIR '07, conference on Research and Development in Information Retrieval*, pages 391 – 398.

XU, J., LIU, T.-Y., LU, M., LI, H. et MA, W.-Y. (2008). Directly optimizing evaluation measures in learning to rank. *In SIGIR '08, conference on Research and Development in Information Retrieval*, pages 107–114.

YUE, Y., FINLEY, T., RADLINSKI, F. et JOACHIMS, T. (2007). A support vector method for optimizing average precision. *In SIGIR '07, conference on Research and Development in Information Retrieval*, pages 271–278.

ZHANG, T. et OLES, F. J. (2000). A probability analysis on the value of unlabeled data for classification problems. *In 17th International Conference on Machine Learning.*

ZHOU, D., BOUSQUET, O., LAL, T. N., WESTON, J. et SCHÖLKOPF, B. (2004). Learning with local and global consistency. *In Advances in Neural Information Processing Systems (NIPS 16)*, pages 321–328. MIT Press.

ZHU, X. et GHAHRAMANI, Z. (2002). Learning from labeled and unlabeled data with label propagation. Rapport technique CMU-CALD-02-107, Carnegie Mellon University.

ZHU, X., GHAHRAMANI, Z. et LAFFERTY, J. (2003). Semi-supervised learning using gaussian fields and harmonic functions. *In* 20th *International Conference on Machine Learning*, pages 912–919.

ZOUTENDIJK, G. (1973). Some recent development in nonlinear programming. *In 5th Conference on Optimization Techniques, Part 1*, pages 407–417.

站在巨人的肩上
Standing on Shoulders of Giants
TURING
图灵教育
iTuring.cn